鋼構造シリーズ 25

道路橋支承部の
点検・診断・維持管理技術

土木学会

Steel Structures Series 25

Inspection, Evaluation and Maintenance Technology for Bearing Support System of Highway Bridges

---

Edited by
Hiroshi FUJIWARA
Manager of Technical Marketing Department
Nexco East Nippon Engineering Company Limited

Published by
Subcommittee of
Investigation for Bearing Support System of the Highway Bridge
Committee of Steel Structures
Japan Society of Civil Engineers

序

　平成 16 年末から平成 20 年にかけて，土木学会鋼構造委員会に「鋼橋の支持機能検討小委員会」が設置され，その活動成果は「道路橋支承部の改善と維持管理技術」（鋼構造シリーズ 17）としてまとめられた．鋼構造シリーズ 17 では、道路橋支承部の基本情報から始まり，損傷事例の収集と分析，支承部周辺の挙動把握と補修工法さらには支承部の性能設計法や維持管理法などについて述べている．

　平成 23 年 3 月 11 日に発生した東北地方太平洋沖地震では，道路構造物が大きな加速度応答によって直接的に損傷した事例は少ないものの，津波によって上部構造が流失したり，震源から遠く離れた地点の橋梁で積層ゴム支承本体に破断が生じるなど，過去に経験の少ない特殊な事例が発生した．そのようななか，道路橋示方書が改訂された．

　今回発刊された「鋼構造シリーズ 25」では，東北地方太平洋沖地震によって受けた支承部の損傷状況や自治体で行われた点検結果などを精査し，支承部として考慮すべき事項についての新しい知見を加えるとともに，支承部の予防保全と長寿命化技術の提案および今後の維持管理に向けての提言を行っている。

　一般に，支承は損傷し易いものだと思われているが，高速道路会社 3 社で取りまとめた大規模修繕計画では，約 3 兆円の概算総事業費のうち，橋梁関係では床版や桁の取替えで 1 兆 7 千 6 百億円，床版防水工や桁補強で 4 千 2 百億円となっており，支承取替えは主要な修繕項目としてはあがっていない．

　また，都市高速道路の点検結果では何らかの補修が必要な支承は点検した支承数のわずか 2.8％，重交通量の東名高速道路や名神高速道路では比較的多いものの，調査した全国の高速道路で見れば支承の損傷割合は全調査数のうち 10％程度となっており，伸縮装置や塗装など橋梁を構成する他の部材・部位に比べても損傷が少なく，補修や更新の頻度が多いとはいえない．

　しかも，支承の損傷として挙げられている損傷は，鋼製支承では部材の腐食や転がり面の腐食あるいは移動阻害が 9 割以上を占めており，ゴム支承も鋼材の腐食が約 8 割を占めているが，これらの損傷はいずれも日常の簡易な作業で防ぐことができる．支承に水がかからないように桁端部を止水化したり，排水管や支承部の清掃を定期的に行うことにより、支承の腐食のほとんどは防ぐことができる．

　支承は人に例えると体を支える足首であり関節である．関節に支障をきたすと人は歩けなくなり，やがては身体全体に悪影響を及ぼすことになる。しかし支承は橋梁にとって重要な部位であるが，多くの管理者やメンテナンス技術者にとってはいまだに橋梁付属物という考え方が残っており，そのために日常管理が疎かになっているのではないだろうか．

　橋梁の予防保全や長寿命化が声高に言われ橋梁長寿命化修繕計画が推進されているが，その前に点検や清掃などの日常管理を徹底することで，支承の取替えなど多くの費用と時間のかかる大規模な修繕を防ぐことができ，ライフサイクルコストの低減が実現できる．

　本書は，平成 25 年 9 月から約 2 年間にわたって行われた「鋼橋の支持機能検討小委員会（第二期）」の委員各位の努力の結果，まとめられたものである．特に，委員会活動やＷＧ活動において中心的な役割を果たしていただいたワーキング主査各位に深く感謝します．また，本報告書を詳細に照査いただいた鋼構造委員会の長井正嗣氏（長岡技術科学大学），佐々木保隆氏（株式

会社横河ブリッジ)にもお礼申し上げます.

　本書には,鋼構造シリーズ 17 と同様に支承部の基本事項や変遷など,いわゆる教科書的な内容も盛り込んでいます.本書が,橋梁の管理者をはじめ橋梁の設計,施工および維持管理に関わる技術者,そして,これから橋梁に関わる技術者にとってお役に立てば幸いであり,委員一同願っていることでもあります.

　平成 28 年 3 月

土木学会鋼構造委員会
鋼橋の支持機能検討小委員会
委員長　　藤　原　　博

土木学会　鋼構造委員会　名簿

顧　　問　　伊藤 學，宇佐美 勉，越後 滋，小川 篤生，加藤 正晴，
　　　　　　倉西 茂，坂井 藤一，髙木 千太郎，辰巳 正明，長井 正嗣，
　　　　　　藤野 陽三，依田 照彦
委 員 長　　野澤 伸一郎
副委員長　　佐々木 保隆
幹 事 長　　山口 隆司

委　員

○芦塚 憲一郎	麻生 稔彦	○穴見 健吾	阿部 雅人	有住 康則
○池田 学	伊藤 進一郎	伊藤 裕一	岩崎 英治	大賀 水田生
大倉 一郎	大田 孝二	○小笠原 照夫	奥井 義昭	○刑部 清次
小野 潔	貝沼 重信	勝地 弘	○加藤 真志	金治 英貞
川畑 篤敬	○北根 安雄	木村 元哉	紅林 章央	後藤 芳顯
小西 拓洋	齋藤 道生	坂野 昌弘	佐々木 栄一	佐藤 弘史
○塩竃 裕三	紫桃 孝一郎	杉浦 邦征	杉本 一朗	杉山 俊幸
鈴木 森晶	角 昌隆	○髙木 優任	田嶋 仁志	舘石 和雄
田中 雅人	玉井 真一	玉越 隆史	中沢 正利	中島 章典
中嶋 浩之	中村 聖三	長山 智則	○並川 賢治	奈良 敬
西川 和廣	野上 邦栄	藤井 堅	藤井 康盛	藤原 博
○古谷 嘉康	堀田 毅	本間 宏二	前川 幸次	松本 高志
水口 和之	村越 潤	森 猛	山口 栄輝	山口 恒太
山路 徹	山本 広祐			

（五十音順，敬称略）
（○印：委員兼幹事）

土木学会　鋼構造委員会

鋼橋の支持機能検討小委員会

委員名簿

委員長	藤原　博	(株)ネクスコ東日本エンジニアリング
幹事長	姫野　岳彦	(株)川金コアテック
幹　事	谷中　聡久	(株)横河ブリッジ
〃	朝倉　康信	日本鋳造(株)
〃	臼井　恒夫	(一財)首都高速道路技術センター
連絡幹事	並川　賢治	首都高速道路(株)
委　員	小澤　亨	(株)川金コアテック
〃	小野　秀一	(一社)日本建設機械施工協会施工技術総合研究所
〃	加賀山　泰一	阪神高速道路(株)
〃	香川　紳一郎	国際航業(株)
〃	小南　雄一郎	オイレス工業(株)
〃	白旗　弘実	東京都市大学
〃	瀬田　真	元川田工業(株)
〃	高原　良太	(株)高速道路総合技術研究所（平成26年8月から）
〃	中澤　治郎	パシフィックコンサルタンツ(株)（平成26年5月から）
〃	枦木　正喜	(株)高速道路総合技術研究所（平成26年8月まで）
〃	原田　孝志	(一社)日本支承協会
〃	半野　久光	首都高メンテナンス東東京(株)
〃	比志島　康久	(一社)日本支承協会
〃	福島　道人	ＪＦＥエンジニアリング(株)
〃	福富　眞	(株)富士技建
〃	森　猛	法政大学
〃	山口　栄輝	九州工業大学
〃	山﨑　信宏	日本鋳造(株)
〃	吉澤　努	大日本コンサルタント(株)
〃	渡辺　浩良	東京都
〃	和田　一範	(公財)鉄道総合技術研究所（平成26年8月から）

（五十音順，敬称略）

土木学会　鋼構造委員会

鋼橋の支持機能検討小委員会

ワーキング・グループ名簿

WG1	損傷分析 (第3章,第4章担当)	*谷中 聡久, 加賀山 泰一, 小南 雄一郎, 高原 良太, (栃木 正喜), 原田 孝志, 福島 道人, 福富 眞, 森 猛, 和田 一範
WG2	性能設計 (第1章,第6章担当)	*朝倉 康信, 小澤 亨, 小野 秀一, 白旗 弘実, 比志島 康久, 吉澤 努
WG3	維持管理 (第5章,第7章担当)	*臼井 恒夫, 姫野 岳彦, 香川 紳一郎, 瀬田 真. 中澤 治郎, 半野 久光, 山口 栄輝, 山﨑 信宏, 渡辺 浩良

（＊：WG主査，カッコ内は旧委員）

（五十音順，敬称略）

用語の定義

支承・支承部の名称に関する用語

支持機能：支承部，伸縮装置および落橋防止システムなどが持つ機能の総称

支承部：支承，沓座モルタル，ソールプレートなど支承の性能を確保するための部分

支承：支承本体，アンカーボルト，サイドブロックおよびセットボルト等の総称

固定可動構造：一支承線が固定支持で，他の支承線はすべて可動支持とする場合の構造

多点固定構造：複数の橋脚上に固定支承を設ける構造

免震構造：支承部にアイソレータ機能と減衰機能をもたせた構造

機能分離構造：支承部として必要となる機能ごとに独立した構造体を設け，これらの集合が支承部としての役割に担うように構成した支承部構造

変位制限構造：支承部と補完し合って，レベル2地震動により生じる水平力に抵抗するための構造

部材・部位の名称に関する用語

上沓：鋼製支承の上側主部材またはゴム支承のゴム本体上部に取付けるプレート

下沓：鋼製支承の下側主部材またはゴム支承のゴム本体下部に取付けるプレート

沓座：支承を下部構造に据え付けるための部材

ソールプレート：上部構造の反力を支承に均等に伝達するために上部構造に取付けるプレート

ピンチプレート：線支承などにおいて，下沓突起部に取付けられるプレート

ベースプレート：支承と下部構造とを連結するためのプレート

サイドブロック：水平力に対して抵抗する部材であり，上揚力に抵抗する場合もある．BP.A支承やBP.B支承などでは下沓突起部に取付けられる

ジョイントプロテクター：伸縮装置の許容伸縮量が地震時設計移動量よりも小さい場合に，レベル1地震動に対して伸縮装置を保護する部材

移動制限装置：可動支承において，設計で想定した以上の相対変位を防止するために設けられる装置

セットボルト：上沓と上部構造の連結部に用いるボルト

アンカーボルト：下沓あるいはベースプレートと下部構造の連結部に用いるボルト

せん断キー：鋼部材を接合する際，せん断力を伝達する円形のプレート

ゴム本体：ゴムと補強鋼板を加硫成型する際の積層部分全体

上鋼板：ゴム本体内部の上端に位置する補強鋼板

下鋼板：ゴム本体内部の下端に位置する補強鋼板

内部鋼板：ゴム本体内部の中間層に位置する鋼板

被覆ゴム：ゴム本体の側面を被覆するゴム層

アンカーバー：コンクリート桁との固定装置として用いられている部材

アンカーフレーム：支承部のアンカーバーやアンカーボルトに生じる引抜き力が非常に大きい場合の対策方法に用いられるフレーム部材

アンカープレート：支承部のアンカーバーやアンカーボルトの先端付近に取付けられるプレートで，引抜き力が非常に大きい場合の対策方法に用いられる

損傷・劣化，補修・補強に関する用語

補修：建設時の機能・耐荷力・耐久性まで復元する対策．修繕ともいう

補強：建設時の機能・耐荷力・耐久性を超えて向上させる対策

維持管理に関する用語

点検：構造物の現状を把握する行為の総称

初期点検：供用開始前に構造物の初期状態を把握することを目的とした点検．出来形検査とは異なる

日常点検：比較的短い周期で繰り返し行われる点検．道路上の徒歩点検やパトロールのこと

定期点検：定期的な間隔で実施される点検．2014（平成26）年の道路法施行規則の改正により，点検を適正に行うために必要な知識及び技能を有する者が近接目視により，5年に1回の頻度で行うことが基本とされた．初回点検は，供用後の初回に実施される定期点検として位置付けた

臨時点検：地震・異常出水（台風，高潮，ゲリラ豪雨）などの自然災害，または火事・衝突などの事故が発生した場合などに，構造物の安全性を確認し速やかに実施される点検．異常時点検や緊急点検を言う

異常時点検：地震・異常出水（台風，高潮，ゲリラ豪雨）などの自然災害の発生時に実施する点検

緊急点検：火事・衝突などの事故が発生した場合に実施する点検や第三者通報や何らかの異常が発生した場合に実施する点検

特定点検：特定のディティールで損傷や不具合が発見された場合に，同種・類似の構造を有する他の橋梁の特定部位に対して実施される点検

詳細調査：日常点検や定期点検などにおいて発見された損傷に対して，損傷原因や損傷程度の把握が困難な場合に実施する調査．必要に応じて非破壊検査や計測機器を用いて実施される．

追跡調査：損傷の原因特定が困難で，補修・補強工事の内容や実施時期の判断が難しい場合において，損傷を一定の期間，継続的に監視する調査

判定：点検結果等により，損傷の状態に対してA，B，C等で，健全度あるいは損傷度などを区分すること

評価，診断：判定の結果により，高度な技術力と経験を持つ技術者が行う提言

設計に関する用語

損傷制御設計：経済的・社会的に許容し得る範囲で，地震エネルギーを吸収する部材を付与することにより，橋脚に作用する上部構造の慣性力を低減し，損傷を限定しようとする設計法．支承部の場合では，上部構造の慣性力を別のエネルギー吸収部材で分担させることにより，支承および他の部材に大きな損傷を与えないようにする設計法

※文献名の表現

本報告書では，以下の略称を用いることがある

道路橋示方書・同解説　　：　年号＋道示（昭和55年道示、平成8年道示など）

道路橋支承部の改善と維持管理技術　：　鋼構造シリーズ17

目次

序
委員名簿
ワーキング・グループ名簿
用語の定義

はじめに ・・・・・・・・・・・・・・・・・・・・・・・・・・・・・・・・・・・・ 1

第1章　支承部の基本 ・・・・・・・・・・・・・・・・・・・・・・・・・・・ 4
　1.1　支承構造に求められる機能 ・・・・・・・・・・・・・・・・・・・・・ 4
　　1.1.1　荷重伝達機能の種類 ・・・・・・・・・・・・・・・・・・・・・ 5
　　1.1.2　変位追随機能の種類 ・・・・・・・・・・・・・・・・・・・・・ 8
　1.2　支承構造の可視化による機能解説 ・・・・・・・・・・・・・・・・・ 10
　　1.2.1　高力黄銅支承板支承（BP.A支承）・・・・・・・・・・・・・・ 13
　　1.2.2　密閉ゴム支承板支承（BP.B支承）・・・・・・・・・・・・・・ 14
　　1.2.3　ピン支承 ・・・・・・・・・・・・・・・・・・・・・・・・・ 18
　　1.2.4　ピボット支承 ・・・・・・・・・・・・・・・・・・・・・・・ 20
　　1.2.5　ローラー支承 ・・・・・・・・・・・・・・・・・・・・・・・ 21
　　1.2.6　線支承 ・・・・・・・・・・・・・・・・・・・・・・・・・・ 25
　　1.2.7　ゴム支承 ・・・・・・・・・・・・・・・・・・・・・・・・・ 26
　　1.2.8　機能分離型支承 ・・・・・・・・・・・・・・・・・・・・・・ 29

第2章　支承部の変遷 ・・・・・・・・・・・・・・・・・・・・・・・・・・ 32
　2.1　被災経験から見た道路橋示方書・指針等の変遷 ・・・・・・・・・・ 32
　　2.1.1　関東地震 ・・・・・・・・・・・・・・・・・・・・・・・・・ 32
　　2.1.2　高度成長期 ・・・・・・・・・・・・・・・・・・・・・・・・ 32
　　2.1.3　宮城県沖地震 ・・・・・・・・・・・・・・・・・・・・・・・ 32
　　2.1.4　兵庫県南部地震 ・・・・・・・・・・・・・・・・・・・・・・ 33
　　2.1.5　東北地方太平洋沖地震 ・・・・・・・・・・・・・・・・・・・ 33
　2.2　道路橋示方書における落橋防止装置規定の変遷 ・・・・・・・・・・ 37
　2.3　道路橋示方書の今後の方向性 ・・・・・・・・・・・・・・・・・・ 43
　2.4　支承材料と構造の変遷 ・・・・・・・・・・・・・・・・・・・・・ 43
　　2.4.1　鋼製支承 ・・・・・・・・・・・・・・・・・・・・・・・・・ 43
　　2.4.2　ゴム支承 ・・・・・・・・・・・・・・・・・・・・・・・・・ 44

第3章　東北地方太平洋沖地震による支承部への影響 ・・・・・・・・・・・・ 46
　3.1　橋梁の被災状況および支承の損傷 ・・・・・・・・・・・・・・・・ 46
　　3.1.1　被災地域と支承の損傷 ・・・・・・・・・・・・・・・・・・・ 46
　　3.1.2　橋梁形式と支承の損傷 ・・・・・・・・・・・・・・・・・・・ 48
　　3.1.3　しゅん功と支承の損傷 ・・・・・・・・・・・・・・・・・・・ 50
　　3.1.4　支承部の損傷状況 ・・・・・・・・・・・・・・・・・・・・・ 50
　3.2　積層ゴム支承の破断事例 ・・・・・・・・・・・・・・・・・・・・ 55
　　3.2.1　仙台東部高架橋の損傷 ・・・・・・・・・・・・・・・・・・・ 55
　　3.2.2　利府高架橋の損傷 ・・・・・・・・・・・・・・・・・・・・・ 60
　　3.2.3　旭高架橋の損傷 ・・・・・・・・・・・・・・・・・・・・・・ 64
　　3.2.4　新那珂川大橋の損傷 ・・・・・・・・・・・・・・・・・・・・ 65
　3.3　津波による支承の損傷事例 ・・・・・・・・・・・・・・・・・・・ 69
　　3.3.1　橋梁の被害状況 ・・・・・・・・・・・・・・・・・・・・・・ 69
　　3.3.2　支承および関連部材の損傷 ・・・・・・・・・・・・・・・・・ 71
　　3.3.3　その他の損傷事例 ・・・・・・・・・・・・・・・・・・・・・ 79

3.4 落橋防止システムの損傷事例 ・・・・・・・・・・・・・・・・・・・・・・・ 81
  3.4.1 地震動の強度について ・・・・・・・・・・・・・・・・・・・・・・・・・ 81
  3.4.2 落橋防止構造等の損傷事例 ・・・・・・・・・・・・・・・・・・・・・・・ 83
  3.4.3 変位制限構造等の損傷事例 ・・・・・・・・・・・・・・・・・・・・・・・ 85
  3.4.4 斜角桁の損傷事例 ・・・・・・・・・・・・・・・・・・・・・・・・・・・ 86
  3.4.5 ジョイントプロテクターの損傷事例 ・・・・・・・・・・・・・・・・・・・ 88
  3.4.6 制震ダンパー取付け部の損傷事例 ・・・・・・・・・・・・・・・・・・・・ 88
3.5 長周期地震動による支承部への影響 ・・・・・・・・・・・・・・・・・・・・ 90
  3.5.1 これまでの長周期地震動による長大構造物の被害 ・・・・・・・・・・・・・ 90
  3.5.2 東北地方太平洋沖地震における長周期地震動による被害 ・・・・・・・・・・ 91
  3.5.3 長周期地震動による支承への影響について ・・・・・・・・・・・・・・・・ 91
3.6 損傷した支承部の補修事例 ・・・・・・・・・・・・・・・・・・・・・・・・ 92
  3.6.1 地震による上支承ストッパーの破断 ・・・・・・・・・・・・・・・・・・・ 92
  3.6.2 損傷したサイドブロックの仮復旧と本復旧 ・・・・・・・・・・・・・・・・ 93
  3.6.3 地震による支承脱落と桁端部損傷 ・・・・・・・・・・・・・・・・・・・・ 93
  3.6.4 地震損傷後の補修工事における留意点 ・・・・・・・・・・・・・・・・・・ 95

第4章 支承部の現状と損傷傾向 ・・・・・・・・・・・・・・・・・・・・・・ 98
4.1 都市内高速道路の損傷傾向 ・・・・・・・・・・・・・・・・・・・・・・・・ 98
  4.1.1 点検の概要 ・・・・・・・・・・・・・・・・・・・・・・・・・・・・・・ 98
  4.1.2 支承の資産概況 ・・・・・・・・・・・・・・・・・・・・・・・・・・・・ 99
  4.1.3 支承の損傷分析 ・・・・・・・・・・・・・・・・・・・・・・・・・・・・ 99
  4.1.4 まとめ ・・・・・・・・・・・・・・・・・・・・・・・・・・・・・・・・ 103
4.2 都市間高速道路の損傷傾向 ・・・・・・・・・・・・・・・・・・・・・・・・ 104
  4.2.1 点検の概要 ・・・・・・・・・・・・・・・・・・・・・・・・・・・・・・ 104
  4.2.2 分析対象路線と資産状況 ・・・・・・・・・・・・・・・・・・・・・・・・ 104
  4.2.3 各路線の支承の損傷分析 ・・・・・・・・・・・・・・・・・・・・・・・・ 105
  4.2.4 まとめ ・・・・・・・・・・・・・・・・・・・・・・・・・・・・・・・・ 107
4.3 自治体管理橋梁の支承部の損傷傾向の一例 ・・・・・・・・・・・・・・・・・ 108
  4.3.1 橋梁および支承の資産の状況 ・・・・・・・・・・・・・・・・・・・・・・ 108
  4.3.2 支承のデータベースの作成 ・・・・・・・・・・・・・・・・・・・・・・・ 109
  4.3.3 支承の損傷分析 ・・・・・・・・・・・・・・・・・・・・・・・・・・・・ 109
  4.3.4 まとめ ・・・・・・・・・・・・・・・・・・・・・・・・・・・・・・・・ 113
4.4 常時の損傷事例 ・・・・・・・・・・・・・・・・・・・・・・・・・・・・・ 114
  4.4.1 支承の損傷形態 ・・・・・・・・・・・・・・・・・・・・・・・・・・・・ 114
  4.4.2 ゴム本体の損傷事例と要因 ・・・・・・・・・・・・・・・・・・・・・・・ 115
  4.4.3 腐食事例と要因 ・・・・・・・・・・・・・・・・・・・・・・・・・・・・ 117
  4.4.4 支承本体の損傷事例と要因 ・・・・・・・・・・・・・・・・・・・・・・・ 119
  4.4.5 その他の緊急性の高い損傷事例 ・・・・・・・・・・・・・・・・・・・・・ 121
4.5 健全な支承事例 ・・・・・・・・・・・・・・・・・・・・・・・・・・・・・ 123

第5章 支承部の維持管理標準 ・・・・・・・・・・・・・・・・・・・・・・・ 126
5.1 道路橋の維持管理の現状 ・・・・・・・・・・・・・・・・・・・・・・・・・ 126
  5.1.1 近年の道路橋の損傷事例 ・・・・・・・・・・・・・・・・・・・・・・・・ 126
  5.1.2 長寿命化修繕計画の推進 ・・・・・・・・・・・・・・・・・・・・・・・・ 131
  5.1.3 予防保全の制約 ・・・・・・・・・・・・・・・・・・・・・・・・・・・・ 134
5.2 道路橋と支承部の点検と診断 ・・・・・・・・・・・・・・・・・・・・・・・ 136
  5.2.1 道路橋の点検と診断 ・・・・・・・・・・・・・・・・・・・・・・・・・・ 136
  5.2.2 支承部の点検種類と意義 ・・・・・・・・・・・・・・・・・・・・・・・・ 140
  5.2.3 代表的支承の点検ポイント ・・・・・・・・・・・・・・・・・・・・・・・ 145
  5.2.4 損傷の程度と判定区分の判断事例 ・・・・・・・・・・・・・・・・・・・・ 150
  5.2.5 詳細調査 ・・・・・・・・・・・・・・・・・・・・・・・・・・・・・・・ 154

  5.2.6　追跡調査 ･･ 159
 5.3　支承部の維持管理方針と維持管理標準 ･･････････････････････････････ 160
  5.3.1　橋梁規模や支承形式別の維持管理方針 ･･････････････････････････ 160
  5.3.2　支承部の維持管理標準 ･･ 165
 5.4　支承部の補修・改善事例 ･･ 174
  5.4.1　支承部の補修事例 ･･ 174
  5.4.2　支承部の改善事例 ･･ 181

第6章　支承部の長寿命化に向けた設計計画　187
 6.1　支点部に負反力を生じさせないために ･･････････････････････････････ 187
  6.1.1　負反力が支承に与える影響 ････････････････････････････････････ 187
  6.1.2　負反力が生じやすい橋の構造条件 ･･････････････････････････････ 188
  6.1.3　負反力が生じた場合の対策 ････････････････････････････････････ 193
 6.2　上下部構造を過度に傷めない支承取替えのために ････････････････････ 201
  6.2.1　取替えを考慮した構造の必要性 ････････････････････････････････ 201
  6.2.2　大型鋼製支承の取替え事例 ････････････････････････････････････ 203
  6.2.3　鋼製支承の撤去からゴム支承の設置の事例 ･･････････････････････ 207
  6.2.4　ゴム支承の位置調整 ･･ 214
 6.3　支承部の鉛直荷重支持機能の違いによる挙動比較 ････････････････････ 216
  6.3.1　鉛直たわみの比較 ･･ 216
  6.3.2　支承選定例 ･･ 217
 6.4　支承タイプの選定フロー ･･ 220
  6.4.1　支承選定の現状 ･･ 220
  6.4.2　機能的な側面からの支承選定 ･･････････････････････････････････ 220
  6.4.3　機構的な側面からの支承選定 ･･････････････････････････････････ 221
 6.5　長期防錆仕様 ･･ 223
  6.5.1　塗装 ･･ 224
  6.5.2　めっき ･･ 224
  6.5.3　金属溶射 ･･ 225
 6.6　支承部近傍に着目した長寿命化対策 ････････････････････････････････ 228
  6.6.1　雨水や漏水に着目した支点部近傍の現状とあるべき姿 ････････････ 228
  6.6.2　配水設備に着目した支点部近傍の現状とあるべき姿 ･･････････････ 230
  6.6.3　作業空間に着目した支点部近傍の現状とあるべき姿 ･･････････････ 232

第7章　今後の維持管理に向けて　235
 7.1　維持管理に求められる今後の技術 ･･････････････････････････････････ 235
  7.1.1　スクリーニング技術 ･･ 236
  7.1.2　センシング技術とモニタリング技術 ････････････････････････････ 236
  7.1.3　マネジメント技術 ･･ 238
  7.1.4　防災技術（disaster management）との融合 ････････････････････ 239
 7.2　維持管理に関する最近の動向 ･･････････････････････････････････････ 239
 7.3　維持管理を取り巻く社会環境の変化 ････････････････････････････････ 242
 7.4　維持管理の継続性 ･･ 242

はじめに

　日本の高速道路や鉄道は，1964（昭和39）年の東京オリンピックの開催を契機に，名神高速道路や東海道新幹線の開通などから始まって今日までの50数年間の間に，日本の社会インフラを守る重要構造物として目覚ましい発展を遂げてきた．そして，これらの主要な構造物である橋梁を支えてきたのは支承である．支承は橋梁の上部構造と下部構造の接点に用いられ，上部構造の死荷重や活荷重，地震や風などによる水平力を確実に下部構造に伝達するとともに，地震時の上部構造と下部構造の相対的な変位や，上部構造の温度変化による伸縮量や活荷重たわみによる回転変位に対しても追従できる機能が要求される．一般に支承は，鋼製支承とゴム支承とに分類でき，その種類は多種多様である．1995（平成7）年の兵庫県南部地震以降はゴム支承が多用されるようになり，可動・固定ゴム支承の他に，地震時水平力分散ゴム支承や免震ゴム支承が用いられるようになった．また，鋼製支承もレベル2地震動を考慮して設計するようになり，支承の耐震性が大幅に上がった．そして，これらの鋼製支承やゴム支承を適材適所で使用することにより，橋梁の耐震性だけでなく耐久性の向上が図られている．橋梁における支承の役割は非常に大きく，支承は橋梁の「要」であり「主要構造物である」と扱われるようになった所以である．

　支承は50数年の歴史の中で風雨や雪にさらされ，地震を経験し，交通量（支持荷重）の増加なども含め，常に過酷な環境に置かれてきた．鋼製支承では，凍結防止剤の塩分を含んだ漏水によって腐食が誘発され，部材の断面欠損や錆による移動機能部の固着がみられる事例などがある．また，活荷重の繰り返し作用によって摺動部の摩耗や疲労損傷などが発生し，さらに大地震時には，ローラーの飛び出し，ピンやストッパーの破損などにより，その機能を損なっているものも見受けられる．また支承本体だけでなく，上部構造の下フランジやソールプレート溶接部などにも，支承の回転や移動の機能不全のために疲労クラック等が発生している例も見られる．
　一方，ゴム支承は本格的に使われ始めてまだ20年余りであるが，研究開発段階において評価・検証されてきたのにも関わらず，その発生が顕在化してきているオゾンクラックの問題や，東北地方太平洋沖地震では地震力によりゴム支承本体が破断に至った事例が報告されている．このように支承に関する諸問題は未だ数多く，今後も精力的な調査・研究・開発が必要であると考えられる．

　ここで，支承部の損傷について，常時状態における支承機能の低下・不全の発生を考えた場合には，短期間に伸縮装置（路面）に段差が生じ，その後，落橋にまで至るような社会インフラおよび交通機能を直ちに阻害する懸念は少ない．定期的に点検を実施し，異常があればその部位を補修または取替えを行えば，橋梁の健全性が保たれ安全につながる．
　しかしながら，大地震による損傷の場合には，1橋脚上の全ての支承に損傷が生じ，上部構造に大きな段差や，場合によっては落橋が生じる危険性もある．このような被災は緊急時の社会インフラの活用を阻害するので，早急な復旧が必要である．大地震時における社会インフラ維持のために，なおかつ重要な橋梁を守るためには，支承の耐震性向上は重要である．
　日本は地震国である．近年のマグニチュード7以上の地震は，1923（大正12）年の関東地震から始まって，北丹後地震，北伊豆地震，鳥取地震，東南海地震，南海地震，福井地震，新潟地震，宮城県沖地震，浦河沖地震，兵庫県南部地震，十勝沖地震，新潟中越地震，東北地方太平洋沖地震等と多数発生している．そして1964（昭和39）年の新潟地震や1995（平成7）年の兵庫県南部地震などで橋梁に大きな被災が発生したことにより，この経験から道路橋示方書が大きく改定され

耐震性の向上が図られた．兵庫県南部地震後の平成8年道示において注目すべき事項は，「支承を橋梁の主要構造部材と位置づけた」こと，「マグニチュード7クラスの内陸直下型地震に対しても，必要な耐震性を確保するように規定された」こと，「3種類の地震を想定し，水平震度をレベル1地震動：kh=0.1～0.3，レベル2地震動を地震時保有水平耐力法（タイプⅠ）：khc=0.3～1.0と地震時保有水平耐力法（タイプⅡ）：khc=0.6～2.0とに分けて規定した」ことなどである．これにより支承の耐力はレベル2地震動（例えば設計水平震度の標準値（Ⅰ種地盤＝2.0）に所定の補正係数および橋脚の許容塑性率として3を仮定した場合，設計水平震度は0.89となる）で設計するようになり，平成8年道示以前の震度法（最大設計水平震度0.2（Ⅰ種地盤））での設計に比べ最大で約4.5倍の耐力を有するようになった．このレベル2地震動で設計した鋼製支承は，東北地方太平洋沖地震でもなんら損傷がなかったことが関係団体の調査報告書[1]で発表されている．

大地震が起きるたびに橋梁の被災による損傷が問題になる．橋梁で地震時の損傷が多い箇所は，伸縮装置を除けば支承部（支承本体に加えてアンカーボルトや沓座モルタルなどを含む部分）に注目が集まりやすい．そして古くからもっとも多く使われてきた鋼製支承にその損傷事例が多い．これは平成8年道示が適用される以前の震度法で設計し，製造されてきた支承が大半である．当然，レベル2地震動などのように震度法を大きく超える地震動には耐えられない設計であった．

また，その他の損傷形態として着目すべき点は，支承が損傷せずに，上部構造の支承取り付け部や橋脚などが損傷するケースである．兵庫県南部地震が起きるまでは，鋼製支承の被害は下部構造に過大な地震力を作用させないためのヒューズであるといわれていた．しかし，支承が被害を受けても橋脚も共に損傷した事例が多数みられたため，これは間違いであったとの見解もある[2]．一方で，過去に起きた地震では，支承損傷の有無によって橋梁の損傷の仕方が大きく分かれた顕著な事例があることも事実であり，ここでは，その代表的なものを以下に例示する．

2004（平成16）年に起きた新潟県中越地震において，国道17号小千谷大橋では，固定ピン支承には損傷は発生せず，橋脚が段落とし部でせん断破壊，および支承取付け部の橋桁の下フランジ，ウェブプレートなどに損傷が生じた．また逆に，2003（平成15）年に起きた十勝沖地震における国道336号十勝河口橋では，鋼製支承が破損して，上部構造に横ずれが生じたが，桁端部において下フランジのソールプレートが支承の上沓上面をすべて地震力を低減さるような挙動を示したため，上部構造，橋台，橋脚とも損傷が少なかった事例もある．

このような事象をふまえて考えると，例えば支承本体の耐力を高めに確保しておき，万が一，損傷が発生するような外力が作用した場合には，ベースプレートと下沓または上沓とソールプレートの締結部を破断させ,お互いですべるように制御しておけば，支承がヒューズの役目を果たし下部構造を守るシステムの可能性も期待できる．この考え方については，「鋼構造シリーズ17」において第6章「支承部の性能設計」の中で「損傷制御設計」として述べている．

兵庫県南部地震以後，新設橋では鋼製支承に代わってゴム支承が主に採用されるようになった．ゴム支承は水平方向への移動の自由度が高く，上部構造の水平移動を"ばね"として柔らかく受けとめるので，地震時に上下部構造に衝撃的な力が伝わり難い．また，大きな変位を起こすとハードニングが生じて変位を抑制する役割を果たし，地震時水平力分

散や免震化が容易であるため耐震性の向上が可能となる．しかし東北地方太平洋沖地震では，本報告書の第3章で詳細に述べているように，平成8年道示に基づき設計された地震時水平力分散ゴム支承（レベル2地震動考慮）の仙台東部道路，利府高架橋や，免震設計された旭高架橋，平成2年道示に基づいて設計された新那珂川大橋などのゴム支承が破断に至った例がある．ゴム支承が推奨されるようになってから今日まで，特にレベル2地震動で設計したゴム支承が破断に至ったことは，まさに衝撃的な事象であった．ゴム支承は出荷時の品質検査で十分に規格を満足していたとしても，ゴムは高分子化合物であるので，経年劣化により水平剛性，せん断変形性能，減衰などのゴムの初期性能が変わることも考えられる．これは今回の破断の原因の一つに考えられている．またゴム支承はひずみ依存性，速度依存性，面圧依存性，温度依存性などがあり，支承メーカーは設計の要求性能を確保するためにより一層の努力が必要である．

　ゴム支承が使われ始めた初期の頃「ゴム支承の耐用年数は100年」と言われた．しかし今回の破断の問題やオゾンクラックの問題，ボルトや鋼部材の腐食の問題などを考えれば，100年対応のゴム支承とするためには，まだまだ様々な研究開発が必要である．

　以上，特に地震時の性能に着目して述べてきたが，もう一点，強調すべきテーマは，橋梁の主要構造物である支承の維持管理（メンテナンス）である．これは，橋梁という国家の重要な社会インフラを守るために不可欠な課題である．近年，橋梁等の道路構造物の高齢化を踏まえ，道路管理者による点検，診断，処置，記録のメンテナンスサイクルを確立するため，点検頻度や方法を定める法令が施行されている．そしてその中で「近接目視による点検」が要求されている．

　ここで，支承部の維持管理で問題になるのは鋼材の腐食が最も多い．腐食は起きてからの事後処理ではなく，起きる前の予防保全として漏水をなくして腐食をさせないことが重要である．

　本報告書では，この維持管理の視点から支承部を見た場合に，まず，現状分析からはじめ，それらの課題を克服する（再発させない）ことを目指した設計的な配慮，点検・補修・管理上のポイント等に着目した整理を実施している．また，最後には，今後の維持管理のあり方についての提言をとりまとめた．

　今後の支承の開発の主眼は，「使用性・耐久性・経済性」が総合的に優れていて，道路橋示方書に明記されているように「点検しやすく，損傷時の取り換えが容易」な支承である．そして，支承は橋の「要（かなめ）」であり「主要構造物」であるので，設計で想定される地震動では，橋を守り社会インフラを守ることができる「耐震性のある支承」でなくてはならない．

参考文献（はじめに）
1) 一般社団法人日本橋梁建設協会：「東日本大震災橋梁被害調査報告書」，平成23年12月
2) 川島一彦：「地震時保有耐力法の導入は橋梁の耐震性を高めたか？」，2013-8 橋梁と基礎

第1章 支承部の基本

　昨今の橋梁分野における支承の位置付けは，橋の中でも上部構造の荷重を支え，風時や地震時荷重を支持する主要構造物として重要な役割を担っている．しかし，どの専門図書を読み込んでも図1.1に示すように△や○記号で可動支承(M)，固定支承(F)，水平反力分散支承(E)，免震支承(E)などと説明される程度で，さまざまな支承タイプの構造や機能，部品の役割が解説されている文献は少ない．また，このような状況下，国内の橋梁に用いられている支承も急速に高齢化を迎えているが，支承部の維持管理方法を具体的に説明する文献も十分整備されているとは考えにくい状況である．

　そこで，本章では，今一度，支承部の基本的な機能を述べ，例えば，既設支承部の維持管理を行う際に着目すべき部位や求められる機能を把握するときや，今後建設される橋梁の支承部に予め配慮しておくべきことを計画するときのために，支承に求められる機能を整理し，構造を可視化させ解説することとした．

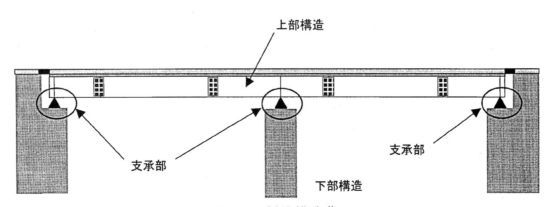

図 1.1　橋梁構造 [1)]

　ひとえに支承と言っても，古い時代に造られたタイプから，近年の新しいタイプまで含めるとさまざまな支承が使用されている．しかしながら，支承に求められる基本的な機能は変わるものでは無い．支承は，上部構造と下部構造との接合部となる支点部に荷重支持や変位追随機能を受け持たせるために設けられている．近年においては，橋と共に古い時代に造られた支承は機能が劣化しつつあり，今すぐにも取替えが必要な状況にあるか，今後も機能を発揮し続けることが可能なのかを判断し，維持管理に着手しなければならない．一方，今後建設される橋の支承は，長期に渡り機能を発揮し続けることが求められ，そのためには，どのような機能を有するタイプの支承を設置しておくべきか考え直さなければ，新しく造られる支承も長くない時期に補修・補強が必要な時期を迎えてしまう．そこで，このようなことを繰り返さないために，支承部に求められる機能を整理した．

1.1　支承構造に求められる機能

　支承の基本的な機能は，上部構造から伝達される死荷重や活荷重などの鉛直荷重や，常時や地震時，風時などの水平力を支持して下部構造へ伝達させる．また，上部構造と下部

構造の水平変位に追随し，活荷重による上部構造の回転変位に対しても円滑に追随する機能が求められている．ここで，支承が支えるべき橋梁形式も多種に及んでいる．鋼鈑桁橋や鋼箱桁橋をはじめ，トラス橋やアーチ橋，斜張橋や吊橋などの形式の上部構造において，さまざまな挙動を示す接点に設置される．さらには，上部構造の種類についても，鋼桁とコンクリート桁（含複合形式）などに分類され，上部構造と下部構造の温度特性や荷重特性の違いにも配慮して支承に求められる機能を選択しなければならない．

支承には多くの機能が凝縮するが，その一つひとつの機能は単純な機構であるため，支点部に求められる複数の機能を組み合わせても，支承構造の均衡が保てるように支承は設計されている必要がある．

1.1.1 荷重伝達機能の種類

支承構造に求められる機能分類を**図**1.2に，荷重支持機能のうち，鉛直力支持機能と水平力支持機能を発揮する実構造例を**表**1.1と**表**1.2に示す．鉛直力支持機能は，鉛直方向の荷重を支持し，上部構造を所定の高さに保持する機能および地震時における上揚力を支持する機能である．水平力支持機能は，常時および地震時などの水平方向力を支持し，上部構造を所定の位置に確保するための機能である．

道路橋支承便覧[2])においては支承機能の種類と一般的な模式図により簡潔に整理されていたが，**表**1.1と**表**1.2では，現在使用されている支承を例に，その機能を発揮する具体的な支承の部位を示している．こうした整理により，支承は一つの機能のみで構成されているのではなく複数の機能の組み合せによって構成されており，また一つの部位が複数の機能を有して構成されていることも分かる．各機能を発揮する部位の材料や形状，強度も異なるため，支承として組み合わせた時に均衡の取れた構造になるような機能を選択することが重要なことである．

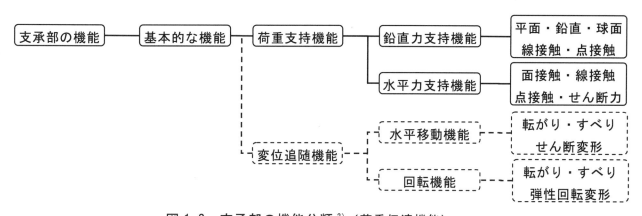

図 1.2 支承部の機能分類[2])（荷重伝達機能）

表 1.1 鉛直力支持機能 [2]

荷重支持機能			模式図	設計断面力	支承構造例
接触機構	面接触	平面		支圧力（圧縮）	面支承
		円柱面		支圧力（圧縮）	ピン支承
		球面		支圧力（圧縮）	BP.A支承　ピボット支承
		平面		支圧力（圧縮）※上揚力	各支承のストッパー部
		その他		引張力と付着力（引張）	各支承のボルト類
	線接触			支圧力（圧縮）	線支承　ローラー支承
伝達機構	圧縮・引張			支圧力	BP.B支承
				圧縮力と引張力	ゴム支承

第1章　支承部の基本

表 1.2　水平力支持機能 [2]

荷重支持機能		模式図	設計断面力	支承構造例
接触機構	面接触		支圧力	各支承のストッパー部 各支承のせん断キー部
			摩擦力	BP.A支承　BP.B支承の摺動部
	線接触		せん断力	各支承の取付けボルト部
伝達機構	せん断		曲げ力 せん断力	サイドブロック部
			せん断力	ゴム支承本体

1.1.2 変位追随機能の種類

支承部に求められる機能分類を**図1.3**に，変位追随機能のうち，水平移動機能と回転機能を発揮する実構造例を**表1.3**と**表1.4**に示す．変位追随機能は，上部構造の変位やたわみによる回転などの挙動に対して追随し，上部構造と下部構造の相対変位を吸収する機能である．鋼製支承の水平移動機能は，ころがり機構やすべり機構があり，回転機能は，円柱凹面と円柱凸面や球凹面と球凸面などの接触による回転機構がある．これらの接触機構は，構成部品の材料や機械的性質，表面粗さ，部品寸法により支持性能が決まるため，求められる性能に応じて，機能の種類と材料を選定する．

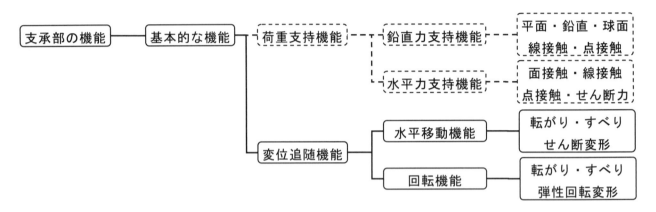

図1.3 支承部の機能分類[2]（変位追随機能）

表1.3 水平移動機能[2]

移動機構	模式図	方向性	設計断面力	支承構造例
ころがり		一方向	ころがり摩擦力	ローラー支承
すべり		1方向及び全方向	すべり摩擦力	BP.A支承 BP.B支承
せん断変形		1方向及び全方向	ゴム支承本体の変形によるせん断力	ゴム支承

表 1.4　回転機能 [2]

移動機構	模式図	方向性	設計断面力	支承構造例
ころがり		一方向	摩擦力	1本ローラー支承
すべり（円柱面）		一方向	摩擦力	ピン支承
すべり（曲面）		全方向	摩擦力	BP.A支承 / ピボット支承
弾性変形		全方向	弾性変形	ゴム支承
			弾性変形	BP.B支承

1.2 支承構造の可視化による機能解説

支承構造に求められる機能と，その機能を発揮する代表的な支承タイプの部位を 1.1 で示した．本節では，複数の機能が組み合わされた支承構造を可視化し，各部品の機能を解説する．解説する支承タイプを表 1.5 に示し，支承構造図[3]を図 1.4～図 1.21 に，支承に作用する荷重一覧を表 1.6～表 1.23 に示す．列記する支承は，現在でも日本全国で使用されているタイプである．

支承構造を把握することは，例えば既設支承の点検・調査など維持管理を行う際の日常点検や，地震発生後の緊急点検など，点検の種類に応じ着目すべき点検部位がどこであるかの判断材料になる．一方，今後建設される橋の支承を計画する場合には，支承に求められる機能が示された時点で，支承を構成させる時にどの部位に着目するべきかの判断材料になる．支承タイプを選定する時も，求められる機能が理解されないまま支承タイプが選定されてしまうと，状況によっては支持すべき機能や荷重に対してすべて満足させることが難しく，不都合や支承の機能を発揮させることに無理を生じさせる程の不釣合いな形状となってしまうことがあるため，支承構造を可視化し構造と機能を解説することとした．

ここで，各部品にはどのような荷重が作用しているか示すために，部品に見込まれる常時と地震時の作用力を一覧にし，常時荷重を支持している部品については〇印を，地震荷重を支持する部品は▽印で示した．これにより，日常点検時に着目する点検部位と，地震直後などの緊急点検時に着目する点検部位を区別するときにも参照されたい．

表 1.5 支承の種類[2]

	支承タイプ	概　　要
支承板支承	(1) 高力黄銅支承板支承 図 1.4	平面と曲面を組み合わせた支承で，平面部のすべりで水平移動機能を，曲面部のすべりで全方向の回転機能を受けもつ．
	(2) 密閉ゴム支承板支承 レベル 1 地震動支持型 図 1.5	平面と弾性体を組合わせた支承で，すべり面に PTFE 板とステンレス板を用い水平移動機能を，密閉されたゴム材料で鉛直力支持機能と回転機能を受けもつ．地震力を支持する部位は，レベル 1 地震動の設計力が用いられている．
	(3) 密閉ゴム支承板支承 レベル 2 地震動支持型 図 1.6	基本的な支持機能は(2)と同様であるが，2002(平成 14)年にレベル 2 地震動の設計力を考慮したタイプ．外観からの識別は，上揚力を支持するサイドブロックが L 型形状からコの字形状に変更されている．
	(4) 密閉ゴム支承板支承 2 方向移動型 図 1.7	基本的な機能は(2)と同様であるが，中芯下面にも PTFE 板を用いたすべり面を設置し，上揚力を支持しながら，橋軸方向と橋軸直角方向の両方の水平移動に追随することが可能な特徴がある．
	(5) 密閉ゴム支承板支承 常時負反力支持型 図 1.8	基本的な機能は(2)と同様であるが，常時負反力を支持しながら水平移動機能や回転機能を発揮させるために，サイドブロック内部にも密閉ゴム支承板を組込んだ構造である．

円柱面支承	(6) ピン支承支圧型 図1.9	上沓と下沓の間に円柱状のピン部品を配置した構造で，ピン部品が鉛直・水平力支持機能と回転機能を受けもつ．回転機能は一方向に限定される．
	(7) ピン支承せん断型 図1.10	基本的な機能は(6)と同様であるが，上沓と下沓から，くし形に突き出したリブを噛合わせ，ピンを通して荷重を支持する．地震時上揚力が大きく発生する場合でも支承を構成させやすい．
球面支承	(8) ピボット支承 図1.11	上沓の凹球面と下沓の凸球面を組み合わせた支承で，常時および地震時共に全方向の回転機能を有する．
線接触支承	(9) 普通鋼 ピンローラー支承 図1.12	平面と円柱を組み合わせたローラー支承で，ローラー部品により，一方向の水平移動機能を有する．中規模以上の橋梁の可動支承として採用されている．
	(10) 高硬度 ピンローラー支承 図1.13	基本的な支持機能は(9)と同様であるが，ローラー及び相手支圧面の材料は，普通鋼ローラーより耐荷力と耐食性を高めるために，ステンレス鋼に焼入れをした鋼材が使用されている．
	(11) 1本ローラー支承 図1.14	基本的な支持機能は(9)と同様で，一本のローラーで水平移動機能と回転機能を兼ねるシンプルな構造である．移動方向と回転方向が同一部材で構成されているため，一方の機能喪失により支承機能全体の低下が懸念される．
	(12) 高硬度 ピボットローラー支承 図1.15	基本的な支持機能は(9)と同様で，回転機能のみ全方向の回転機能を有するピボット支承が組み込まれている．
	(13)線支承 図1.16	平面と欠円柱を組み合わせた支承で，一方向の水平移動機能と回転機能を有する．小規模橋梁に多く用いられ，その支承形状から小判型支承などとも呼ばれている．
ゴム支承	(14) パッド型 図1.17	ゴム支承は，鉛直力支持機能と水平移動・回転機能をゴム支承本体が支持する．ゴム支承本体は，上下部構造に固定されず，下部構造の沓座に直接置かれるか，鋼部材の下沓部品に設置される．上下部構造とゴム支承は接合されないため，ゴム支承本体が橋の振動により移動することを防ぐ滑動防止を設ける必要がある．
	(15) せん断型 図1.18	基本的な支持機能は(14)と同様であるが，ゴム支承本体と上下沓はボルト接合されており，ゴム支承本体で上揚力も支持できる．水平力支持機能は，支承構造内に設ける鋼部材のサイドブロックで支持する必要がある．
ゴム支承	(16) 地震時水平反力分散型 図1.19	基本的な支持機能は(15)と同様であるが，ゴム支承本体のせん断剛性を使用し，地震時慣性力を複数の下部構造に分散させる支承である．水平力支持機能は，鋼部材のサイドブロックを必要に応じ配置させ，水平力を支持することができる．橋軸方向および橋軸直角方向に地震時水平力を分散させることができる．

	(17) 免震型 図1.19	基本的な支持機能は(16)と同様であり，地震時水平反力分散型ゴム支承に減衰機能を付加させた支承である．減衰機能の付加方法は，ゴム支承本体内部に鉛プラグを挿入する方法と，高いエネルギー吸収性能を持つように配合された特殊なゴム材料を使用する方法がある．
機能分離型支承	(18) ゴムバッファー横置型 図1.20	機能分離型支承は，支承部として必要な機能ごとに独立した構造体を設け，これらが集合して支承としての機能を担うように構成した支承部であり，地震時慣性力をゴムバッファー（ゴム支承本体と同様な積層ゴム構造）で支持し，そのゴムバッファーを通常の支承と同じ設置向き（横置き）で取付ける方法である．構造は簡便ではあるが，ゴムバッファーに鉛直荷重が載荷しない構造と施工が必要となる．
	(19) ゴムバッファー縦置型 図1.21	基本的な支持方法は(18)と同様であるが，ゴムバッファーを縦向きに配置した形式の機能分離型支承である．上下部構造との取付け方法は，ブラケット構造を用いるため支承部が煩雑になるため，施工や維持管理上への配慮が重要である．

表1.6〜表1.23で示される荷重の種類を示す凡例を以下に示す．

- R_{max} ： 死荷重と活荷重を足し合わせた支承に作用する最大反力
- R_{Ht} ： 支承に作用する可動支承の移動時橋軸方向水平力
- R_{H1e} ： 支承に作用する地震時橋軸方向水平力
- R_{H2e} ： 支承に作用する地震時橋軸直角方向水平力
- V ： 支承に作用する地震時上揚力
- σ ： 支承部材に作用する曲げ応力度
- τ ： 支承部材に作用するせん断応力度
- σ_b ： 支承部材に作用する支圧応力度
- σ_t ： 支承部材に作用する引張応力度

また，図1.5〜図1.21に示す支承構造図の部品解説においては，上部構造が鋼桁と取合うセットボルトで定着する構造を示している．上部構造がコンクリート桁に対しては，図1.4で示すように他の支承タイプにおいても上沓に直接ねじ込まれるアンカーバーにて上部構造に定着する構造として参照されたい．

1.2.1 高力黄銅支承板支承（BP.A支承）

高力黄銅支承板支承の各部位に作用する荷重伝達順序を示す．
1) 鉛直荷重：②上沓→③ステンレス板→④ベアリング→⑥下沓
2) 水平荷重（橋軸方向）：①アンカーバー→②上沓（ストッパー）→⑥下沓（凸部）→⑧アンカーボルト
3) 水平荷重（橋直方向）：①アンカーバー→②上沓→⑥下沓（凸部）→⑧アンカーボルト
4) 上揚力：①アンカーバー→②上沓→⑦サイドブロック→⑥下沓→⑧アンカーボルト

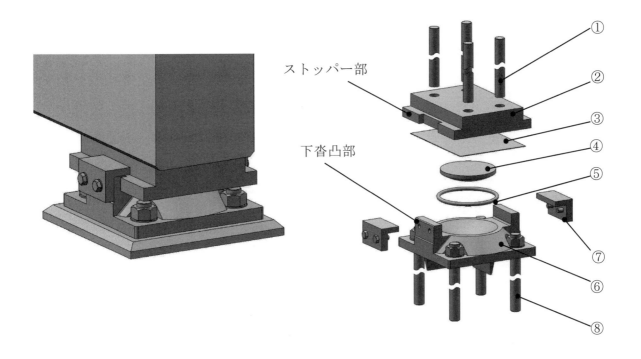

図1.4 高力黄銅支承板支承の構造図[3]

表1.6 高力黄銅支承板支承の部品に作用する荷重

（常時機能：○，地震時機能▽）

部番	部品名称	常時荷重		地震時荷重			設計要素				機能
		R_{max}	R_{Ht}	R_{H1e}	R_{H2e}	V	σ	τ	σ_b	σ_t	
①	アンカーバー	-	○	▽	▽	▽	-	▽	-	▽	水平・上揚力支持
②	上沓	○	○	▽	▽	▽	○▽	▽	○▽	-	鉛直・水平力支持
③	ステンレス板	○	○	-	-	-	-	-	○	-	鉛直力支持・水平移動
④	ベアリング	○	○	-	-	-	-	-	○	-	鉛直力支持・水平移動・回転
⑤	シールリング	-	-	-	-	-	-	-	-	-	防塵部材
⑥	下沓	○	○	▽	▽	▽	○▽	▽	○▽	-	鉛直・水平力支持
⑦	サイドブロック	-	-	▽	▽	▽	▽	▽	-	▽	上揚力支持
⑧	アンカーボルト	-	○	▽	▽	▽	-	○▽	-	▽	水平・上揚力支持

1.2.2 密閉ゴム支承板支承（BP.B支承）
(1) レベル1地震動支持型
レベル1地震動支持型の各部位に作用する荷重伝達順序を示す．
1) 鉛直荷重：②上沓→③ステンレス板→④すべり材→⑤中間プレート→⑦ゴムプレート→⑩下沓
2) 水平荷重（橋軸方向）：②上沓（突起・ストッパー）→⑥下沓（凸部）→⑪アンカーボルト
3) 水平荷重（橋軸直角方向）：②上沓（突起）→⑩下沓（凸部）→⑪アンカーボルト
4) 上揚力：①セットボルト→②上沓→⑨サイドブロック→⑩下沓→⑪アンカーボルト

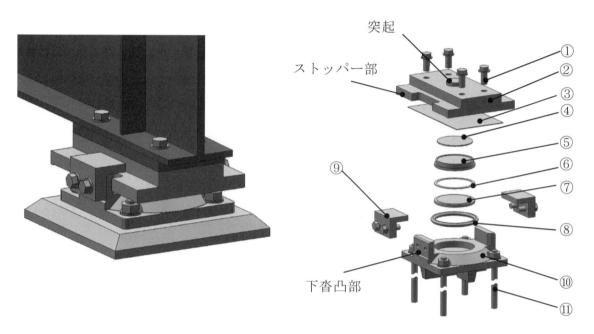

図1.5 BP.B支承レベル1地震動支持型の構造図[3]

表1.7 BP.B支承レベル1地震動支持型の部品に作用する荷重
（常時機能：○，地震時機能▽）

部番	部品名称	常時荷重		地震時荷重			設計要素				機能
		R_{max}	R_{Ht}	R_{H1e}	R_{H2e}	V	σ	τ	σ_b	σ_t	
①	セットボルト	-	○	-	-	▽	-	○	-	▽	上揚力支持
②	上沓	○	○	▽	▽	▽	○▽	▽	○▽	-	鉛直・水平力支持
③	ステンレス板	○	○	-	-	-	-	-	○	-	鉛直力支持・水平移動
④	PTFE板	○	○	-	-	-	-	-	○	-	鉛直力支持・水平移動
⑤	中間プレート	○	-	-	-	-	○	-	-	-	鉛直力支持
⑥	圧縮リング	-	-	-	-	-	-	-	-	-	ゴムプレート膨出防止材
⑦	ゴムプレート	○	-	-	-	-	-	-	○	-	鉛直力支持・回転
⑧	シールリング	-	-	-	-	-	-	-	-	-	防塵部材
⑨	サイドブロック	-	-	-	-	▽	▽	▽	▽	▽	上揚力支持
⑩	下沓	○	○	▽	▽	▽	○▽	▽	○▽	-	鉛直・水平力支持
⑪	アンカーボルト	-	○	▽	▽	▽	-	○▽	-	▽	水平・上揚力支持

(2) レベル2地震動支持型

レベル2地震動支持型の荷重伝達を下記に示す．

1) 鉛直荷重：②上沓→③ステンレス板→④すべり材→⑤中間プレート→⑦ゴムプレート→⑨下沓→⑪ベースプレート
2) 水平荷重（橋軸方向）：②上沓（突起・ストッパー）→⑨下沓（凸部）→⑪ベースプレート→⑫アンカーボルト
3) 水平荷重（橋軸直角方向）：②上沓→⑨下沓（凸部）→⑪ベースプレート→⑫アンカーボルト
4) 引抜力：①セットボルト→②上沓→⑩サイドブロック→⑨下沓→⑪ベースプレート→⑫アンカーボルト

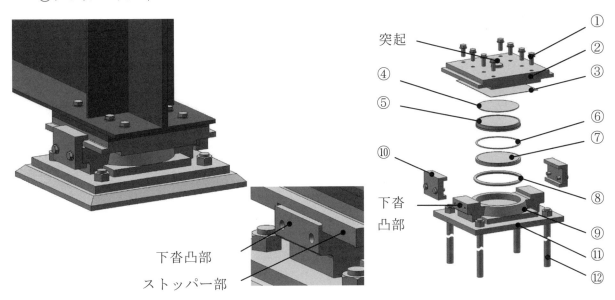

図1.6 BP.B支承レベル2地震動支持型の構造図 [3)]

表1.8 BP.B支承レベル2地震動支持型の部品に作用する荷重

（常時機能：○，地震時機能▽）

部番	部品名称	常時荷重		地震時荷重			設計要素				機能
		R_{max}	R_{Ht}	R_{H1e}	R_{H2e}	V	σ	τ	σ_b	σ_t	
①	セットボルト	-	○	▽	▽	▽	-	○▽	-	▽	水平・上揚力支持
②	上沓	○	○	▽	▽	▽	○▽	▽	○▽	-	鉛直・水平力支持
③	ステンレス板	○	○	-	-	-	-	-	○	-	鉛直力支持・水平移動
④	PTFE板	○	○	-	-	-	-	-	○	-	鉛直力支持・水平移動
⑤	中間プレート	○	-	-	-	-	○	-	-	-	鉛直力支持
⑥	圧縮リング	-	-	-	-	-	-	-	-	-	ゴムプレート膨出防止材
⑦	ゴムプレート	○	-	-	-	-	-	-	○	-	鉛直力支持・回転
⑧	シールリング	-	-	-	-	-	-	-	-	-	防塵部材
⑨	下沓	○	○	▽	▽	▽	○▽	▽	○▽	-	鉛直・水平力支持
⑩	サイドブロック	-	-	-	-	▽	▽	▽	▽	▽	上揚力支持
⑪	ベースプレート	○	○	▽	▽	▽	○▽	-	-	-	鉛直・水平力支持
⑫	アンカーボルト	-	○	▽	▽	▽	-	○▽	-	▽	水平・上揚力支持

(3) 2方向移動型

2方向移動型の荷重伝達を下記に示す.

1) 鉛直荷重：②上沓→③ステンレス板→④PTFE板→⑤中間プレート→⑦ゴムプレート→⑨中沓→⑪ステンレス板→⑫下沓→⑬ベースプレート
2) 上揚力：①セットボルト→②上沓→⑩サイドブロック→⑨中沓→⑩サイドブロック→下沓→⑬ベースプレート→⑭アンカーボルト

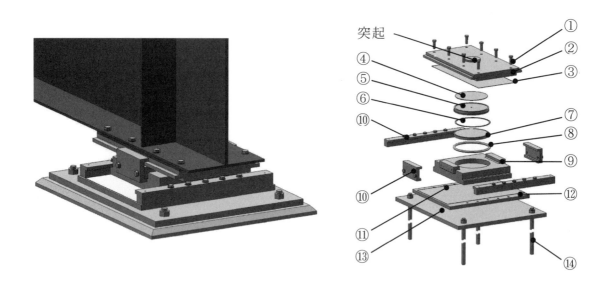

図 1.7　BP.B 支承 2 方向移動型の構造図 [3]

表 1.9　BP.B 支承 2 方向移動型の部品に作用する荷重

(常時機能：○，地震時機能▽)

部番	部品名称	常時荷重		地震時荷重		設計要素					機能
		R_{max}	R_{Ht}	R_{H1e}	R_{H2e}	V	σ	τ	σ_b	σ_t	
①	セットボルト	-	○	-	-	▽	-	○	-	▽	水平・上揚力支持
②	上沓	○	○	-	-	▽	○▽	▽	○▽	-	鉛直・水平力支持
③	ステンレス板	○	○	-	-	-	-	-	-	○	鉛直力支持・水平移動
④	PTFE 板	○	○	-	-	-	-	-	-	○	鉛直力支持・水平移動
⑤	中間プレート	○	-	-	-	○	-	-	-	-	鉛直力支持
⑥	圧縮リング	-	-	-	-	-	-	-	-	-	ゴムプレート膨出防止材
⑦	ゴムプレート	○	-	-	-	-	-	-	○	-	鉛直力支持・回転
⑧	シールリング	-	-	-	-	-	-	-	-	-	防塵部材
⑨	中沓	○	○	-	-	▽	○▽	▽	○▽	-	鉛直・水平力支持
⑩	サイドブロック	-	-	-	-	▽	▽	▽	▽	▽	上揚力支持
⑪	ステンレス板	○	-	-	-	-	-	-	-	○	鉛直力支持・水平移動
⑫	下沓	○	-	-	-	▽	○▽	▽	○▽	-	鉛直・水平力支持
⑬	ベースプレート	○	-	-	-	▽	▽	▽	○▽	-	鉛直・水平力支持
⑭	アンカーボルト	-	○	-	-	▽	-	○	-	▽	水平・上揚力支持

(4) 常時負反力支持型

常時負反力支持型の荷重伝達を下記に示す．

1) 鉛直荷重：②上沓→③ステンレス板→④PTFE板→⑤中間プレート→⑦ゴムプレート→⑨下沓
2) 水平荷重（橋軸直角方向）：②上沓（突起）→⑨下沓（凸部）
3) 上揚力：①セットボルト→②上沓→③ステンレス板→⑪PTFE板→⑫中間プレート→⑭ゴムプレート→⑩サイドブロック→⑨下沓

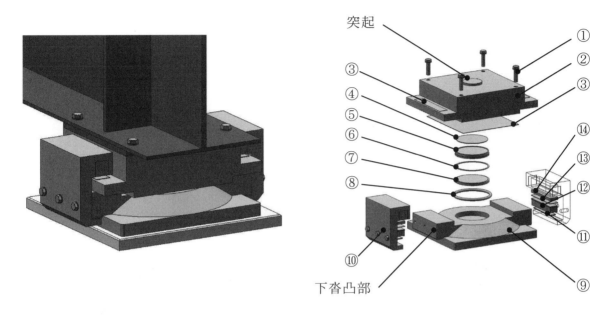

図1.8　BP.B支承負反力支持型の構造図[3]

表1.10　BP.B支承常時負反力支持型の部品に作用する荷重

（常時機能：○，地震時機能▽）

部番	部品名称	常時荷重		地震時荷重			設計要素				機能
		R_{max}	R_{Ht}	R_{H1e}	R_{H2e}	V	σ	τ	σ_b	σ_t	
①	セットボルト	-	○	-	▽	▽	-	○▽	-	▽	水平・上揚力支持
②	上沓	○	○	-	▽	▽	○▽	▽	○▽	-	鉛直・水平力支持
③	ステンレス板	○	○	-	-	-	-	-	○	-	鉛直力支持・水平移動
④	PTFE板	○	○	-	-	-	-	-	○	-	鉛直力支持・水平移動
⑤	中間プレート	○	-	-	-	-	○	-	-	-	鉛直力支持
⑥	圧縮リング	-	-	-	-	-	-	-	-	-	ゴムプレート膨出防止材
⑦	ゴムプレート	○	-	-	-	-	-	-	○	-	鉛直力支持・回転
⑧	シールリング	-	-	-	-	-	-	-	-	-	防塵部材
⑨	下沓	○	○	-	▽	▽	○▽	▽	○▽	-	鉛直・水平力支持
⑩	サイドブロック	-	-	-	-	▽	○▽	○▽	○▽	○▽	負反力支持
⑪	PTFE板	-	-	-	-	▽	-	-	○▽	-	負反力支持・水平移動
⑫	中間プレート	-	-	-	-	▽	○▽	-	-	-	負反力支持
⑬	圧縮リング	-	-	-	-	-	-	-	-	-	ゴムプレート膨出防止材
⑭	ゴムプレート	-	-	-	-	▽	-	-	○▽	-	負反力支持・回転

1.2.3 ピン支承
(1) 支圧型
ピン支承支圧型の荷重伝達を下記に示す．
1) 鉛直荷重：②上沓→③ピン→⑤下沓
2) 水平荷重（橋軸方向）：②上沓（突起）→③ピン→⑤下沓→⑥アンカーボルト
3) 水平荷重（橋軸直角方向）：②上沓（突起）→③ピン（くびれ部）→⑤下沓→⑥アンカーボルト
4) 上揚力：①セットボルト→②上沓→④キャップ→⑤下沓→⑥アンカーボルト

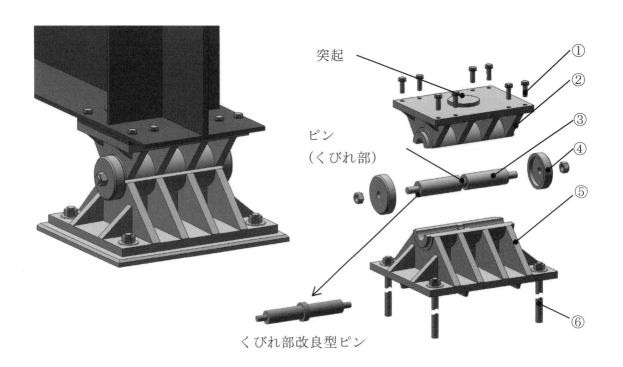

図1.9　ピン支承支圧型の構造図[3]

表1.11　ピン支承支圧型の部品に作用する荷重
（常時機能：○，地震時機能▽）

部番	部品名称	常時荷重		地震時荷重			設計要素				機能
		R_{max}	R_{Ht}	R_{H1e}	R_{H2e}	V	σ	τ	σ_b	σ_t	
①	セットボルト	-	○	▽	▽	▽	-	○▽	-	▽	水平・上揚力支持
②	上沓	○	○	▽	▽	▽	○▽	▽	○▽	-	鉛直・水平力支持
③	ピン	○	○	▽	▽	-	-	-	○▽	▽	鉛直・水平力支持・回転
④	キャップ	-	-	-	-	▽	▽	▽	▽	▽	上揚力支持
⑤	下沓	○	○	▽	▽	▽	○▽	▽	○▽	-	鉛直・水平力支持
⑥	アンカーボルト	-	○	▽	▽	▽	-	○▽	-	▽	水平・上揚力支持

（2）せん断型

ピン支承せん断型の荷重伝達を下記に示す．

1) 鉛直荷重：②上沓→③ピン→⑤下沓
2) 水平荷重（橋軸方向）：②上沓→③ピン→⑤下沓→⑥アンカーボルト
3) 水平荷重（橋軸直角方向）：①セットボルト→②上沓→⑤下沓→⑥アンカーボルト
4) 上揚力：①セットボルト→②上沓→③ピン→⑤下沓→⑥アンカーボルト→（アンカーフレーム）

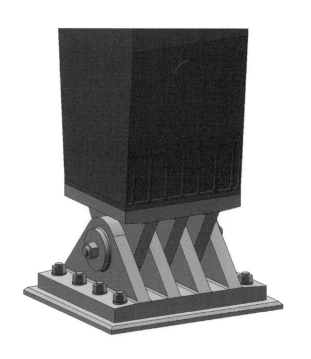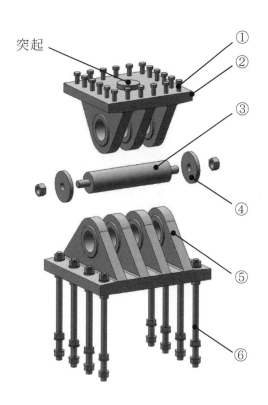

図 1.10　ピン支承せん断型の構造図[3]

表 1.12　ピン支承せん断型の部品に作用する荷重
（常時機能：○，地震時機能▽）

部番	部品名称	常時荷重		地震時荷重			設計要素				機能
		R_{max}	R_{Ht}	R_{H1e}	R_{H2e}	V	σ	τ	σ_b	σ_t	
①	セットボルト	-	○	▽	▽	▽	-	○▽	-	▽	水平・上揚力支持
②	上沓	○	○	▽	▽	▽	○▽	▽	○▽	▽	鉛直・水平力支持
③	ピン	○	○	▽	-	▽	○▽	○▽	○▽	-	鉛直力支持・回転
④	キャップ	-	-	-	-	-	-	-	-	-	ピンずれ止め
⑤	下沓	○	○	▽	▽	▽	○▽	▽	○▽	▽	鉛直・水平力支持
⑥	アンカーボルト	-	○	▽	▽	▽	-	○▽	-	▽	水平・上揚力支持

1.2.4 ピボット支承

ピボット支承の荷重伝達を下記に示す.
1) 鉛直荷重：②上沓→④下沓
2) 水平荷重（橋軸方向）：②上沓（突起）→②上沓（球凹部）→④下沓（球凸部）
 →⑤アンカーボルト
3) 水平荷重（橋軸直角方向）：②上沓（突起）→②上沓（球凹部）→④下沓（球凸部）
 →⑤アンカーボルト
4) 上揚力：①セットボルト→②上沓→③リング→④下沓→⑤アンカーボルト

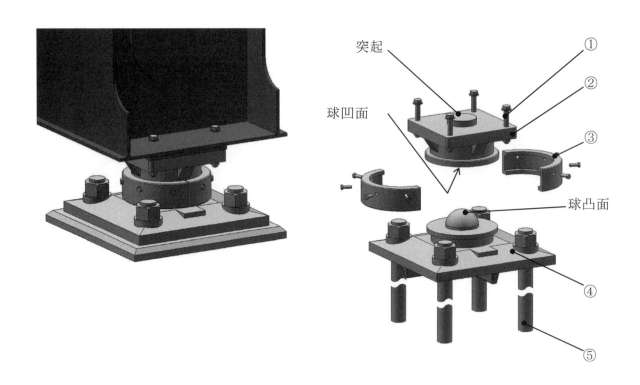

図 1.11　ピボット支承の構造図 [3)]

表 1.13　ピボット支承の部品に作用する荷重

（常時機能：○，地震時機能▽）

部番	部品名称	常時荷重		地震時荷重			設計要素				機能
		R_{max}	R_{Ht}	R_{H1e}	R_{H2e}	V	σ	τ	σ_b	σ_t	
①	セットボルト	-	○	▽	▽	▽	-	○▽	-	▽	水平・上揚力支持
②	上沓	○	○	▽	▽	▽	○▽	▽	○▽	-	鉛直・水平力支持
③	リング	-	-	-	-	▽	▽	▽	▽	▽	上揚力支持
④	下沓	○	○	▽	▽	▽	○▽	▽	○▽	-	鉛直・水平・回転
⑤	アンカーボルト	-	○	▽	▽	▽	-	○▽	-	▽	水平・上揚力支持

1.2.5 ローラー支承

(1) 普通鋼ピンローラー型

普通鋼ピンローラー型の荷重伝達を下記に示す.

1) 鉛直荷重：②上沓→③ピン→⑤下沓→⑥ローラー→⑦底板
2) 水平荷重（橋軸直角方向）：②上沓（突起）→③ピン（くびれ部）→⑤下沓（凸部）→⑥ローラー（くびれ部）→⑦底板（凸部）→⑨アンカーボルト
3) 上揚力：①セットボルト→②上沓→④キャップ→⑤下沓→⑧サイドブロック→⑦底板→⑨アンカーボルト

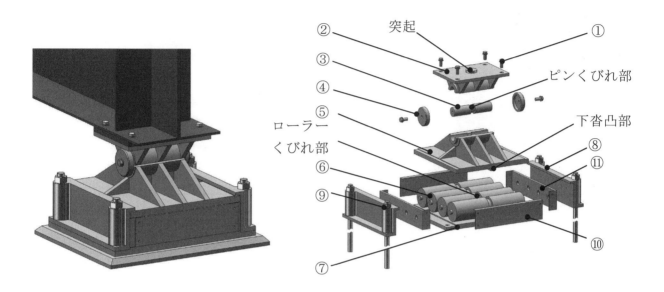

図 1.12　普通鋼ピンローラー型支承の構造図 [3]

表 1.14　普通鋼ローラー支承の部品に作用する荷重
（常時機能：〇, 地震時機能▽）

部番	部品名称	常時荷重		地震時荷重			設計要素				機能
		R_{max}	R_{Ht}	R_{H1e}	R_{H2e}	V	σ	τ	σ_b	σ_t	
①	セットボルト	-	〇	-	-	▽	-	〇	-	▽	上揚力支持
②	上沓	〇	〇	▽	▽	▽	〇▽	▽	〇▽	-	鉛直・水平力支持
③	ピン	〇	〇	▽	▽	-	-	-	〇▽	▽	鉛直・水平力支持・回転
④	キャップ	-	-	-	-	▽	▽	▽	▽	▽	上揚力支持
⑤	下沓	〇	〇	▽	▽	▽	〇▽	▽	〇▽	-	鉛直・水平力支持
⑥	普通鋼ローラー	〇	-	-	▽	▽	-	-	〇▽	▽	水平力支持・水平移動
⑦	底板	〇	〇	▽	▽	▽	〇▽	▽	〇▽	-	鉛直・水平力支持
⑧	サイドブロック	-	-	-	-	▽	▽	▽	▽	▽	上揚力支持
⑨	アンカーボルト	-	〇	-	▽	▽	-	〇▽	-	▽	水平・上揚力支持
⑩	ローラーカバー	-	-	-	-	-	-	-	-	-	防塵部材
⑪	連結板	-	-	-	-	-	-	-	-	-	ローラーの連結部材

(2) 高硬度ピンローラー型

高硬度ピンローラー型の荷重伝達を下記に示す.

1) 鉛直荷重：②上沓→③ピン→⑤下沓→⑥支圧板→⑦高硬度ローラー→⑥支圧板→⑩底板
2) 水平荷重（橋軸直角方向）：②上沓（突起）→③ピン（くびれ部）→⑤下沓（凸部）→⑦高硬度ローラー（くびれ部）→⑨底板（凸部）→⑩アンカーボルト
3) 上揚力：①セットボルト→②上沓→④キャップ→⑤下沓→⑧サイドブロック→⑩アンカーボルト

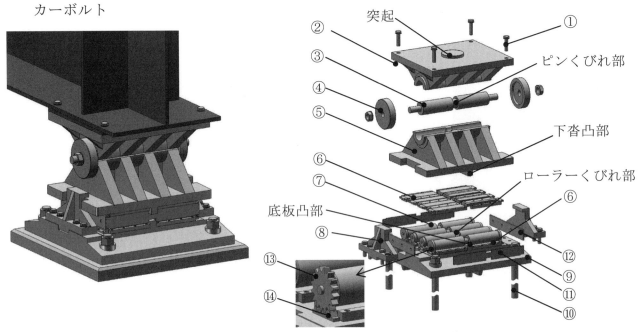

図 1.13 高硬度ピンローラー支承の構造図 [3]

表 1.15 高硬度ローラー支承の部品に作用する荷重

（常時機能：○，地震時機能▽）

部番	部品名称	常時荷重		地震時荷重			設計要素				機能
		R_{max}	R_{Ht}	R_{H1e}	R_{H2e}	V	σ	τ	σ_b	σ_t	
①	セットボルト	-	○	-	-	▽	-	○	-	▽	水平・上揚力支持
②	上沓	○	○	▽	▽	▽	○▽	▽	○▽	-	鉛直・水平力支持
③	ピン	○	○	▽	▽	-	-	-	○▽	▽	鉛直・水平力支持・回転
④	キャップ	-	-	-	-	▽	▽	▽	▽	▽	上揚力支持
⑤	下沓	○	○	▽	▽	▽	○▽	▽	○▽	-	鉛直・水平力支持
⑥	支圧板	○	-	-	-	-	-	-	○	-	鉛直力・水平移動
⑦	高硬度ローラー	○	-	-	▽	-	-	-	○▽	▽	水平支持・水平移動
⑧	サイドブロック	-	-	▽	▽	▽	▽	▽	▽	▽	上揚力支持
⑨	底板	○	○	▽	▽	▽	○▽	▽	○▽	-	鉛直・水平力支持
⑩	アンカーボルト	-	○	▽	▽	▽	○▽	-	-	▽	水平・上揚力支持
⑪	ローラーカバー	-	-	-	-	-	-	-	-	-	防塵部材
⑫	連結板	-	-	-	-	-	-	-	-	-	ローラーの連結部材
⑬	ピニオン	-	-	-	-	-	-	-	-	-	移動時のガイド部材
⑭	ラック	-	-	-	-	-	-	-	-	-	移動時のガイド部材

(3) 1本ローラー型

1本ローラー型の荷重伝達を下記に示す.

1) 鉛直荷重：②上沓→④支圧板→⑤高硬度ローラー→④支圧板→⑧下沓
2) 水平荷重（橋軸直角方向）：②上沓（突起）→③導板→⑤高硬度ローラー（くびれ部）→③導板→⑧下沓→⑩アンカーボルト
3) 上揚力：①セットボルト→②上沓→⑨サイドブロック→⑧下沓→⑩アンカーボルト

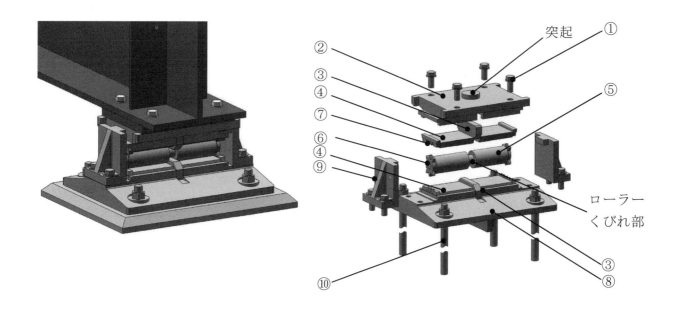

図 1.14　1本ローラー支承の構造図[3]

表 1.16　1本ローラー支承の部品に作用する荷重

（常時機能：○，地震時機能▽）

部番	部品名称	常時荷重		地震時荷重			設計要素				機能
		R_{max}	R_{Ht}	R_{H1e}	R_{H2e}	V	σ	τ	σ_b	σ_t	
①	セットボルト	-	○	-	-	▽	-	○	-	▽	水平・上揚力支持
②	上沓	○	○	▽	▽	▽	○▽	▽	○▽	-	鉛直・水平力支持
③	導板	-	-	▽	-	-	▽	▽	-	-	移動時のガイド部材
④	支圧板	○	-	-	-	-	-	-	○	-	鉛直力・水平移動
⑤	高硬度ローラー	○	-	-	-	▽	-	-	○▽	▽	鉛直・水平力支持 水平移動・回転
⑥	ピニオン	-	-	-	-	-	-	-	-	-	移動時のガイド部材
⑦	ラック	-	-	-	-	-	-	-	-	-	移動時のガイド部材
⑧	下沓	○	○	▽	▽	▽	○▽	▽	○▽	-	鉛直・水平力支持
⑨	サイドブロック	-	-	-	▽	▽	▽	▽	▽	▽	上揚力支持
⑩	アンカーボルト	-	○	-	▽	▽	-	○▽	-	▽	水平・上揚力支持

(4) 高硬度ピボットローラー型

高硬度ピボットローラー型の荷重伝達を下記に示す．

1) 鉛直荷重：②上沓（凹部）→④下沓（凸部）→⑥支圧板→⑦高硬度ローラー→⑥支圧板→⑨底板
2) 水平荷重（橋軸直角方向）：②上沓→④下沓→⑦ローラー（くびれ部）→⑤導板→⑨底板
3) 上揚力：①セットボルト→②上沓→③リング→④下沓→⑧サイドブロック→⑨底板

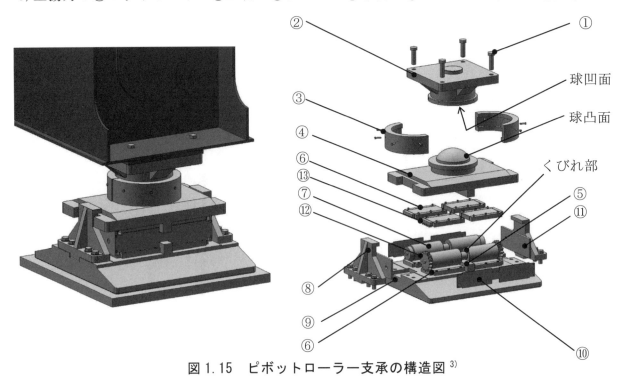

図1.15　ピボットローラー支承の構造図[3]

表1.17　ピボットローラー支承の部品に作用する荷重

（常時機能：○，地震時機能▽）

部番	部品名称	常時荷重		地震時荷重			設計要素				機能
		R_{max}	R_{Ht}	R_{H1e}	R_{H2e}	V	σ	τ	σ_b	σ_t	
①	セットボルト	-	○	-	-	▽	-	○	-	▽	水平・上揚力支持
②	上沓	○	○	▽	▽	▽	○▽	▽	○▽	-	鉛直・水平力支持
③	リング	-	-	-	-	▽	▽	▽	▽	-	上揚力支持
④	下沓	○	○	▽	▽	▽	○▽	▽	○▽	-	鉛直・水平力支持
⑤	導板	○	-	-	-	-	-	-	○	-	移動時のガイド部材
⑥	支圧板	○	-	-	▽	-	-	-	○▽	▽	鉛直力・水平移動
⑦	高硬度ローラー	-	-	-	-	▽	-	-	▽	-	水平移動
⑧	サイドブロック	○	○	▽	▽	▽	○▽	▽	○▽	-	上揚力支持
⑨	底板	-	-	-	-	-	-	-	-	-	鉛直・水平力支持
⑩	ローラーカバー	-	-	-	-	-	-	-	-	-	防塵部材
⑪	連結板	-	-	-	-	-	-	-	-	-	ローラーの連結部材
⑫	ピニオン	-	-	-	-	-	-	-	-	-	移動時のガイド部材
⑬	ラック	-	-	-	-	-	-	-	-	-	移動時のガイド部材

1.2.6 線支承

線支承の荷重伝達を下記に示す．
1) 鉛直荷重：①上沓→②下沓
2) 水平荷重（橋軸方向）：①上沓（ストッパー）→②下沓（凸部）→④アンカーボルト
3) 水平荷重（橋軸直角方向）：①上沓→②下沓（凸部）→④アンカーボルト
4) 上揚力：③ピンチプレート→④アンカーボルト

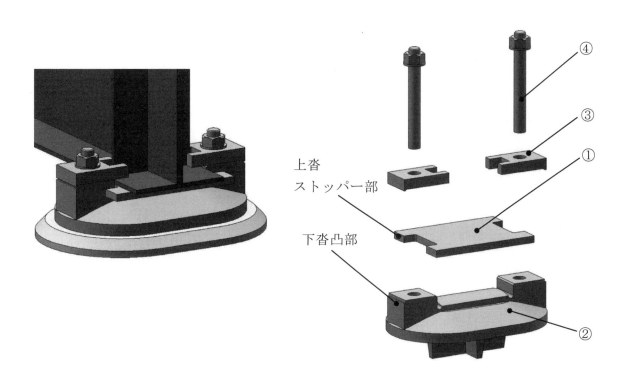

図 1.16 線支承の構造図[3]

表 1.18 線支承の部品に作用する荷重
（常時機能：○，地震時機能▽）

部番	部品名称	常時荷重		地震時荷重			設計要素				機能
		R_{max}	R_{Ht}	R_{H1e}	R_{H2e}	V	σ	τ	σ_b	σ_t	
①	上沓	○	○	▽	▽	-	▽	▽	○▽	-	鉛直・水平力支持
②	下沓	○	○	▽	▽	-	○▽	▽	○▽	-	鉛直力・移動・回転
③	ピンチプレート	-	-	-	-	▽	▽	▽	▽	-	上揚力支持
④	アンカーボルト	-	○	▽	▽	▽	-	○▽	-	▽	水平・上揚力支持

1.2.7 ゴム支承
(1) パッド型
パッド型ゴム支承の荷重伝達機構を以下に示す.
1) 鉛直荷重：②上沓→③ゴム支承本体→⑤ベースプレート
2) 水平荷重（橋軸方向）：①セットボルト→②上沓（ストッパー）→④サイドブロック→⑤ベースプレート→⑥アンカーボルト
3) 水平荷重（橋軸直角方向）：①セットボルト→②上沓→④サイドブロック→⑤ベースプレート→⑥アンカーボルト
4) 上揚力：①セットボルト→②上沓→④サイドブロック→⑤ベースプレート→⑥アンカーボルト

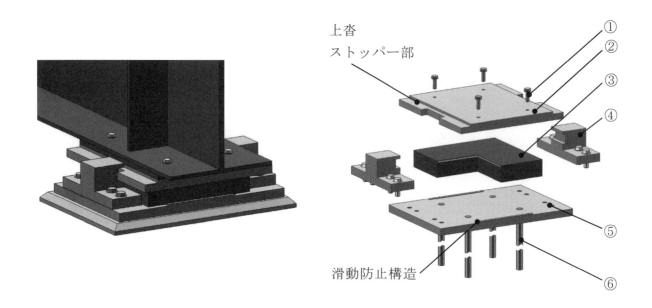

図 1.17　ゴム支承パッド型の構造図 [3)]

表 1.19　ゴム支承パッド型の部品に作用する荷重
（常時機能：○，地震時機能▽）

部番	部品名称	常時荷重		地震時荷重			設計要素				機能
		R_{max}	R_{Ht}	R_{H1e}	R_{H2e}	V	σ	τ	σ_b	σ_t	
①	セットボルト	-	○	▽	▽	▽	-	○▽	-	▽	水平・上揚力支持
②	上沓	○	-	▽	▽	▽	▽	▽	○▽	-	鉛直・水平力支持
③	ゴム支承本体	○	○	-	-	-	○	○▽	-	鉛直力・移動・回転
④	サイドブロック	-	○	▽	▽	▽	○▽	○▽	○▽	▽	水平・上揚力支持
⑤	ベースプレート	○	-	▽					○▽		鉛直・水平力支持
⑥	アンカーボルト	-	○	▽	▽	▽	-	○▽	-	▽	水平・上揚力支持

(2) せん断型

せん断型ゴム支承の荷重伝達機構を以下に示す．

1) 鉛直荷重：②上沓→④ゴム支承本体→⑤下沓→⑦ベースプレート
2) 水平荷重（橋軸方向・可動）：③せん断キー→④ゴム支承本体→⑤下沓→⑦ベースプレート→⑧アンカーボルト
3) 水平荷重（橋軸方向・固定）：③せん断キー→②上沓（ストッパー）→⑥サイドブロック→⑦ベースプレート→⑧アンカーボルト
4) 水平荷重（橋軸直角方向）：③せん断キー→②上沓→⑥サイドブロック→⑦ベースプレート→⑧アンカーボルト
5) 上揚力：①セットボルト→②上沓→④ゴム支承本体→⑤下沓→⑦ベースプレート→⑧アンカーボルト

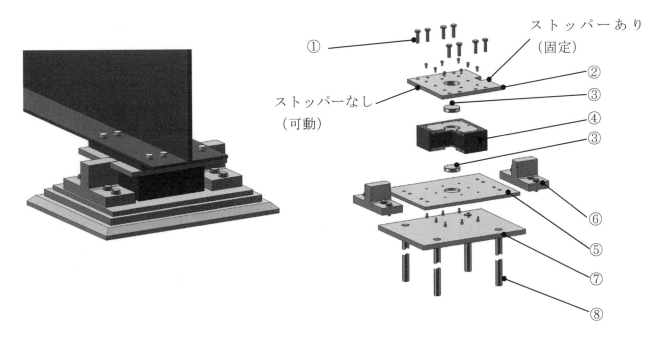

図1.18 ゴム支承せん断型の構造図[3]

表1.20 ゴム支承せん断型の部品に作用する荷重
（常時機能：○，地震時機能▽）

部番	部品名称	常時荷重		地震時荷重			設計要素				機能
		R_{max}	R_{Ht}	R_{H1e}	R_{H2e}	V	σ	τ	σ_b	σ_t	
①	セットボルト	-	○	▽	▽	▽	-	○▽	-	▽	水平・上揚力支持
②	上沓	○	-	▽	▽	○▽	▽	▽	○▽	-	鉛直・水平力支持
③	せん断キー	-	-	▽	▽	-	-	▽	▽	-	水平力支持
④	ゴム支承本体	○	○	-	-	▽	○	○▽	▽	▽	鉛直力・移動・回転
⑤	下沓	-	-	▽	▽	▽	▽	▽	▽	-	鉛直・水平力支持
⑥	サイドブロック	-	○	▽	▽	-	○▽	○▽	○▽	-	水平力支持
⑦	ベースプレート	-	-	▽	▽	▽	▽	▽	▽	▽	鉛直・水平力支持
⑧	アンカーボルト	-	○	▽	▽	▽	-	○▽	-	▽	水平・上揚力支持

（3）地震時水平反力分散型・免震型

地震時水平反力分散型・免震型ゴム支承の荷重伝達機構を以下に示す．

1) 鉛直荷重：②上沓→④ゴム支承本体→⑥下沓→⑦ベースプレート
2) 水平荷重（橋軸方向）：①セットボルト→②上沓→④ゴム支承本体→⑥下沓→⑦ベースプレート→⑧アンカーボルト
3) 水平荷重（橋軸直角方向）：①セットボルト→②上沓→⑤サイドブロック→⑦ベースプレート→⑧アンカーボルト
4) 上揚力：①セットボルト→②上沓→④ゴム支承本体→⑥下沓→⑦ベースプレート→⑧アンカーボルト

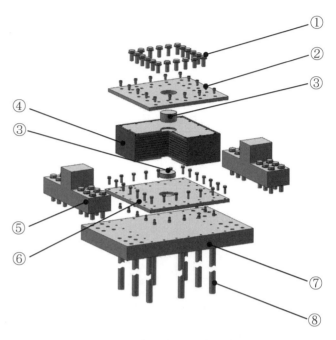

レベル1地震動支持型

レベル2地震動支持型

全方向移動型

図1.19　ゴム支承地震時水平反力分散型・免震型の構造図 [3]

表1.21　地震時水平反力分散型・免震型の部品に作用する荷重
（常時機能：○，地震時機能▽）

部番	部品名称	常時荷重	地震時荷重			設計要素				機能
		R_{max}	R_{Ht}	R_{H1e}	R_{H2e}	V	σ	τ	σ_b	σ_t	
①	セットボルト	-	○	▽	▽	▽	-	○▽	-	▽	水平・上揚力支持
②	上沓	○	-	▽	▽	▽	▽	▽	○▽	-	鉛直・水平力支持
③	せん断キー	-	-	▽	▽	-	-	▽	▽	-	水平力支持
④	ゴム支承本体	○	○	▽	▽	▽	-	○▽	○▽	▽	鉛直力・移動・回転
⑤	サイドブロック	-	-	▽	▽	-	▽	▽	▽	-	水平力支持
⑥	下沓	○	-	▽	▽	▽	▽	▽	○▽	-	鉛直・水平力支持
⑦	ベースプレート	○	-	▽	▽	▽	▽	▽	○▽	-	鉛直・水平力支持
⑧	アンカーボルト	-	○	▽	▽	▽	-	○▽	-	▽	水平・上揚力支持

1.2.8 機能分離型支承
(1) ゴムバッファー横置型
バッファー横置型の荷重伝達機構を以下に示す．

1) 鉛直荷重：荷重伝達なし(BP.B支承で荷重支持する：図1.7)
2) 水平荷重：①セットボルト→②上沓→④せん断キー→⑥ゴムバッファー→⑦下沓→⑧ベースプレート→⑨アンカーボルト
3) 上揚力：伝達なし(BP.B支承で荷重支持する)

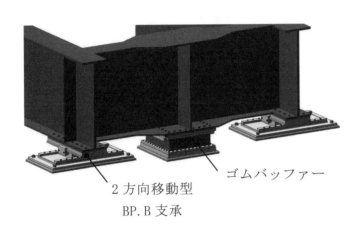
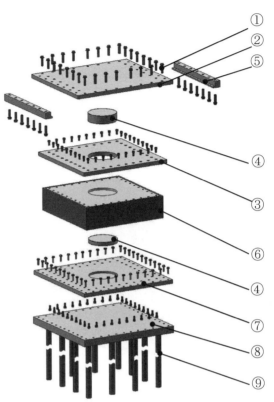

図1.20 機能分離型支承バッファー横置き型の構造図[3]

表1.22 バッファー横置き型の部品に作用する荷重
(常時機能：○，地震時機能▽)

部番	部品名称	常時荷重		地震時荷重			設計要素				機能
		R_{max}	R_{Ht}	R_{H1e}	R_{H2e}	V	σ	τ	σ_b	σ_t	
①	セットボルト	-	○	▽	▽	-	-	○▽	-	-	水平・上揚力支持
②	上沓	-	○	▽	▽	-	▽	▽	-	-	水平力支持
③	中間プレート	-	○	▽	▽	-	▽	▽	-	-	水平力支持
④	せん断キー	-	○	▽	▽	-	-	○▽	○▽	-	水平力支持
⑤	サイドブロック	-	○	▽	▽	-	○▽	○▽	○▽	-	水平力支持
⑥	ゴムバッファー	-	○	▽	▽	-	-	○▽	-	-	水平力支持
⑦	下沓	-	○	▽	▽	-	▽	▽	-	-	水平力支持
⑧	ベースプレート	-	○	▽	▽	-	▽	▽	-	-	水平力支持
⑨	アンカーボルト	-	○	▽	▽	-	-	○▽	-	-	水平・上揚力支持

（2）ゴムバッファー縦置型

バッファー縦置型の荷重伝達機構を以下に示す.

1) 鉛直荷重：②上沓→③ステンレス板→④PTFE板→⑤中間プレート→⑦ゴムプレート→⑨下沓→⑩ベースプレート
2) 水平荷重：①セットボルト→②上沓→⑭ブラケット→⑫フィラープレート→⑬ゴムバッファー→⑭ブラケット→⑩ベースプレート→⑪アンカーボルト
3) 上揚力：⑫フィラープレート→⑭ブラケット→⑬ゴムバッファー→⑭ブラケット→⑩ベースプレート→⑪アンカーボルト

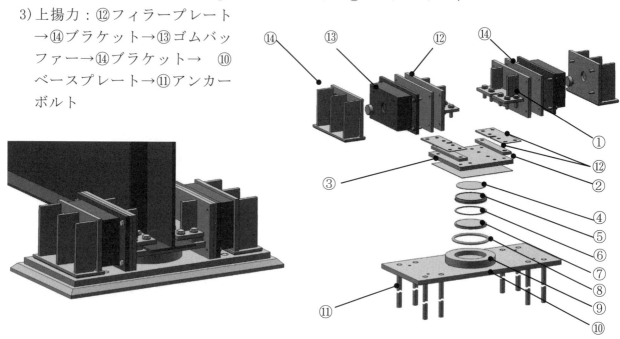

図1.21　機能分離型支承バッファー縦置き型の構造図[3]

表1.23　バッファー縦置き型の部品に作用する荷重

（常時機能：○，地震時機能▽）

部番	部品名称	常時荷重		地震時荷重			設計要素				機能
		R_{max}	R_{Ht}	R_{H1e}	R_{H2e}	V	σ	τ	σ_b	σ_t	
①	セットボルト	-	○	-	-	-	-	○	-	-	水平・上揚力支持
②	上沓	○	○	-	-	-	○	-	○	-	鉛直力支持
③	ステンレス板	○	○	-	-	-	○	-	-	-	鉛直力支持・水平移動
④	PTFE板	○	○	-	-	-	○	-	-	-	鉛直力支持・水平移動
⑤	中間プレート	○	-	-	-	-	○	-	-	-	鉛直力支持
⑥	圧縮リング	-	-	-	-	-	-	-	-	-	鉛直力支持
⑦	ゴムプレート	○	-	-	-	-	-	-	○	-	鉛直力支持・回転
⑧	シールリング	-	-	-	-	-	-	-	-	-	防塵部材
⑨	下沓	○	-	-	-	-	○	-	-	-	鉛直力支持
⑩	ベースプレート	-	-	-	▽	-	▽	▽	▽	-	鉛直・水平力支持
⑪	アンカーボルト	-	○	▽	▽	▽	-	○▽	-	▽	水平・上揚力支持
⑫	フィラープレート	-	-	-	-	-	-	-	-	-	勾配・隙間調整部材
⑬	ゴムバッファー	-	○	▽	▽	-	-	○▽	-	▽	水平力支持
⑭	ブラケット	-	○	▽	▽	▽	○▽	○▽	-	-	水平力支持

参考文献（第 1 章）

1) 土木学会　鋼構造委員会：鋼橋の支持機能検討小委員会報告書，2008.5
2) 日本道路協会：道路橋支承便覧，平成 16 年 4 月
3) 日本支承協会：ホームページ（http://www.bba-jp.org/organization/technology/）

第2章　支承部の変遷

「鋼構造シリーズ17」では，明治時代から現代の 2007（平成 19）年に至るまでの支承の歴史の中で，錬鉄板を重ねた支承構造から，高度成長期を支える支承として多様化した変遷と，また，その構造や設計思想等の考え方が関東地震をはじめ宮城沖地震，兵庫県南部地震による被災事例から得られた教訓等を踏まえて大きく変化してきたことについて列記してきた．

以下にその要約と、2008（平成 20）年以降の新しい知見について述べる．

2.1　被災経験から見た道路橋示方書・指針等の変遷

2.1.1　関東地震

1923 年（大正 12）の関東地震では，内務省土木局より「道路構造に関する細則案」が制定されて「鋼道路橋設計示方書案」が発刊された．そして設計震度（kh=0.2，鉛直震度 kv=0.1）など現在の示方書の原点となる設計・施工指針が定められた．

2.1.2　高度成長期

高度成長期には，経済成長の伸びに応じて車両の大型化や重量化が進み，1956（昭和 31）年に日本道路協会より「鋼道路橋設計示方書」が発刊され，近代的自動車交通に見合う規格に改正された．設計水平震度は地盤別，地域別（kh=0.1〜0.35）に規定された．

1958（昭和 33）年から 1979（昭和 54）年にかけては，以下の項目が規定された．
・支承に作用する負反力の取り扱いについての規定
・道路種別に応じた最高 120km/h までの設計速度などの規定
・大型トレーラー荷重に関する規定（TT-43 荷重）
・地震時に橋が落ちないことを焦点として，移動制限装置や縁端距離，桁間連結装置や落橋防止装置などについての規定
・設計震度の見直し（水平震度 kh=0.1〜0.24）など支承に対する耐震性能の規定

また，可動支承の移動量，負反力に対する安全性などについても詳細が示された．さらに，これまでの線支承，ピン支承，ローラー支承などに加え，BP.A や BP.B などの支承が開発され，橋梁ごとに支承タイプの選定および設計が行われるようになった．

1973（昭和 48）年には「道路橋支承便覧」，「道路橋支承標準設計（ゴム支承・すべり支承編）」および「同（ピン支承・転がり支承編）」，1979（昭和 54）年には支承の施工方法について示した「道路橋支承便覧（施工編）」などが発刊された．

2.1.3　宮城県沖地震

1978（昭和 53）年に発生した宮城県沖地震を受け，1980（昭和 55）年に「道路橋示方書・同解説」が改定され，負反力の算定方法，支承および落橋防止構造に関する規定が見直しされた．1982（昭和 57）年には「道路橋支承標準設計」が改定された．また，1990（平成 2）年の「道路橋示方書・同解説」では従来規定されていた「主荷重＋温度＋地震」の荷重組み合わせが削除され，また修正震度法に一本化された．1991（平成 3）年には「道路橋支承便覧」が改定，1992（平成 4）年には，建設省土木研究所より「建設省道路橋の免震設計法マニュアル（案）」が発刊され，橋梁の免震化が広がり始めた．1993（平成 5）年に，

経済活動の効率の良い推進を図るため,「道路構造令」が見直され,道路橋の車両の大型化への対応として,自動車荷重を従来の 20t もしくは 14t から,一律 25t に改正された.これに伴い,道路橋示方書では橋梁の等級が廃止され,25t の大型車の走行頻度が低い状況を想定した A 活荷重と,走行頻度が高い状況を想定した B 活荷重が規定された.これにより 1993（平成 5）年には「道路橋示方書・同解説」や「道路橋支承標準設計」が改定された.

2.1.4 兵庫県南部地震

1995（平成 7）年に発生した兵庫県南部地震では,支承にも多くの損傷が生じ,支承部に起因すると思われる橋梁の被害も多く見受けられた.これを受け,同年に建設省から「兵庫県南部地震により被災した道路橋の復旧に関わる仕様（復旧仕様）」が通知され,1996（平成 8）年には,「道路橋示方書・同解説」の改定が行われた.この改定では,支承部を「橋を構成する主要構造物のひとつ」と位置づけ,マグニチュード 7 クラスの内陸直下型地震に対しても,必要な耐震性を確保するように規定された.また,耐震設計に関する規定の改定により,新たな免震設計方針が示され,設計水平震度についても 3 種類の地震を想定し（震度法：水平震度 $k_h=0.1\sim0.3$, 地震時保有水平耐力法（タイプ I）：水平震度 $k_{hc}=0.3\sim1.0$, 地震時水平耐力法（タイプ II）：水平震度 $k_{hc}=0.6\sim2.0$）規定された.

2002（平成 14）年の「道路橋示方書・同解説」では,支承部に用いられる鋼部材の地震時割増係数が 1.5 から 1.7 に引き上げられた.また,供用期間中に発生する確率が高い地震動をレベル 1 地震動,発生する確率が低いが大きな強度を持つ地震動をレベル 2 地震動と定義された.また,従来の仕様規定型から性能規定型への移行が図られ,支承および落橋防止構造についての機能と要求性能も明確化された.

この道路橋示方書の改定を受け,2004（平成 16）年には「道路橋支承便覧」の見直しがなされた.ここでは,従来の標準仕様的な記述を性能規定型に改め,支承部の役割・機能・要求性能について具体的に示されている.また,ゴム支承の照査方法の一部についても,様々な知見や試験データ等から改定が行われ,支承部に求められる複数の機能を複数の構造体で構成する「機能分離型支承」（たとえば鋼製支承とゴム支承の組合せ）についても新たに記述が加わった.

2005（平成 17）年には,一般社団法人日本支承協会およびゴム支承協会により「ゴム支承の鋼材部の設計標準（案）」が作成され.これによって,鋼材部の設計において着目する項目と作用力の考え方が整理され,設計の合理化が図られた.ただしこの設計標準（案）は行政的に通達された基準ではなく,提案としてまとめたものである.

以下はこれ以降の 2011（平成 23）年に起きた東北地方太平洋沖地震などから得られた知見により示方書が改定されたので,その内容を要約して述べる.

2.1.5 東北地方太平洋沖地震

2002（平成 14）年の道路橋示方書以降,これから起きると想定される東海地震,東南海地震,南海地震などの被害想定を踏まえて,海溝型地震への対策の重要性が指摘されていたその最中に,東北地方太平洋沖地震が発生した.この地震は,2011（平成 23）年 3 月 11 日 14 時 46 分 18.1 秒,牡鹿半島の東南東約 130km 付近の太平洋（三陸沖）の海底深さ約 24km を震源として発生した.太平洋プレートと北アメリカプレートの境界域（日本海溝付

近）における海溝型地震で，震源域は岩手県沖から茨城県沖にかけての幅約200km，長さ約500km，およそ10万平方キロの広範囲にわたった．地震の規模を示すマグニチュードはMw9.0，最大震度7で，1923（大正12）年の関東地震の7.9や1933（昭和8）年の三陸地震の8.4をはるかに上回る日本観測史上最大であるとともに，世界でもスマトラ島沖地震2004（平成16）年以来の規模で，1900年以降でも4番目に大きな超巨大地震であった．また，地震によって大規模な津波が発生したことも大きな特徴である．

この被害事例から得られた教訓を踏まえて．2012（平成24）年に道路橋示方書が改定された．その内容を要約すると以下のとおりである．なお要約するにあたって，「特集：道路橋示方書の改定と関連する道路橋の調査研究[1]」，「東北地方太平洋沖地震をはじめとする大地震による被害を踏まえた調査研究と道路橋示方書の改定[2]」および「小特集：道路橋示方書改定[3]」，「道路橋示方書Ⅴ耐震設計編改定の概要[4]」を参考にして整理している．

(1) 津波など地震時の振動ではない事象に対する考え方

東北地方太平洋沖地震では，きわめて大きな津波により道路橋にも大きな被害が生じた．この被災事例から，橋の構造は，

- 防災という観点から，津波に関する地域の防災計画等を参考にしながら津波の高さに対して桁下空間を確保すること
- 減災という観点から，津波の影響を受けにくいような構造的工夫を施すこと
- 上部構造が流失しても復旧しやすいように構造的配慮をすること

などが規定された．

(2) レベル2地震動（タイプⅠ）の見直し

道路橋の耐震設計ではレベル2地震動として，プレート境界型の大規模な地震による地震動（タイプⅠ地震動）と内陸直下型地震動（タイプⅡ地震動）の2種類を考慮している．東北地方太平洋沖地震と同じプレート境界型の地震である東海地震，東南海地震，南海地震が近い将来に発生すると考えられていることを踏まえ，この改定では，これらのプレート境界型の地震動を推定した結果をもとに，レベル2地震動（タイプⅠ）の見直しがなされている．

(a) 標準加速度応答スペクトルの改訂

道路橋の設計地震動は，地盤種別（Ⅰ種地盤，Ⅱ種地盤，Ⅲ種地盤）ごとに今回制定された標準加速度応答スペクトルに，減衰定数別補正係数と地域別補正係数を乗じることで設定される．タイプⅠ地震動は，スペクトルのピークは従来のタイプⅠ地震動に比べて大きく，長周期側についてはタイプⅡの地震動より大きい．継続時間が長い地震動の特性を動的照査法において考慮できるようになっている．

(b) 地域別補正係数の改定

地震の各地域における影響の度合いを踏まえて，レベル2地震動（タイプⅠ）に対して適用する地域別補正係数を設定した．その際，東北地方太平洋沖地震，北海道太平洋沖地震が連動する場合，東海，東南海，南海地震および日向灘地震が連動する場合などの震源域が連動する影響を考慮した上で，大正12年関東地震において東京周辺で生じた地震動よりも強い影響を受けると推定される地域では地域別補正係数が1.2と規定された．

(3) 地震の影響を支配的に受ける部材の基本

厳しい財政状況のなか，今後の社会資本整備の説明性を高めていく必要があることから，

性能規定型の技術基準の導入により，良質で適材適所な新技術の採用が期待されている．そこで，新技術を導入する際に実験等により明らかにすべき事項を明確にするために，5.5「地震の影響を支配的に受ける部材の基本」として新たに節を設けて規定された．

個々で地震の影響を支配的に受ける部材について，実験等により明らかにすべき事項として次の3つが示されている．

① 破壊に対して適切な安全余裕度を確保すること
② 地震応答の繰り返しに対して挙動が安定していること
③ 部材の抵抗特性を評価する方法が確立されていること

地震応答の繰り返しの影響については，その影響が顕著にならない範囲を設計で考慮する範囲とすることが地震応答の繰り返しに対する挙動の安定性を確保するうえで重要であることが示されている．

(4) 維持管理に関する規定の充実

現在，我が国の道路橋資産は，約68万橋に達しており，これらは着実に高齢化していく．そのため，限られた予算や人的資源のもとで，これらの道路橋の健全性を将来にわたって，適切な水準に維持し，求める道路ネットワークの機能が果たせる状態を維持していくためには，無理なく確実に道路橋の適切な維持管理が行われるようにしていくことが重要とされている．

様々な外力の影響を受けつつ長期に供用される道路橋では，供用期間中の劣化や損傷，大規模地震，不測の事故等による変状が生じることも考えられる．そして，それらに対して，適切なタイミングで対処していくことが，供用の安全性確保の観点からは極めて重要である．そこでこの改定では，条文を「維持管理の確実性及び容易さ」とし，設計段階で供用期間中に行なわれると想定される維持管理行為については，それらが容易にできることに配慮することなどが求められている．これにより，将来の様々な事態に対して，維持管理が困難となるような構造の採用が避けられることが期待される．

さらにこれと連動して，維持管理の方法や必要となる維持管理設備などについて，橋の設計段階から可能な範囲で具体的に想定して，配置計画や構造設計に反映すべきことも条文で明記されている．規定の主旨を踏まえて，供用期間中の各種点検や緊急時の調査などに対して，適切に対応できるように，橋の位置づけや構造特性なども踏まえて，ライフサイクルコストも考慮した上で，できるだけ具体的に維持管理の方法について規定し，それが確実に行えるように十分な配慮がなされることが求められている．

(5) 支承部の設計法の改定

支承部の設計法の改定内容について，**表2.1**にその概要を整理して示す．

表 2.1 平成 24 年道路橋示方書　支承の設計法の改定概要

	改定の内容
設計地震力	レベル 2 地震動により生じる水平力に対して変位制限構造と補完し合って抵抗する構造（従来のタイプ A の支承）の規定を削除し，レベル 2 地震動に対して支承部の機能が確保できる支承（従来のタイプ B の支承）のみが規定されている．
取り付け部	支承部が確実にその機能を発揮するためには，支承本体だけでなく支承取り付け部も含めて適切に設計する必要があるため，これが規定された．
設計上の考え方	支承部の構造に関する規定 ①支承部としてねばりのある挙動をする材料及び構造を採用する．また，応力集中が生じにくい構造とする．すべり材やすべり面に使用する材料は経年劣化等により機能低下が生じにくい材料を使用する． ②支承部は，支承本体の取換えが可能な構造とする． ③支承部が取り付けられる上下部構造の部位は，支承部の維持管理の確実性および容易さ並びに支承部の取換えに配慮した構造とする．支承部の点検，塗装の塗り替えや補修が容易に行えるような構造的配慮をする． ④耐震性能 2 を確保する橋の支承部においては，支承部に破壊が生じた場合においても，上部構造を適切な高さに支持できるように，また，橋軸直角方向へ上部構造の残留変位が過大にならないように配慮する．
ゴム支承の考え方	ゴム支承は許容変位の範囲内で，地震応答の継続時間中に安定して機能することを正負交番繰返し載荷実験に基づいて検証する必要がある．ここで，安定した挙動は，許容変位を載荷振幅とした一定振幅繰返し載荷実験において，5 回の繰返し載荷中における等価剛性およびエネルギー吸収量の変化の度合いの観点から評価する．支承部のモデル化にあたっては，エネルギー吸収を期待する免震支承は，使用される条件を考慮した実験に基づいて水平力と水平変位の関係を適切に評価できる非線形履歴特性を設定しなければならない．ゴム支承はひずみ依存性，速度依存性，面圧依存性，温度依存性などの特性を有している．支承の個体差による力学的特性のばらつきも適切に考慮しなければならない．
ジョイントプロテクター	レベル 1 地震動に対して伸縮装置を保護する目的で支承部周辺に設置されていたジョイントプロテクターは，東北地方太平洋沖地震においては地震によって破損した後に落下により第 3 者被害が懸念された事例があったことから，伸縮装置自体をレベル 1 地震動に対してその機能が確保できるように設計することを基本とした上で，ジョイントプロテクターの設置に関する規定が削除されている．
維持管理	維持管理の確実性と容易さに配慮して，支承部の点検や維持管理のために支承部周辺は可能な限り複雑な構造としない方が良いとした．また，橋の構造や規模および支承周辺の維持管理の確実性および容易さ等を考慮した上でそれぞれの構造的特性を踏まえて，適切な構造の支承部を選定するのが良いとされた． ゴム支承本体，鋼製支承本体，鋼製の取付け部材等には長期的な作用による劣化が生じる可能性があるため，支承部を適切に補修または更新することを念頭に維持管理行うことにより，支承部が力学的特性を安定して発揮できる状態を維持することが求められている．

2.2 道路橋示方書における落橋防止装置規定の変遷

次に支承部との相関性の高い落橋防止構造に着目した変遷について整理する．落橋防止構造は，1971(昭和 46)年の新潟地震の教訓を踏まえた「道路橋耐震設計指針」で初めて規定された．これは世界に先駆けた新技術であった．そして 1978（昭和 53）年に発生した宮城県沖地震を受け，1980（昭和 55）年に「道路橋示方書・同解説」が改定され，支承および落橋防止構造に関する規定も見直しされた．1990（平成 2)年の道路橋示方書，1995（平成 7)年の復旧仕様（兵庫県南部地震により被災した道路橋の復旧にかかわる仕様），1996（平成 8)年の道路橋示方書，そして 2002（平成 14）年道路橋示方書，2012（平成 24）年道路橋示方書と，落橋防止に対する考え方は大きな変遷をたどっている。

それらの中でも特に特徴的な改定として，平成 2 年道路橋示方書，平成 7 年復旧仕様，平成 8 年道路橋示方書の要点をまとめると**表 2.2** となる．また，平成 14 年および平成 24 年道路橋示方書に関する概要を**表 2.3** および**表 2.4** にそれぞれ示す．

平成 24 年の改定では，大地震における既往の落橋被害の分析を踏まえ，落橋に至るような大きな変位が生じにくい構造条件の場合，橋軸方向の落橋防止構造を省略できるとしており、落橋防止構造が省略できる適用範囲を拡大している．

下部構造が倒壊等の致命的な状態に至っていない段階において、支承部の破壊によって上部構造と下部構造が構造的に分離し、これらの間に大きな相対変位が生じる場合にも上部構造の落下を防止する目的で落橋防止システムは設置される．落橋防止システムは，上部構造の落下を効果的に防止できるように，3 つの要素である，「桁かかり長」，「落橋防止構造」及び「横変位拘束構造」のうち必要な要素を設置することが要求されている．

表 2.2 落橋防止システムに関する規定の推移

	平成 2 年道示	平成 7 年復旧仕様	平成 8 年道示
橋軸方向	けたかかり長 　けた端から下部構造頂部縁端まで，およびかけ違い部のけたかかりの長さ 1) $L\leqq100$ 　$S_E=70+0.5L$ 2) $L>100$ 　$S_E=80+0.4L$	けたかかり長 　けた端から下部構造頂部縁端まで、およびかけ違い部のけたかかりの長さ （支間長 L は両側支間の大きい方とする） 1) $L\leqq100$ 　$S_E=70+0.5L$ 2) $L>100$ 　$S_E=80+0.4L$	けたかかり長 $S_E=U_R+U_G$ $U_G=\varepsilon_G\cdot L$ 動的解析によって最大相対変位 U_R を算出し，以下の値を下回らないこと $S_E=70+0.5L$ 斜橋・曲線橋は以下の値をそれぞれ下回らないこと $S_E\theta=(L\theta/2)\cdot(\sin\theta-\sin(\theta-\alpha_E))$ $S_E\phi=(0.5\phi+70)\cdot(\sin\phi/\cos(\phi/2))+30$ 地盤流動化が生じる場合には 50cm の余裕量を見込む
橋軸方向	落橋防止装置 $H_R\geqq2.0\cdot k_h\cdot R_d$ （許容応力度割増考慮） けたを連結する構造 　$V=R_d$	落橋防止装置 $P=R_d$（許容応力度割増なし）	落橋防止構造 $H_F=1.5\cdot R_d$ （許容応力度割増考慮） 設計移動量：$S_F=0.75\cdot S_E$
橋軸方向	可動支承の移動制限装置 設計水平力 $H_S=1.5\cdot k_h\cdot R_d$ （許容応力度割増考慮）	可動支承の移動制限装置 設計水平力 $H_S=1.5\cdot k_h\cdot R_d$ （許容応力度割増考慮）	変位制限構造 $H_S=3\cdot k_h\cdot R_d$（許容応力度割増考慮） 設計移動量：温度変化などによる常時の支承移動量
橋軸方向			ジョイントプロテクター $H=k_h\cdot R_d$（許容応力度割増考慮）
橋軸方向	－	予備支承	段差防止構造 支承損傷後に上部構造を適切な高さに支持できる構造
直角方向	規定なし	落橋防止装置 1)設計水平力 $P=R_d$（許容応力度割増なし） 2)鉛直力（けたを連結する構造） $V=R_d$	変位制限構造 $H_S=3\cdot k_h\cdot R_d$ （許容応力度割増考慮） 設計移動量：支承移動量

表 2.2 落橋防止システムに関する規定の推移（続き）

		平成 2 年道示		平成 7 年復旧仕様		平成 8 年道示		
		落橋防止構造		落橋防止構造		落橋防止システム		
落橋防止システム	橋軸方向	けたかかり長 $S_E=70+0.5L$	いずれか一方必要	けたかかり長 両側支間の大きい方を L として算出した値	必要	けたかかり長 支間長 L のほか，地盤のひずみ，橋脚の変形，液状化・流動化の影響，斜角，曲線橋交角を考慮		必要
		落橋防止装置		落橋防止装置 衝撃が生じにくい構造，橋軸直角方向への自由度および損傷しない構造への配慮	複数必要	落橋防止装置 上部構造の落下を防止する		要：両端橋台で上部 50m 以下（Ⅰ種地盤），20m 以下（ⅡⅢ種地盤）は不要
						変位制御構造 上下部構造の相対変位を抑制する	支承 タイプ B	不要
							タイプ A	要
		可動支承の移動制限装置	必要	可動支承の移動制限装置	必要	ジョイントプロテクター 変位制限構造との兼用可		
				予備支承		段差防止構造 背の高い鋼製支承を用いる場合（B 種の橋）		
	直角方向	規定なし		落橋防止装置の設置等の検討が望ましい．斜橋，曲線橋，ゲルバーかけ違い部，横梁のない単柱橋脚の橋など		変位制限装置を設ける 斜橋，曲線橋，下部構造の頂部幅の狭い橋，1 支承線上の支承数の少ない橋，地盤流動化により橋脚が橋軸直角方向に移動する可能性のある橋など		

表 2.3 平成 14 年道路橋示方書における落橋防止装置の概要

		平成14年道示
落橋防止システム	橋軸方向	**桁かかり長** 上下部構造間に予期しない大きな相対変位生じた場合にも，上部構造が下部構造頂部から逸脱して落下するのを防止する． 桁かかり長は以下の式で算出する値以上とする． $S_E = u_R + u_G \geqq S_{EM}$ $S_{EM} = 0.7 + 0.005\ell$ $u_G = \varepsilon_G L$ S_E：桁かかり長(m) u_R：レベル2地震動により生じる上部構造と下部構造天端間の最大相対変位(m) u_G：地震時の地盤ひずみによって生じる地盤の相対変位(m) S_{EM}：桁かかり長の最小値(m) ε_G：地震時地盤ひずみ．Ⅰ種 0.0025，Ⅱ種 0.00375，Ⅲ種 0.005 L：支間長(m) ℓ：支間長(m) **落橋防止構造** 上下部構造に予期しない大きな相対変位が生じた場合に，これが桁かかり長を超えないようにする． 落橋防止構造の耐力は以下の式で算出する設計地震力を下回ってはならない． 落橋防止構造の耐力は，割増し係数1.5を考慮した許容応力度から算出してよい． $H_F = 1.5R_d$ $S_F = C_F S_E$ H_F：落橋防止構造の設計地震力(kN) R_d：死荷重反力(kN) S_F：落橋防止構造の設計最大遊間量(m) S_E：桁かかり長(m) C_F：落橋防止装置の設計変位係数で，0.75を標準とする
	橋軸直角方向	**変位制限構造** タイプAの支承部と補完し合ってレベル2地震動に対する慣性力に抵抗することを目的としたもので，支承が損傷した場合に上下部構造間の相対変位が大きくならないようにする． 以下に該当する橋では，その端支点に橋軸方向の落橋防止システムに加えて，橋軸直角方向に変位制限構造を設ける． 　1) 特定の斜角の小さい橋 　2) 特定の曲線橋 　3) 下部構造の頂部幅が狭い橋 　4) 1支承線上の支承の数が少ない橋 　5) 地盤の流動化により橋軸直角方向に橋脚の移動が生じる可能性のある橋 　3)～5)に該当する橋は，中間支点においても変位制限構造を設ける．
		段差防止構造 支承高さが高い支承部が破損した場合に，路面に車両の通行が困難となる段差が発生するのを防止する． 段差防止構造は上部構造の鉛直荷重を支持できればよく，水平方向に設計地震力を考慮する必要はない．

表 2.4 平成 24 年道路橋示方書における落橋防止装置の概要

		平成24年道示
落橋防止システム	橋軸方向	**桁かかり長** 桁かかり長は次式より算出する．今回の改定で実際に確保される桁かかり長 S_E と区別するため次式で算出される値を必要桁かかり長と定義している． 橋脚が非常に高いは橋など桁かかり長が橋の構造上不合理になる場合には，動的解析も参考にしながら，下部構造の剛性を大きくするなどの構造的な配慮が必要． 実際の桁かかり長 $S_E \geqq$ 必要桁かかり長 S_{ER} $S_{ER} = u_R + u_G$ S_{ER} = 必要桁かかり長(m) u_R = レベル2地震動による生じる支承部の最大応答変形量(m) u_G = 地震時の地盤ひずみによって生じる地盤の相対変位(m) 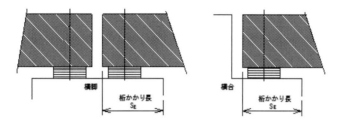 **落橋防止構造** 落橋防止構造は，桁かかり長の機能を補完するもので，支承部が破壊し，上下部構造間に大きな相対変位が橋軸方向に生じた場合に，これが桁かかり長に達する前に機能し，上部構造の相対変位が下部構造の頂部から逸脱することを防止することが期待される構造． 従来設計地震力は，落橋防止構造を設置する支点の死荷重反力の1.5倍に相当する力としていたが，今回の改定で，当該支点を支持する下部構造の耐力に相当する力とした． 落橋防止構造の耐力は，鋼材部の場合は割増係数1.7を考慮した許容応力度から算出してよい． 支承部の水平力を分担する構造と落橋防止構造は，類似した構造となる場合でも，その機能は異なるため原則としてこれらを兼用できない． 上下部構造を連結する型式の場合 $H_F = P_{LG}$　　ただし，$H_F \leqq 1.5 R_d$ 2連の桁を相互に連結する場合 $H_F = 1.5 R_d$ H_F：落橋防止構造の設計地震力 P_{LG}：当該支点を支持する下部構造の橋軸方向水平耐力 R_d：死荷重反力(kN)，ただし，2連桁を相互に連結する型式の落橋防止構造を用いる場合は，いずれか大きい方の鉛直反力の値を用いる 次のいずれかに該当する場合には橋軸方向に大きな変位が生じにくい構造特性の橋とみなしてよい．この場合落橋防止構造を考慮しなくて良い． a) 両端が橋台に支持された一連の上部構造を有する橋 b) 橋軸方向に4基以上の下部構造において弾性支持または固定支持されている一連の上部構造を有する橋．

表 2.4 平成 24 年道路橋示方書における落橋防止装置の概要（続き）

橋軸方向	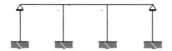 図-解16.1.2 橋軸方向に4基以上の下部構造において弾性支承または固定支持される一連の上部構造を有する条件の例 ■:弾性支承　▲:固定支承　△:可動支承 橋軸方向に4基以上の下部構造において弾性支承または固定支持される一連の上部構造を有する条件の例 c) 2基以上の下部構造が剛結される上部構造を有する橋 2基以上の下部構造が剛結される上部構造を有するラーメン橋の例
橋軸直角方向	**変位制限構造** 　　従来の示方書でAタイプの支承に補完するために設置されていた変位制限構造の規定は削除されているが，斜橋や曲線橋等に対して橋軸直角方向の落橋防止対策として設置される変位制限構造については変更されていない． 　　橋軸直角方向の落橋防止対策として設置される変位制限構造は名称を改め**「横変位拘束構造」**と呼称する． 　　橋軸直角方向は下部構造の幅が広く，支承部の破壊に伴う落橋に対する安全性が高いため，落橋防止システムを考慮していない．ただし，構造的要因で上部構造が橋軸直角方向に過大に変位することによる落橋のみを対象に対策を講じる． **横変位拘束構造** 　　落橋防止対策として設置された橋軸方向の「落橋防止構造」と橋軸直角方向の「横変位拘束構造」は支承部が破壊した後に機能する構造であり，それぞれの機能を確保するように設計されていれば兼用してもよい． 　　支承の水平力を分担する構造と落橋防止構造は，類似した構造となる場合でも，その機能は異なるため原則として兼用はできない． 　　落橋防止構造と同様に，横変位構造が機能するためには，横変位拘束構造本体だけでなく，この取り付けられる下部構造が上部構造の応答を拘束する際に生じる力に抵抗できることが前提となる． 　　横変位拘束構造の設計地震力は当該支点を支持する下部構造の耐力に相当する力とする． $$H_S = P_{TR} \quad \text{ただし、} H_S \leqq 3k_h R_d$$ H_S：横変位拘束構造の設計地震力(kN) P_{TR}：当該支点を支持する下部構造の橋軸直角方向の水平耐力(kN) k_h：レベル1地震動に相当する設計震度 R_d：死荷重反力(kN) 横変位拘束構造の設計遊間量は，レベル2地震動に対する支承部の変形量に余裕を見込んだ値とする．

（落橋防止システム）

2.3 道路橋示方書の今後の方向性

道路橋示方書は次期改定にあたって，国際的に運用されている「部分係数設計法[5]」の導入が検討されている．

「部分係数設計法」とは構造物に作用する各種の作用，地盤パラメータ，構造物寸法，設計計算モデルの精度，限界状態を設計計算で照査するための基準値などの不確実性に対して，構造物が所定の限界状態を適切な確率で満足するための余裕を，部分係数にて考慮する設計法である．

より具体的には，文献 5)を引用すると，「これは使用材料にばらつきがあること，技術基準における荷重モデルや耐荷力式モデルにも不確実性があることから，設計照査式の各要素は不可避な「ばらつき」を有していること，「ばらつき」そのものも，そしてこの「ばらつき」が橋の性能に与える影響も，個別の条件に応じてその程度が異なることなどから，技術基準において部分係数設計法を採用することで，理論的には，個々の要素のばらつきを過不足なく考慮でき，新しい技術が採用しやすい環境の実現がつながる.」と解説されている．

2.4 支承材料と構造の変遷

支承部材に用いられる材料および構造に関する近年の動向をふまえて以下に整理して示す．

2.4.1 鋼製支承

支承は錬鉄板を用いた単純なすべり支承から始まって，すべりの摩擦抵抗が少なく耐食性がある鋳鉄を用いるようになった．そして鋳鉄はじん性がほとんどないため地震によりもろく破断することから，じん性を有し強度の高い鋳鋼が用いられるようになった．しかしながら，兵庫県南部地震で低マンガン鋳鋼（SCMn1A，SCMn2A）を用いてコンパクト化を図った鋳鋼製支承がもろく破断したため，それ以降は鋳鋼の中でもじん性が保証された（JIS規格によりシャルピー値が要求されている）SCW480 の溶接構造用鋳鋼品を使用するようになり，現在は熱処理を施した SCW480N が用いられている．

すべり材については，錬鉄板のすべり，または鋳鉄材同士のすべりから，現在では摩擦係数が小さい充填材入り PTFE が用いられるようになった．近年では，他の樹脂材料を用いた新しいすべり支承も開発されている．また，鋼製リンクが回転することによって上下沓間に相対変位を生じさせる鋼製支承（鋼製リンク支承）や，球面を有する上下沓の間にレンズ状のすべり材を配した鋼製支承（球面すべり支承，ペンデュラム支承）等も開発されている．

鋼製支承はゴム支承に比べて支承の面積が小さく，大きな回転に追従可能であり，鉛直ばねが高く，設置温度に施工法が左右されないこと，また，負反力の支持にすぐれ，錆による断面欠損率が少ない（特に鋳鋼製）などの特徴がある．

鋼製支承は錬鉄板の支承から，線支承（LB 支承），ピン支承（PN 支承），ローラー支承（RO 支承），ピボット支承（PV 支承），高力黄銅支承板支承（BP.A），密閉ゴム支承板支承（BP.B），一本ローラー支承，ピンローラー支承，ピボットローラー支承，ロッカー支承（PCK 支承）等が開発されてきた．

これらのうち，線支承はコンパクトでコストが安く，設置が容易なため小規模橋梁に多く使われてきたが，可動部が金属間の摩擦のため摩擦係数が比較的高いこと，防錆対策が十分でないために腐食などの損傷事例の発生頻度が高く，さらには地震時に鋳鉄製サイドブロ

ックがもろく破断した事例が多くあることから，新設橋では採用はなくなってきている．

　また，BP.A支承は，下向きに凸の球面ベアリング部分が腐食や塵埃等の影響を受けて建設初期の摺動性能を長期間維持できずに，回転追随性が低下するとの調査・研究事例などから，道路橋での採用事例としては，BP.B支承の方が多用されてきている．

　ローラー支承については，兵庫県南部地震以降は，ローラー部の損傷が起きやすいこと，設計地震力がレベル2相当に引き上げられたため，断面構成が難しい側面もあることなどから，新設橋での採用は少なくなった．そのため，ローラー用鋼材として最も多く用いられてきた特殊マルテサイト系ステンレス鋼C-13Bの製造が中止され在庫もなくなり，この材料でのローラーの製造は難しくなっている．現在，補修用に製作する場合は，相当品としてステンレス鋼SUS420J2を焼き入れして使用している．

　機能分離型の鉛直荷重支持支承（主桁下に設置する支承）では，橋軸方向へのすべりの他，下沓側で橋軸直角方向へもすべらせて，地震時上揚力を負担しつつ，全方向に移動可能なBP.B支承も実用化されている．

2.4.2 ゴム支承

　ゴム支承は昭和30年代にパッド支承がフランスから輸入され広く使われるようになった．そしてゴム材料もクロロプレン（CR）から伸び性能に優れている天然ゴム（NR）に代わり，これを母体にした高減衰ゴム支承や鉛プラグ入り積層ゴム支承などの免震ゴム支承が開発された．

　近年多発している被覆ゴムのオゾンクラック発生防止のため，耐オゾン性の高い改良型の天然ゴムやEPDM（エチレンプロピレンゴム）が用いられるようになった．また，ゴム表面をオゾンの攻撃から守るための塗布型のコーティング材なども開発されている．

　ゴム支承は初期には，コンクリート桁にパッド型ゴム支承として用いられたことから始まって，可動・固定ゴム支承，地震時水平力分散型ゴム支承，免震支承と発展してきた．初期のパッド型ゴム支承は大型の成形品から切り出して製作していたため，当時は内部鋼板が表面にむきだしたものもあった．

　ゴム支承が本格的に橋梁用支承として認知され広く使用され始めたのは兵庫県南部地震以降である．これ以前に設計されたゴム支承はせん断変形性能試験（破断試験）に関する明確な規定はなく，上下沓とゴム沓の上下部鋼板はボルトで締結せずに，水平力はせん断キーを上下鋼板に落とし込み方式にて伝達する構造が多かった．このとき，せん断キーの溝加工の部分は断面欠損になるため，上下鋼板の曲げ強度が落ち，ゴム沓が大変形を起こすと勘合しているせん断キーが外れる危険性があった．現在一般的に使われているゴム支承では，地震時の水平力を確実に伝達できるように，ボルトやせん断キーによる連結方法・設計方法および試験方法が確立され，その安全性は飛躍的に向上してきている．

　ゴム支承は水平方向への移動が自由で，弾性支持性能により地震時の衝撃力を緩和でき，一般に支承高さが低く，ゴム本体は腐食の懸念はないこと，また，分散設計・免震設計が可能であるなどの利点から，橋梁には必要不可欠のものとなっている．ただし，ゴム支承は上向きの引張力を受ける条件下では使用が適していないという欠点もあるため，設計条件にあわせた選択が重要である．

　免震支承には天然ゴムに特殊な樹脂の配合で減衰を高めた高減衰ゴム支承および天然ゴムをベースにした積層ゴムに鉛プラグを挿入した鉛プラグ入り積層ゴムが用いられている．また，ゴムダンパーと荷重支持にすべり支承とを組み合わせた機能分離型の摩擦減衰型免

震支承も実用化されている．

　近年の橋梁形式で多点固定橋梁の採用が増加傾向にある．これは軟弱地盤などで免震化が適さない橋梁において橋桁の温度伸縮を固定点としても吸収できる場合に採用が多く見られる．このとき，支承部には鉛直荷重支持と橋桁のたわみ変位（支承部の回転変位）に追随できる機能のみが必要となるため，従来のゴム支承（積層タイプ）とは異なり，許容面圧を高めた「高面圧型」の支承が提案されている．その構造や材料の選択には様々な種類があるが，従来のゴム支承が許容面圧 $8～12N/mm^2$ であるのに対して，約 $2～3$ 倍の $25\,N/mm^2$ 相当としている支承が多い．

　また，支承部に要求される機能（鉛直荷重支持、水平移動、回転追随）を1つの支承構造の中で，二つに分担させた支承なども開発されている．具体的には，鉛直荷重支持と水平移動追随の機能を積層ゴム支承で負担させて，その上部には，橋桁のたわみ変形への追随（回転機能）のみを期待したもう一つの支承構造を組み合わせたタイプである．この形式も機能分離型支承と同様な考え方によるものであるが，支承製品としては，あくまでも1つであるため，支点周りが煩雑とならずに，維持管理上の視認性が確保できるなどの特徴がある．

　このように，支承に関する技術の変遷は日進月歩であり，過去の被災経験や設計上，施工上，維持管理上の課題点などを受けて，様々な変化を遂げてきている．それぞれの支承の特徴，要求・考慮すべき機能・性能に十分に配慮し，適用する橋梁条件に見合った支承を選択することは非常に重要な課題である．

参考文献　（第2章）

1),2)　星熊順一、玉越隆史、七澤利明他：「特集：道路橋示方書の改定と関連する道路橋の調査研究」,「東北地方太平洋沖地震をはじめとする大地震による被害を踏まえた調査研究と道路橋示方書の改定」　土木技術資料　54-8(2012)

3),4)　星隈順一：「小特集：道路橋示方書改定」「道路橋示方書　V耐震設計編改定の概要」　2012-7 橋梁と基礎

5)　玉越隆史：白戸真大：第4回道路橋示方書の方向性　土木施工　2015 Apr Vol.56 No4

第3章　東北地方太平洋沖地震による支承部への影響

　2011（平成23）年3月11日に発生した東北地方太平洋沖地震は，マグニチュード9.0，最大震度7という地震そのものによる被害だけでなく，津波による被害も引き起こした．第3章では，東北地方太平洋沖地震による支承部への影響について述べる．3.1節では地域的特徴や橋梁構造による特徴，また平成8年道示以降に設計された支承部への影響などに着目してまとめた．3.2節～3.5節では，東北地方太平洋沖地震において特徴的である，ゴム支承の破断事例，津波による損傷事例をはじめ，落橋防止システムの損傷事例，長周期地震動による影響について紹介している．最後に3.6節では損傷した支承部の補修事例を記載している．

3．1　橋梁の被災状況および支承の損傷

3.1.1　被災地域と支承の損傷

　土木学会鋼構造委員会が，国土交通省国土技術政策総合研究所（以下「国総研」），独立行政法人土木研究所（以下「土木研究所」），一般社団法人日本橋梁建設協会（以下「橋建協」），東日本高速道路株式会社（以下「NEXCO東日本」）および首都高速道路株式会社（以下「首都高」）で行われた震災後の緊急点検の結果をまとめた「東日本大震災鋼構造物調査特別委員会報告書」[1]から，緊急点検調査の結果を表3.1に示す．

表3.1　緊急点検調査の概要 [1]

機関	調査対象橋梁	調査対象橋梁の内訳および特徴	調査地域・点検道路
①国土交通省・国土技術政策総合研究所・土木研究所	160橋 うち被害132橋 主に道路管理者からの要請による調査・のべ158人日	国道　　　　　　　　　65橋 県道および市町村道　88橋 自動車専用道　　　　　7橋 特徴 　国道の割合が比較的高い 　主に被災橋梁が対象	岩手県・宮城県・福島県・栃木県・茨城県・千葉県・神奈川県
②日本橋梁建設協会	3,004橋 うち被害611橋 （鋼橋のみ） 会員会社の自主点検および道路管理者からの要請による調査・のべ2,310人日	国道　　　　　　　　　594橋 県道および市町村道　2,301橋 自動車専用道　　　　　74橋 JR管理・農政局管理他　35橋 特徴 　県道と市町村道の割合が高い 　自主点検の対象は震度5強以上の地域	青森県・岩手県・秋田県・宮城県・山形県・福島県・栃木県・群馬県・茨城県・埼玉県・千葉県・東京都・神奈川県・新潟県・長野県
③東日本高速道路	東日本高速道路の橋梁 被害約250橋	特徴 　一般道に比べ橋梁の維持管理体制が整っている	東北自動車道・常磐自動車道・仙台東部/北部道路・三陸自動車動・磐越自動車道・山形自動車道・東水戸道路
④首都高速道路	首都高速道路の高架橋 地震直後緊急点検でのべ300人日	特徴 　全体の8割が高架区間 　一部は40m以上の高架部	首都高速道路全路線（総延長301.3km）

第3章 東北地方太平洋沖地震による支承部への影響

　橋建協の報告書[2)]では，調査橋梁3004橋中，支承に損傷が認められた橋梁数は222橋，7.4%となっており，それらを支承の損傷内容で「支承本体およびアンカーボルトが損傷しているもの」と「沓座モルタルの割れ，遊間異常，防塵カバーの損傷など軽微なもの」を分けて集計すると，支承本体およびアンカーボルトに損傷が認められた橋梁数は94橋，3.1%となった．

　これらを県別に分類したものを図3.1に示す．また，NEXCO東日本管内において橋梁被害が多い区間の分布を図3.2に示す．橋建協調査結果から作成した図3.1と図3.2の分布はほぼ対応しているといえる．

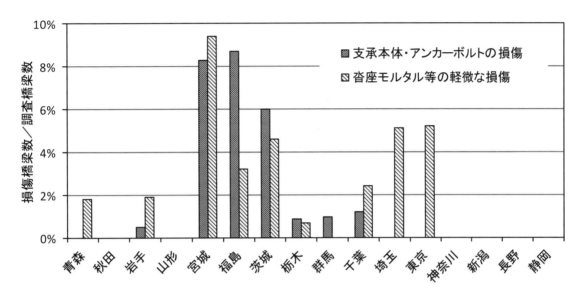

図3.1　調査橋梁に占める支承損傷橋梁の県別割合

図3.2　橋梁被害が多い区間の分布（NEXCO東日本提供）

3.1.2 橋梁形式と支承の損傷

橋建協の報告書[2]では，損傷の多い橋梁形式について分析を行っており，**図 3.3**に示すとおりトラス橋の損傷割合が，桁橋やアーチ橋，ラーメン橋などと比較して高い結果となっている．この理由として，トラス橋には背の高い鋼製支承（ローラー支承，ピン支承等）が採用されるケースが多く，それらが損傷した割合が高いためと推定している．ただし，これに用いられた損傷数は支承部に損傷が発生した橋梁の損傷数ではなく，上部構造のいずれかの箇所に損傷が発生した橋梁の損傷数を用いた損傷割合である．

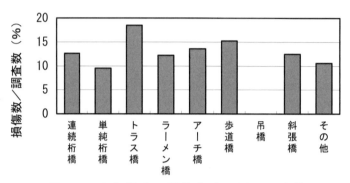

図 3.3　上部構造の損傷割合と橋梁形式[2]

図 3.3のデータを支承部に損傷が発生した橋梁に限定し，**図 3.1**と同様に支承の損傷内容で分けて橋梁形式別に分類したものを**図 3.4**に示す．支承本体やアンカーボルトに損傷が認められた橋梁の割合がトラス橋で突出しており，橋建協の報告書[2]の傾向をさらに強調させる結果となっている．

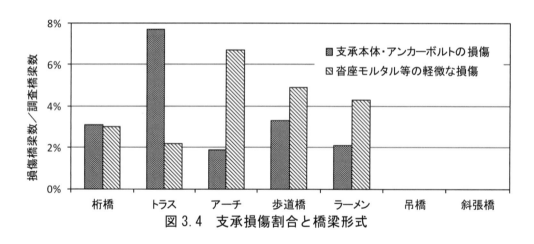

図 3.4　支承損傷割合と橋梁形式

支承が損傷したトラス橋の損傷内容としゅん功年の関係を**表 3.2**に示す．なお，被災度区分とは，道路震災対策便覧[3]の支承部被災度区分に従ったものである．支承本体の損傷やアンカーボルト，セットボルト等の鋼製部材が損傷したものは A・B・C，沓座モルタルや防塵カバーが損傷した程度の「耐荷力に影響のない極めて軽微なもの」は D となっている．1980 年代以降のトラス橋については，支承本体やアンカーボルトの損傷等の重大な損傷は発生しておらず，沓座モルタルの割れ程度の損傷に収まっている．これは，1972（昭和 47）年の道路橋耐震設計指針[4]，1979（昭和 54）年の道路橋支承便覧（施工編）[5]，1980（昭和 55）年の昭和 55 年道示など，この時期，耐震設計に関する基準類ができ，支承の耐震性が向上したことが影響しているものと思われる．トラス橋における支承の損傷事例を**写真 3.1**に示す．

表 3.2 支承が損傷したトラス橋としゅん功年

所在地	しゅん功年	形式	損傷内容	被災度 A〜C	被災度 D
宮城県	1957	トラス	セットボルト損傷	A	
茨城県	1957	トラス	サイドブロック損傷、沓座モルタル損傷	B	
茨城県	1960	ワーレントラス	ローラー損傷	B	
宮城県	1963	トラス	沓座モルタル損傷、アンカー損傷	B	
福島県	1966	連続トラス	アンカーボルト損傷、セットボルト損傷	A	
福島県	1971	連続トラス	セットボルト損傷	A	
宮城県	1980	ワーレントラス	セットボルト損傷・上支承ストッパー損傷	A	
栃木県	1984	連続トラス	沓座モルタル損傷		D
福島県	1988	連続トラス	沓座モルタル損傷、防塵カバー損傷		D

(a) ローラー逸脱

(b) サイドブロック損傷

(c) アンカーボルト抜け出し

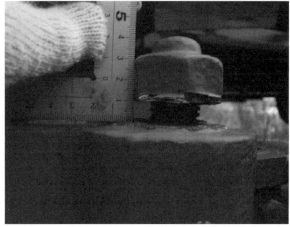

(d) アンカーボルト抜け出し（拡大）

写真 3.1 トラス橋の支承損傷事例（橋建協提供）

3.1.3 しゅん功年と支承の損傷

橋建協の報告書[2]では，**表 3.3**，**図 3.5**に示すとおり橋梁のしゅん功年と支承部の損傷割合との関係が報告されている．これによると，損傷割合は右肩下がりで推移し，2000年代は5%の損傷割合まで低下している．これは，1996（平成8）年の道示改定においてレベル2地震動に対応したタイプB支承が規定されるなど，支承部の耐震性能の向上によるものと考えられる．

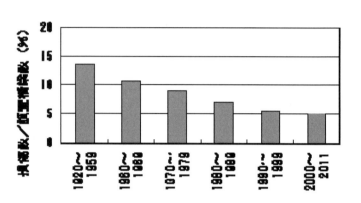

表 3.3 道路橋示方書の改定[2]

竣工年	道路橋示方書改訂
1920～1959	
1960～1969	
1970～1979	
1980～1989	1980年（昭和55年）
1990～1999	1990年（平成2年）
	1996年（平成8年）
2000～2011	2002年（平成14年）

図 3.5 支承損傷割合としゅん功年代（橋建協）[2]

図 3.5のデータを**図 3.1**と同様に支承の損傷内容で分けてしゅん功年代別に分類したものを**図 3.6**に示す．沓座モルタルの損傷などの軽微な損傷は新しい年代にも発生するが，支承本体やアンカーボルトの損傷に限ってみると，橋建協の報告書[2]の傾向をさらに強調する結果となっている．

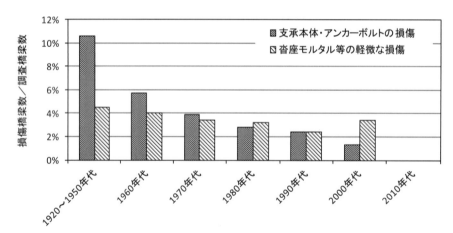

図 3.6 支承損傷割合としゅん功年代

3.1.4 支承部の損傷状況

本項では，支承の損傷事例を紹介する．掲載写真および情報については全て橋建協提供によるものである．

(1) タイプA支承の損傷状況

既設橋において，しゅん功年が古いために現行の耐震基準であるレベル2地震動に対応していない支承（いわゆるタイプA支承）は数多く存在する．レベル2地震動に対応させるために後付けの変位制限構造等で補強しているものもあるが，そうでないものも多く存在する．それらの支承は今回のような大きな地震動に耐えられる設計になっていないため，損傷が報告[2]されている．代表的な事例を**写真 3.2**～**写真 3.5**に示す．

写真 3.2　ピン支承の損傷

写真 3.3　ローラー支承の損傷

写真 3.4　ゴム支承サイドブロックの損傷

写真 3.5　線支承上支承ストッパーの損傷

(2) タイプ A 支承＋変位制限構造の損傷状況

　タイプ A 支承を補完する目的の変位制限構造として設計されたアンカーバーの台座が桁の移動により損傷している事例も多く見られた．アンカーバー自体は水平力により破断はしていないが，台座となるコンクリート部がせん断破壊している事例を**写真 3.6** に示す．本事例ではコンクリート台座の損傷に留まり，幸い落橋には至っていない（アンカーバーが橋脚内に充分埋め込まれていたためと考えられる）．

　次に，1 期線，2 期線共に 2 径間連続 2 主箱桁橋で，1 期線は鋼製支承，2 期線はゴム支承という事例を**写真 3.7** に示す．2 期線が

写真 3.6　アンカーバー台座の損傷

1995（平成 7）年のしゅん功であり，どちらもタイプ A 支承であることから，後年，レベル 2 地震動に対応していると考えられる変位制限構造（アンカーバー）を設置している．

1期線の鋼製支承の損傷状況を**写真3.8〜写真3.9**に示す．鋼製支承のアンカーから橋脚コンクリートにひび割れが入っており（**写真3.8**），応急対策としてPC棒鋼にて橋脚横梁を緊張している（**写真3.9**）．損傷原因としては，変位制限構造に損傷が見られないことから，変位制限構造の遊間が大きく，変位制限構造が作動する前に支承アンカー部のコンクリートが損傷してしまったものと考えられる．

2期線のゴム支承の損傷状況を**写真3.10〜写真3.12**に示す．サイドブロック（レベル1地震動で設計）が損傷し，変位制限構造のコンクリート台座が破壊されている．前述の変位制限構造の損傷と同様，アンカーバーそのものには損傷が見られないことから，アンカーバー取付け部コンクリートについてレベル2地震動による照査が不十分であった可能性がある．

写真3.7　1期線の鋼製支承（右）と2期線のゴム支承（左）の設置事例

写真3.8　鋼製支承アンカー部からの割れ

写真3.9　橋脚の応急対策（PC棒鋼）

写真3.10　ゴム支承サイドブロックの損傷

写真3.11　変位制限構造台座の損傷

写真 3.12 変位制限構造直下の橋脚損傷

(3) タイプ A 支承とタイプ B 支承との比較

タイプ A 支承とタイプ B 支承の比較事例として，天王橋と新天王橋が挙げられる．天王橋は，1959（昭和 34）年にしゅん功した旧北上川にかかる国土交通省 東北地方整備局が管理する橋で，ゲルバー鈑桁＋下路ランガー＋ゲルバー鈑桁×6 径間の車道橋と，1975（昭和 50）年に同支間・同形式で併設された歩道橋からなる．車道橋，歩道橋ともにタイプ A 支承である．一方，新天王橋は天王橋から 80m 程度上流側に位置する三陸自動車道で，2001（平成 13）年にしゅん功した 5 径間連続鋼床版箱桁橋である．なお，支承は平成 8 年道示を適用したタイプ B 支承である．

天王橋の遠景と支承状況を写真 3.13～写真 3.16 に，新天王橋の遠景と支承状況を写真 3.17～写真 3.18 に示す．天王橋はタイプ A 支承であるため支承に損傷がみられる．一方，新天王橋にはレベル 1 地震動で設計される，橋軸直角方向の移動を制限して伸縮装置を保護するジョイントプロテクターが全橋脚に設置されており，それらが損傷しているものの，タイプ B 支承に損傷はみられなかった．

写真 3.13 天王橋（昭和 34 年しゅん功）

写真 3.14 天王橋車道部支承

写真 3.15　天王橋車道部支承（タイプ A）

写真 3.16　天王橋歩道部支承（タイプ A）

写真 3.17　新天王橋（平成 13 年しゅん功）

写真 3.18　新天王橋支承（タイプ B）

3．2　積層ゴム支承の破断事例

　東北地方太平洋沖地震では，これまでに経験の無い新たな損傷として積層ゴム支承のゴム本体の破断が発生した．ゴム支承が破断した橋梁は**表3.4**に示す4橋である．

表3.4　ゴム支承の破断が生じた橋梁

橋梁名	路線名	支承種別	損傷箇所及び基数
仙台東部高架橋	仙台東部道路	地震時水平力分散型ゴム支承	端支点　　17基 中間支点　 1基
利府高架橋	仙台北部道路	地震時水平力分散型ゴム支承	端支点　　 7基 中間支点　 4基
旭高架橋	国道6号線 日立バイパス	免震支承	端支点　　 4基 （亀裂）
新那珂川大橋	東水戸道路	鉛直力支持積層ゴム支承 ＋ウインド支承	端支点　　 5基 中間支点　 1基

3.2.1　仙台東部高架橋の損傷
(1) 橋梁の概要

　仙台東部高架橋は，2001（平成13）年に開通した仙台東部道路（仙台東IC～仙台港北IC，図3.7参照）の橋梁で，全長で4,390mを有する連続高架橋である．橋梁一般図および標準断面図を図3.8～図3.9に示す．主たる損傷が生じたのは，鋼4径間連続箱桁橋（P52～P56）＋鋼2径間連続鈑桁橋（P56～P58）の区間である．この区間は，上部構造が上下線一体の広幅員断面である．また，本区間は新設工事中の仙台港IC（仮称）の拡幅ランプ部に位置し，橋脚は鋼製門型橋脚，鋼製T形橋脚に加え，鋼・RC混合構造門型橋脚が複雑に混在している．

図3.7　仙台東部高架橋位置図

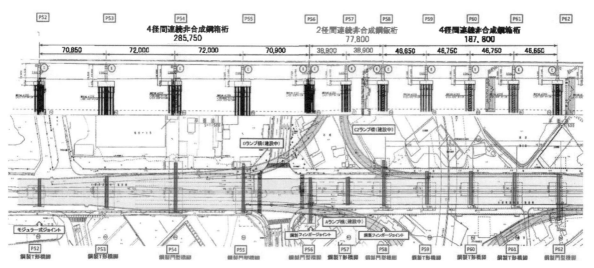

図3.8　仙台東部高架橋（P52～P62）　橋梁一般図[1]

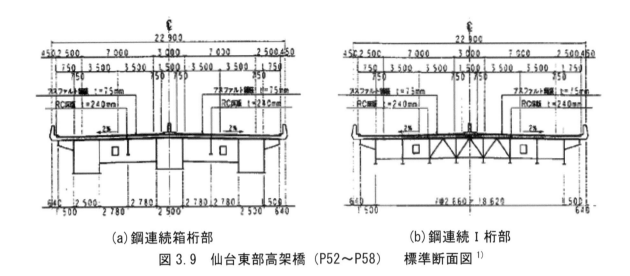

(a) 鋼連続箱桁部 　　　　　　(b) 鋼連続I桁部

図 3.9　仙台東部高架橋（P52～P58）　標準断面図[1]

基礎構造は，場所打ち杭 $\phi 1.2m$ の杭長約 22m～25m で，地盤種別はII種地盤であり液状化判定を考慮した設計が行われていた．

(2) 損傷の状況

仙台東部高架橋（P52～P58）の主な損傷としては，桁全体の横ずれ（約 60cm），伸縮装置の段差（最大で約 40cm）および破損，ゴム支承の破断およびき裂，ジョイントプロテクターの破断に加え，P56付近の桁端部の主桁（I桁）や補剛材等に損傷が生じた．この中で特に注目されたのは，ゴム支承の破断である．本橋の支承は，平成8年道示で設計された地震時水平力分散型ゴム支承（タイプB支承）であり，地震により初めて大規模な破断状況が確認された事例である．図 3.10 に示した支承配置図の中で丸印に着色した箇所はゴム支承が破断した箇所であり，このうち P52（箱桁側）および P56（I桁側）の支承は 8 個全数破断した．その概況を**写真 3.19～写真 3.20** に示す．特に，P56（I桁側）の損傷状況が最も大規模であり，橋軸直角方向へ大きく桁がずれるとともに大きな路面段差が生じた．P56（I桁側）の支承破断状況を**写真 3.21**に示す．支承が破断したことでゴム支承の幅を超える橋軸直角方向の変位が生じていることがわかる．

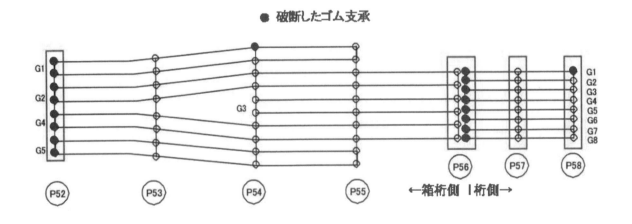

図 3.10　ゴム支承破断位置図[1]

写真 3.19　P56（I 桁側）被災概況[1]

写真 3.20　P52（箱桁側）の被災概況[1]

写真 3.21　P56（I 桁側）の支承損傷状況[1]

(3) ゴム支承の破断原因の推定

仙台東部高架橋で生じたゴム支承破断の原因については，NEXCO東日本に設置された「災害復旧検討委員会（委員長：鈴木基行・東北大学大学院教授）」にて検討された[6]．

a) P56（I 桁側）

P56 橋脚は鋼 4 径間連続箱桁と鋼 2 径間連続 I 桁の掛け違いであるが，このうち**写真 3.22** に示すように I 桁側のみでゴム支承が破断し，箱桁側は破断しなかった．**写真 3.23** に示すように P56 上には伸縮装置が設置されており，伸縮装置の鋼製フィンガー同士の接触跡が認められた．すなわち，地震初動時には鋼製フィンガー同士が接触して箱桁に引きずられるように I 桁が挙動し，ゴム総厚の薄い I 桁側のゴム支承が破断して，路面に大きな段差を生じさせたと推定される．

写真 3.22　P56 ゴム支承破断状況[1]

写真 3.23　P56 伸縮装置[1]

本橋のレベル 2 地震動に対する耐震設計は，地震時保有水平耐力法により行われており動的解析による照査は実施されていなかったが，一般に動的解析時のモデルに掛け違い部の伸縮装置による拘束は考慮しない．しかし，伸縮装置の拘束により橋軸直角方向に 2 連の桁が連動して移動することを考慮すると，単体の場合の応答値と大きく異なる場合があり得る．特に本橋P56 のように隣接する桁の重量が大きく異なる場合，せん断変形能が小さい側のゴム支承が過大に変位することが推定できる．その主要変形モードが変化するイメージを**図 3.11** に示す．

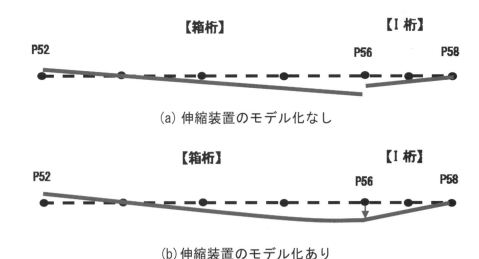

図 3.11　橋軸直角方向の主要変形モードのイメージ[1]

参考に仙台東部高架橋近傍における加速度応答スペクトルを図3.12に示す．平成24道示に規定されるタイプⅡ地震動の加速度応答スペクトル値を若干超える周期帯もあるが，本橋の主要モードの固有周期が1秒を超えることを考慮すると，道路橋示方書の規定を大幅に超過するものではないことがわかる．なお，ゴム支承破断面の形態は，ゴム体での破断やゴムと内部鋼板との接合面での破断など各種みられた．各ゴム支承の破断面の状況を写真3.24に示す．

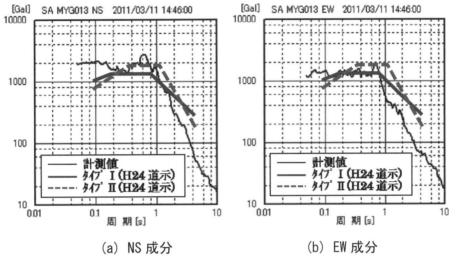

(a) NS成分　　　　(b) EW成分

図3.12　近傍の加速度応答スペクトル（K-NET仙台，h=0.05）

写真3.24　P56ゴム支承の各破断面の状況[1]

b) P52（箱桁側）

P52の支承破断状況を写真3.25に示す．P52のゴム支承の主たる破断原因として，二次形状係数が小さいことが挙げられる．ここで，二次形状係数とは支承平面寸法の短辺をゴム層厚で除した値であり，せん断変形後の安定性を表す指標である．

現行の設計基準[7]では，安定した支承機能を得るために二次形状係数4程度以上という条件が規定されているが，本橋の設計時にはその規定がなく，P52の支承の二次

写真3.25　P52ゴム支承の破断状況[1]

形状は3程度であった．すなわち，せん断変形後に有効な平面寸法がゴムの高さと比べて十分でなかったことが，破断に至った原因の一つと考えられる．

(4) 応急復旧

仙台東部高架橋では，本復旧に先立ち当面の交通運用を図るために応急復旧が実施された．応急復旧では支承部および主桁端部の復旧に加え，主桁の横ずれを矯正する横移動が実施された．このうち支承部の応急復旧は，大きく3段階に分けて実施された．まずは，本震発生以降に頻発していた余震に対する応急措置として，**写真3.26**に示すように支承の破断が生じた全箇所に対し，サンドル材による仮受け架台が設置された．これに加え，主桁横移動を実施後に，

写真 3.26　震災直後の仮受状況 (P56)[1)]

写真 3.27　仮設ジョイントプロテクター(P56)[1)]

橋軸直角方向のジョイントプロテクターが破損した全ての箇所に対し，**写真3.27**に示すように鋼製の仮設ジョイントプロテクターが設置された．その後，**写真3.28**に示すように主桁端部の補修や横ずれ矯正を実施後に，緊急性重視のため破断したゴム支承と同様のゴム支承が製作・設置された．これは，余震の状況を鑑み，地震時水平力分散型ゴム支承の性能を早急に確保することを目的としたものである．

写真 3.28　支承取替え後の状況(P56)[1)]

3.2.2　利府高架橋の損傷

(1) 橋梁の概要

利府高架橋は，2002（平成14）年に開通した仙台北部道路(利府JCT～利府しらかしIC，**図3.13**参照)の橋梁で，全長で1,814mを有する連続高架橋であるが，このうち主たる損傷が生じたのは，PC5径間連続中空床版橋 (P21～P26) ＋PC4径間連続中空床版橋×3連 (P26～P30, P30～P34, P34～P38)の区間である．下部構造はRC柱式橋脚で基礎は杭基礎となっている．橋梁一般図を**図3.14**に示す．

図 3.13　利府高架橋位置図

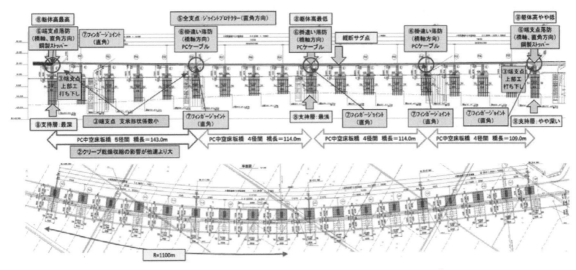

図 3.14　利府高架橋（P21～P38）　橋梁一般図 [6]

(2) 損傷の状況

利府高架橋（P21～P38）の主な損傷は，桁端部にあるゴム支承の橋軸直角方向の破断である．本橋の支承は，平成8年道示で設計された地震時水平力分散型ゴム支承（タイプB支承）である．3.2.1項の東部高架橋と同様に破断状況が確認された事例である．ゴム支承が破断したのは図 3.15 に示す箇所であり，3月11日の本震でP21，P26橋脚の3基が破断し，4月7日の余震でP29，P30，P31橋脚の8基がさらに破断した．破断状況を写真 3.29～写真 3.30 に示す．

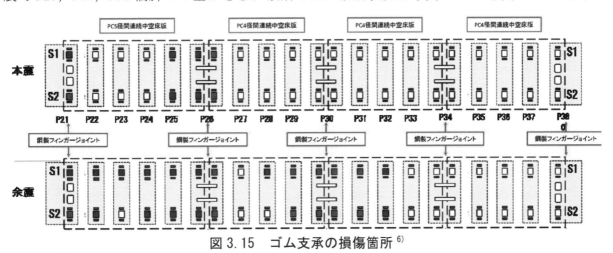

図 3.15　ゴム支承の損傷箇所 [6]

写真 3.29　本震による破断状況（P26） [6]

写真 3.30　余震による破断状況（P30） [6]

(3) ゴム支承の破断原因の推定

利府高架橋で生じたゴム支承破断の原因の詳細については，NEXCO東日本に設置された「災害復旧検討委員会（委員長：鈴木基行・東北大学大学院教授）」により検討が行われた[6]．

本震時において P21～P26 の間で，端部橋脚部に損傷が集中した原因は以下のように推定される．

・起点側隣接橋梁の鋼鈑桁に比べて上部構造重量が大きく，支承の応答変位が卓越すること
・終点側隣接橋梁は同形式であるが P21～P26 の区間は5径間連続橋で橋長が長く，クリープ・乾燥収縮・温度変化による初期ひずみが大きいこと
・橋脚高さと基礎の深さが大きい等の構造的要因が影響したこと

また，本震時の不静定変位による初期ひずみは，余震後に無損傷であった P34～P38 の変形量と温度変化量を計測し実際の線膨張係数を算出することで推定が可能である．**表3.5**に推定した地震発生時の初期変位を示す．P21～P34 の区間は，P34～P38 の区間に比べて初期変位が大きくなっていたことが分かる．以下に各損傷箇所の破断原因について述べる．

表 3.5　初期変位量の比較（文献 6）より編集して掲載）

	P21-P26		P26-P30		P30-P34		P34-P38	
支点名称	P21R	P26L	P26R	P30L	P30R	P34L	P34R	P38L
3月11日推定初期変位　(mm)	60	66	56	55	58	55	46	41

a) P21（終点側）

P21 においては，S2支承が破断，S1支承は亀裂と2つの支承で損傷程度に違いが見られ，さらに**写真3.31～写真3.32**に示すようにS2側の伸縮装置のカバープレートのめくれ上がりやS1支承の上部構造レア部にジョイントプロテクターとの接触痕が残っていること等から鉛直変位が生じていることを確認しており，S2支承に負反力が生じたと考えられ，それが破断の原因となったことが推定される．

写真 3.31　S2側カバープレートの損傷[6]

写真 3.32　S1支承レア部の接触痕[6]

b) P26（終点側），P29, P30

　本震で損傷が生じた第1連，第2連のゴム支承を交換する前に，橋軸直角方向の余震が発生し，上部構造重心位置と支承バネの重心が偏心したことによる桁の回転が生じ，本震で損傷がなかった支承に地震力が集中して破断したことが推定される．なお，再現解析では，P26, P29, P30 に生ずるせん断ひずみは，155%，212%，261% であり，P30 に生じた変位は痕跡から想定した最大変位量とほぼ整合している．

c) P31

　P30 の鋼製フィンガージョイントの橋軸直角方向の拘束により，第1連，第2連の回転が隣接桁の第3連目に伝達して破断したことが推察される．なお，再現解析による P31 に生じるせん断ひずみは 195% である．以上の推定を基に各ゴム支承における余震後の残留変位から推測される主桁の変位状況を図 3.16 に示す．

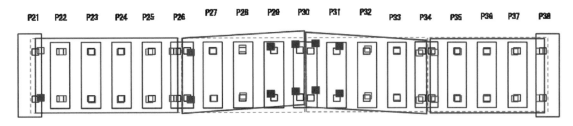

図 3.16　主桁の変位状況 [6]

　上記 b) および c) で記載したとおり，余震時における利府高架橋の損傷の主たる原因は，本震で先行破断した支承の影響により，健全な支承へ地震力が集中したこと，および伸縮装置を介して隣接桁へ地震時変位が伝達したことであると推定される．

(4) 応急復旧

　利府高架橋の損傷直後の応急復旧では，図 3.17，写真 3.33 に示すように H 形鋼と PC 鋼棒を用いた変位制限装置により既設橋脚へのアンカー削孔を極力行わずに桁の仮固定を行った．

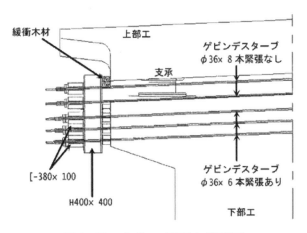

図 3.17　主桁の仮固定概略図
（NEXCO 東日本提供）

写真 3.33　主桁の仮固定状況
（NEXCO 東日本提供）

3.2.3 旭高架橋の損傷

(1) 橋梁の概要

旭高架橋は，2008（平成20）年に開通した国道6号バイパスの橋梁で，全長981mの連続高架橋であり，PC7径間連続箱桁×2連の本線部とPC4径間連続箱桁のランプ部により構成され，初崎海岸から宮田浜海岸の海上に架けられている（図3.18参照）．下部構造は橋脚がRC小判型橋脚，ラーメン式橋台，逆T式橋台で，基礎は直接基礎，鋼管矢板基礎，杭基礎が混在している．

図3.18 旭高架橋位置図

(2) 損傷の状況

旭高架橋の主な損傷としては，鉛プラグ入り積層ゴム支承の亀裂の発生である．本橋の支承は，平成8年道示で設計された免震支承であり，上下端部鋼板が積層ゴム部より張り出した両フランジタイプの構造で，海上に位置することから，防錆のために上下端部鋼板にもゴム被覆処理がなされていた．

ゴム支承に亀裂が生じたのは，図3.19に示すランプ部の橋台As1の円形のゴム支承とP1，P8橋脚の矩形のゴム支承のあわせて4基である．As1橋台上には1支承線上に3基の円形のゴム支承が設置されており，そのうち海側のG1支承に長さ41cmにわたる水平方向の亀裂が生じていた．P1橋脚はかけ違い部であり，Pa3橋脚側には円形のゴム支承が2基，P2橋脚側には矩形のゴム支承が2基それぞれ設置されており，このうちP2橋脚側の2基にゴム本体と下鋼板の境界部に亀裂およびサイドブロックの傾斜が確認された．P8橋脚もかけ違い部であり，P7橋脚側，P9橋脚側それぞれに矩形のゴム支承が2基設置されており，このうちP7橋脚側の海側のG1支承にゴム本体と下鋼板の境界部に亀裂が発生した．損傷の状況を**写真3.34～写真3.35**に示す．なお，旭高架橋の応急復旧としては，H形鋼とPC鋼材による仮固定を実施している．

図3.19 旭高架橋 橋梁一般図[8]

写真3.34 亀裂の発生状況（As1橋台）[8]

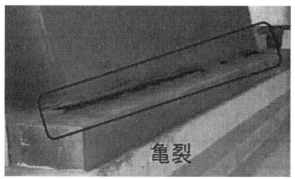

写真3.35 亀裂の発生状況（P8橋脚）[8]

(3) ゴム支承の破断原因の推定

旭高架橋において損傷したゴム支承についての基本性能を評価するために，実橋から取り出した亀裂の生じた支承と，出荷時を想定して新たに製作した同じ構造寸法の支承について各種試験を行っており[8]，以下のことが明らかとなっている．

- 撤去支承を対象とした有効設計変位（せん断ひずみ175%）におけるせん断試験の結果，出荷時と比べて剛性は大きくなり，減衰性能は低下していた．これはゴム材料の経年による硬化が要因であると考えられる．
- 設計限界変位（せん断ひずみ250%）におけるせん断試験の結果，せん断ひずみ250%に至る前に破断した撤去支承があった．これはゴム材料の経年による硬化の影響が考えられる．

また，P1 橋脚および P8 橋脚のゴム支承の二次形状係数は 3.6 程度であり，現行基準[7]に示される 4 程度より若干小さい．以上より，旭高架橋のゴム支承の損傷はゴム材料の経年的な硬化や支持機能上不利な支承形状等が複合的に影響することによって設計限界変位（せん断ひずみ 250%）に至る前に亀裂が生じた可能性が考えられる．

3.2.4 新那珂川大橋の損傷

(1) 橋梁の概要

新那珂川大橋は，1999（平成 11）年に開通した東水戸道路の橋梁で，全長で 533m を有する中間橋脚付 2 径間連続鋼床版斜張橋であり，この地域のランドマークとしての役割ももって計画・建設された（図 3.20 参照）．下部構造は 2 基の中間橋脚も含めすべて RC 壁式橋脚となっており，基礎は主塔直下の橋脚が鋼管矢板井筒基礎，その他の橋脚が杭基礎となっている．地盤種別はⅢ種地盤であり液状化判定を考慮した設計が行われていた．橋梁一般図を図 3.21 に，橋脚支承配置図を図 3.22 に示す．

図 3.20 新那珂川大橋位置図

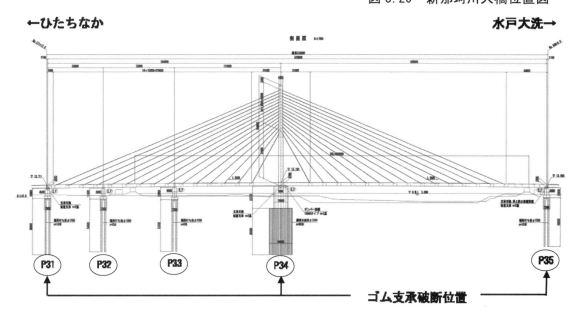

図 3.21 新那珂川大橋 橋梁一般図[9]

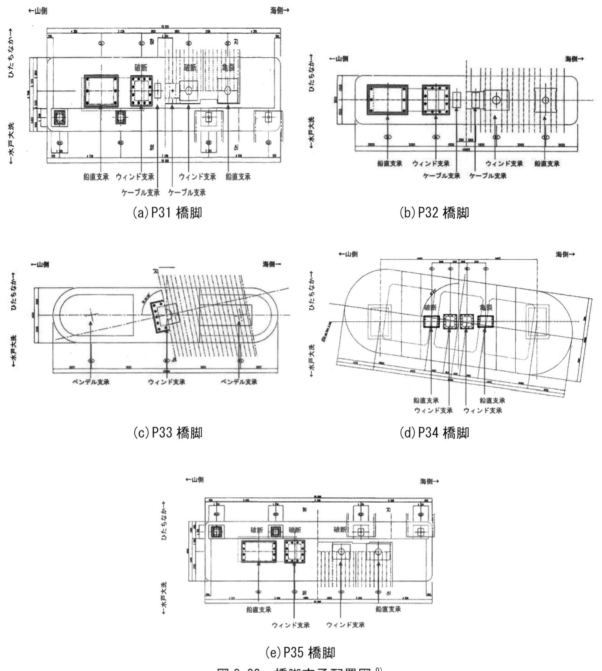

図 3.22 橋脚支承配置図[9]

(2) 損傷の状況

新那珂川大橋の主な損傷としては，伸縮装置の段差およびフェースプレートの破損，ゴム支承およびゴム支承アンカーボルトの破断である．本橋は平面線形および構造上の制約条件により主桁と主塔を独立した支持条件としており，P31〜P33 には負反力が生じ，P34 橋脚には大きな鉛直力が生じる構造となっている．そのため，P31，P32 橋脚にケーブル支承を，P33 橋脚にペンデル支承を設置することで負反力を支持し，鉛直力および水平力に対しては鉛直ゴム支承とウィンド支承で支持する形式を採用しており，平成 2 年道示に基づき設計されている．ゴム支承が破断したのは図 3.21 に示す箇所であり，桁端部の橋脚と主塔直下の橋脚である．破断状況を写真 3.36〜写真 3.38 に示す．

第3章 東北地方太平洋沖地震による支承部への影響

写真 3.36 アンカーボルトの破断状況（P34）[9)]

写真 3.37 鉛直ゴム支承の破断状況（P35）
（NEXCO東日本提供）

写真 3.38 ウィンド支承の破断状況（P35）[9)]

(3) ゴム支承の破断原因の推定

新那珂川大橋における損傷原因の解明のために非線形動的解析を行っている[9)]．解析結果から地震時のゴム支承の応答変位は許容変位に対し余裕があったことが判明しており，それを踏まえ破断原因としては以下のことが推定される．

(a) ウィンド支承は，図3.23に示すとおり橋軸直角方向（ゴムの引張方向）には突起により拘束する構造であるが，製作余裕等により±3mm程度の空きがあり，ゴムに引張が生じた状態で変形したことが破断の一因であると考えられる．

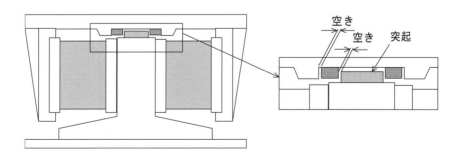
図 3.23 ウィンド支承の構造（P35）

(b) 鉛直支承が破断した P35 橋脚における応答変位は，**図 3.24** に示すとおり支承の四隅で引張変位が生じていた．引張が生じた状態でせん断変形したことが，破断の一因であると考えられる．

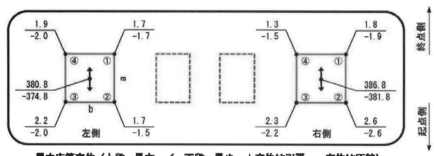

図 3.24 鉛直支承の応答変位（P35）[9]

(4) 応急復旧

新那珂川大橋の損傷直後の応急復旧としては，鉛直ゴム支承の破断が生じた全箇所に対して，サンドル材による仮受け架台が設置された．また，アンカーボルトの破断が生じた箇所については，アンカーフレームとベースプレートを溶接することによる仮固定が施された．応急復旧の状況を**写真 3.39** に示す．

写真 3.39 応急復旧の状況（NEXCO 東日本提供）

3．3 津波による支承の損傷事例

　東北地方太平洋沖地震では東北地方のみならず，北海道や関東地方まで非常に広範囲な被害をもたらした．広範囲であるためその地域ごと，地形ごとに被害の状況は異なるが，沿岸地域に架橋された橋梁には，地震動による被害だけでなく津波によるかつてないほどの大きな被害が発生した．3.3 節では，津波により被害を受けた橋梁の被害状況を紹介し，その橋梁の被害において支承部に生じた損傷に着目して事例を収集した．事例の収集にあたっては，鋼橋，コンクリート橋の区別なく，また，支承以外の落橋防止構造や粘性ダンパーなどの損傷も併せて収集，記載している．

3.3.1　橋梁の被害状況

　津波による橋梁の被害は，**写真 3.40** に示すように，直接的に津波の波力により損傷した事例（**写真 3.40(a)**）に加え，船舶などの漂流物が橋梁に衝突して生じた事例（**写真 3.40(b)**），さらには重油などの流出物による火災の影響を受けた事例（**写真 3.40(c)**）などが挙げられる．波力により損傷した事例では，桁が流失した事例も多く，支承部の損傷も顕著なものであった．

(a) 流出事例（新北上大橋）[10]

(b) 衝突変形事例（片岸大橋）[11]

(c) 火災事例（川口橋）[12]

写真 3.40　津波による橋梁の被害状況

　津波による桁の流出メカニズムは文献 10)に示されている．その流出メカニズムは**図 3.25**に示すように(a)洗掘によって基礎が倒壊して桁が流出，(b)上揚力によって桁が真上に持ち上げられて桁が流出，(c)上揚力によって桁が回転し横転する形で桁が流出した 3 種類がある．3 種類のうち，桁が真上に持ち上げられた事例および回転した事例については，流出した桁の状

況，下部構造の橋座部分に残された支承や落橋防止構造などの損傷状況から推定することができる．

一方，海岸線付近に架橋され橋梁上を津波が越流した痕跡があるにも関わらず，高欄が損傷したり，桁が上流側に移動した痕が見られたりする程度の橋梁も多数存在している．津波による波力の評価が不明である以上は一概には言えないが，橋長が短い，橋脚高さが低く水面までの高さが低い場合，あるいは防潮堤との位置関係など，様々な条件により橋梁の受けた被害状況は異なっていた．

以降では，津波の上揚力によって桁が流出した橋梁を中心に支承部の損傷事例を収集し，支承や落橋防止構造などがどのような力に対して，どのように抵抗したのか記載する．

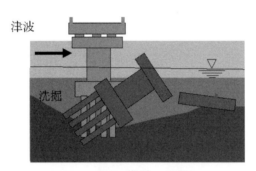

(a) 基礎の洗掘

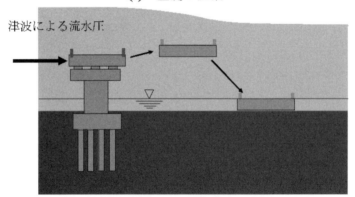

(b) 津波上揚力に伴う桁の流出

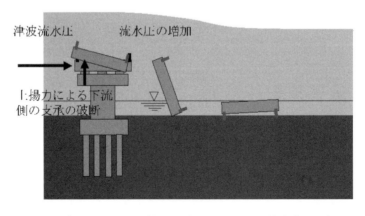

(c) 津波上揚力によって桁が回転したことに伴う桁の流出

図 3.25 津波による桁の流出メカニズム [10]

3.3.2 支承および関連部材の損傷

　津波による橋梁の流出被害は数多く報告されている．それら報告の中でも桁の流出挙動と支承部の損傷状況がそれぞれ明確に示されている事例に着目し，**表 3.6** に示す 6 橋を抽出した．これらの橋梁は，上揚力によって浮き上がり流出した事例，上揚力によって桁が回転しながら横転し流出した事例，浮き上がりと回転が混在した事例，さらには，挙動が複雑で特定できない事例などがある．挙動が複雑な事例を除けば，浮き上がりや回転などの橋梁の挙動と支承部の損傷状況との関連が推定できる．

表 3.6　津波による橋梁の挙動

橋梁名	橋梁の挙動	挙動の推定
沼田跨線橋	上揚力による浮きあがり	支承部損傷より推定
横津橋	上揚力に伴う回転	支承部損傷より推定
新北上大橋	浮き上がり、回転の混在	その他の情報より推定
歌津大橋		支承部損傷より推定
気仙大橋	挙動不明	支承部損傷が多様で推定困難
小泉大橋		支承部損傷が多様で推定困難

(1)　沼田跨線橋

　表 3.7 および**図 3.26**，**写真 3.41** に沼田跨線橋の橋梁諸元と支承部の損傷状況を示す．沼田跨線橋は PC 単純桁の 3 連すべてが津波により流出した事例である．支承部の損傷は**表 3.7** に示すとおりであるが，ゴム支承およびアンカーバーのそれぞれに上揚力に抵抗する十分な機構がなく，さらに落橋防止構造である RC 突起やアンカーバーの損傷が少ない点から，桁は津波の上揚力により一度浮き上がり，直後に水平方向の波力により流出したと報告[13]がある．一支承線の中で海側と山側の損傷の比較としては，海側のアンカーバーは曲がりがなく垂直の状態であるのに対して，山側のアンカーバーは曲げ変形していることや，山側の RC 突起には角部の欠損等の損傷が見られることから，桁が浮き上がり水平に流出する際に桁が引きずられながら移動したと推定されている[13]．

表 3.7　沼田跨線橋の橋梁諸元と支承部の損傷状況

橋梁形式	PCポステン単純T桁橋、3連	
橋長	65.24m	
主桁本数	7主桁	
支承形式	ゴム支承	・全て流出
	アンカーバー	・海側のアンカーバーは垂直 ・山側のアンカーバーは山側に変形、海側に変形が混在
変位制限構造	---	
落橋防止構造	RC突起	・概ね健全 ・山側の一部が断面欠損
その他		

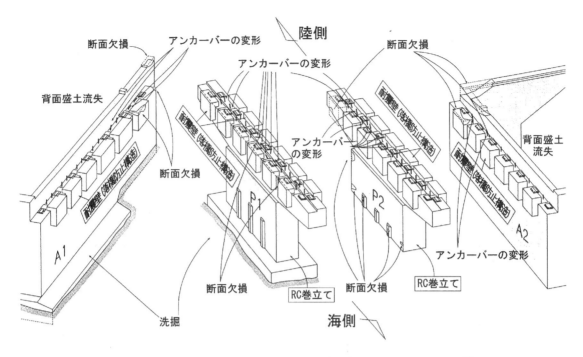

図3.26 沼田跨線橋の支承部および下部構造の損傷状況[13]

(a) 落橋防止構造

(b) アンカーバー

写真3.41 支承部の損傷状況[12]

(2) 横津橋

表3.8および写真3.42に横津橋の橋梁諸元と損傷状況を示す．横津橋は鋼単純桁の2連すべてが津波により流出した事例である．流出した上部構造は床版を下にして完全に裏返しになっている．支承部の損傷は下流側および中桁の支承は，ピンチプレートが上向きに変形し，山側の支承は片側が持ち上げられたように変形しており，片側のみアンカーボルトが引き抜けている．アンカーバーは浮き上がりに対して抵抗する部材がなく，曲げ変形は見られない．最後に，落橋防止チェーンは破断しており，桁側のブラケットも桁の下向きに曲げ変形しているのがわかる．以上，支承，アンカーバー，落橋防止チェーンの変形状況から，海側の支点が浮き上がり上部構造が回転し，津波の波力により上流側に流出したものと推定されている[12]．

表 3.8 横津橋の橋梁諸元と支承部の損傷状況

橋梁形式	鋼単純桁、2連	
橋長	65.0m	
主桁本数	3主桁	
支承形式	線支承	・ピンチプレートの損傷 ・アンカーボルト抜け出しによる支承の横転
変位制限構造	アンカーバー	・アンカーバーは損傷なし
落橋防止構造	チェーン式	・チェーン破断 ・下部構造ブラケットアンカー破断 ・上部構造ブラケットの曲げ変形
その他		

(a) 流出した上部構造　　　　(b) 橋台の支承部

(c) 山側の線支承　　　　(d) 中桁の線支承

(e) アンカーバー　　　　(f) 落橋防止ブラケット

写真 3.42　横津橋の上部構造および支承部の損傷状況[1]

(3) 新北上大橋

表 3.9，図 3.27 および写真 3.43 に新北上大橋の橋梁諸元と損傷状況を示す．新北上大橋は連続トラス 3 連のうち左岸側の 2 径間連続トラスが津波により流出した事例である．流出した上部構造は 600m 上流に漂着していた．支承部の損傷は全ての上支承やピンおよびローラーが流出しており，下支承のみ下部構造に残存している．変位制限構造は一部損傷が見られるが RC 突起が残存している．落橋防止ケーブルは伸びたような跡が見られ，多くはケーブルが破断している．さらに，下部構造は上流側のみ天端のコンクリートの損傷が見られる．以上，変位制限構造の損傷が少なく，下部構造が上流のみ損傷していることから，上部構造がある程度浮き上がりながら回転し，波力により上流側に流出したものと推定されている[12]．

表 3.9 新北上大橋の橋梁諸元と支承部の損傷状況

橋梁形式	3径間連続トラス橋1連 、 2径間連続トラス橋2連	
橋長	566m	
主桁本数	ーーー	
支承形式	ピンローラー支承	・上支承、ピン、下支承流出 ・ローラー逸脱、流出
	ピン支承	・上支承流出 ・ピン一部逸脱
変位制限構造	RC突起	・一部断面欠損
落橋防止構造	ケーブル式	・ケーブル破断 ・下部構造ブラケットアンカー一部破断
その他		

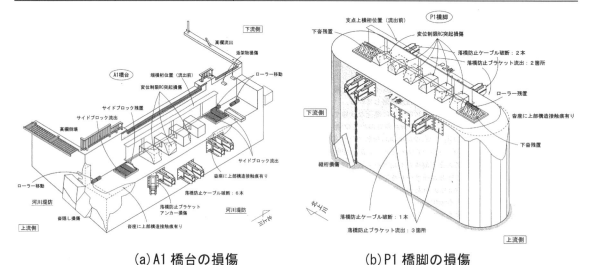

(a) A1 橋台の損傷　　　　　　(b) P1 橋脚の損傷

図 3.27 新北上大橋の下部構造および支承部の損傷状況[13]

写真 3.43 新北上大橋（A1 橋台）の下部構造および支承部の損傷状況[11]

(4) 歌津大橋

表 3.10 および写真 3.44 に歌津大橋の橋梁諸元と損傷状況を示す．歌津大橋は PC 単純 T 桁橋 12 連のうち中央部 8 連の上部構造が津波により流出した事例である．流出した上部構造は天地が逆転したものとしないものが混在していた．支承部の損傷は上下支承が分離したが詳細は不明である．上部構造が流出していない A2 部の支承では，海側サイドブロックの損傷が報告されている．落橋防止構造には鋼製突起，RC 突起が設置されており，山側に設置された構造の損傷が顕著である．下部構造も同様に上流側のみ天端のコンクリートの損傷が見られる．以上，落橋防止構造や下部構造が上流のみ損傷していることから，上部構造が浮き上がりながら，そのままあるいは回転しながら，波力により上流側に流出したものと推定されている[13]．

表 3.10 歌津大橋の橋梁諸元と支承部の損傷状況

橋梁形式	PCポステン単純T桁橋　2連＋5連　、　PCプレテン単純T桁橋、5連	
橋長	304m	
主桁本数	4主桁（ポステン桁）、11主桁（プレテン桁）	
支承形式	BP支承	・サイドブロックの損傷 ・上支承の流出、下支承は残存
変位制限構造	ーーー	
落橋防止構造	RC突起、鋼製突起	・海側は健全 ・山側は断面欠損
その他		

(a)落橋防止構造[1]

(b)落橋防止構造[10]

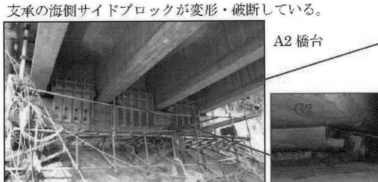

(c)支承[11]

写真 3.44 歌津大橋の支承部の損傷状況

(5) 気仙大橋

表 3.11，図 3.28 および写真 3.45 に気仙大橋の橋梁諸元と損傷状況を示す．気仙大橋は連続桁 2 連のすべての上部構造が津波により流出した事例である．流出した上部構造は床版と鋼桁が分離し激しく損傷していた．支承部の損傷はゴム支承の上下方向の各部での損傷が発生しており，サイドブロックなどが設置されていないため，外力の作用方向の推定が困難である．また，粘性ダンパーが設置されていたが，支承と同様に，ブラケット，クレビス，ボルトなど各部での損傷が発生していた．以上，支承部の損傷からは上部構造が浮き上がりか，回転しながらか，その挙動を推定するのは困難である．

表 3.11 気仙大橋の橋梁諸元と支承部の損傷状況

橋梁形式	3径間連続鈑桁、2径間連続鈑桁	
橋長	181.5m	
主桁本数	4主桁	
支承形式	ゴム支承	・セットボルト破断、アンカーボルト破断 ・ゴム本体の破断
変位制限構造	ーーー	
落橋防止構造	ーーー	
その他	粘性ダンパー	・ブラケットボルト破断、アンカーボルト破断 ・クレビス破断

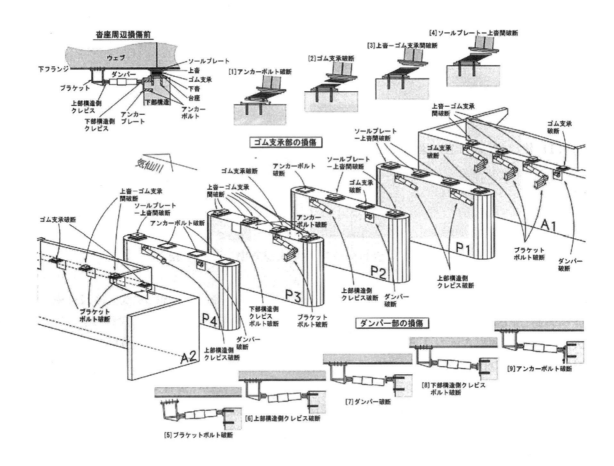

図 3.28 気仙大橋の下部構造および支承部の損傷状況[13]

(a) 流出した上部構造[1]

(b) 流出した上部構造[1]

(c) ゴム支承[1]

(d) 粘性ダンパー[10]

写真 3.45　気仙大橋の支承部の損傷状況

(6)　小泉大橋

　表3.12，図3.29および写真3.46～写真3.47に小泉大橋の橋梁諸元と損傷状況を示す．小泉大橋は連続桁2連のすべての上部構造とそのかけ違い部のP3橋脚が津波により流出した事例である．流出した上部構造は床版と鋼桁が分離し激しく損傷していた．支承部の損傷は，BP支承各部の様々な損傷が発生したが，流出したP3橋脚側と右岸および左岸の橋台側とでは支承の損傷形態が異なっていた．すなわち，端支点ではサイドブロックや上支承が残存しているが，中間支点では下支承も流出している部位も多い．また，粘性ダンパーが端支点に設置されていたが，ブラケット，クレビス，ボルトなど各部での損傷が発生していた．以上，これまで事例

表 3.12　小泉大橋の橋梁諸元と支承部の損傷状況

橋梁形式	3径間連続鈑桁、2連	
橋長	182m	
主桁本数	4主桁	
支承形式	BP支承	・セットボルト破断、アンカーボルト破断 ・アンカーボルト抜け出し ・上支承流出
変位制限構造	―――	
落橋防止構造	不明	・ブラケットとともに全て流出
その他	粘性ダンパー	・ブラケットボルト破断、アンカーボルト破断 ・クレビスセットボルト破断

を示した橋梁とは異なり，上部構造の挙動は津波の浮力による上下方向の回転を含む移動だけでなく，P3 橋脚が流出したことにより，かけ違い部から先に浮き上がりや回転を伴い流出し，端支点部は津波の波力の直接的な作用力以外に，中央径間の桁に引きずられるように，複雑な挙動を示したと推定される[13]．

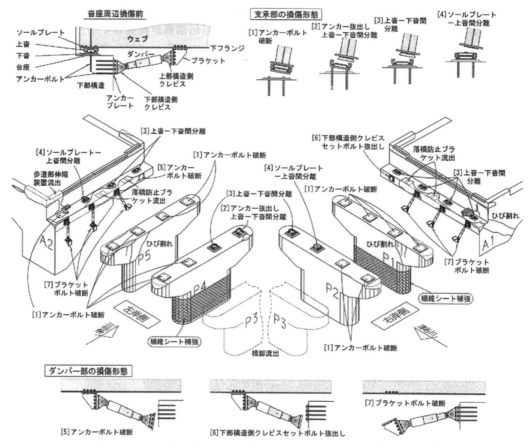

図 3.29 小泉大橋の下部構造および支承部の損傷状況[13]

(a) 流出した上部構造

(b) 鋼製支承

写真 3.46 小泉大橋の支承部の損傷状況[1]

(a) 落橋防止ブラケット痕　　　　　　(b) 粘性ダンパー

写真 3.47　小泉大橋の支承部の損傷状況[1]

3.3.3　その他の損傷事例

(1)　上揚力による支承の損傷例

写真 3.48 に浜畑橋の支承の損傷状況を示す．浜畑橋は PC3 径間単純 T 桁橋で，橋面上の状況から津波による影響があったと推定されるが，上部構造の流失には至らなかった事例である．支承部の損傷は，海側の 3 ヶ所の支承部で浮き上がりの損傷を生じており，最も海側の G6 桁支承のサイドブロックボルトが破断していた．本橋の例では，津波による浮力は全主桁に均等に生じるのではなく，海側に位置する主桁のほうがより大きな浮力が生じていたことを示している．

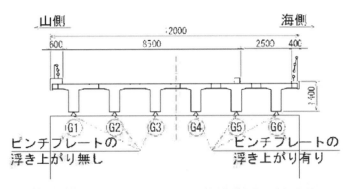

(a) G5 桁支承　　　　　　　　　　(b) G6 桁支承

写真 3.48　浜畑橋の支承部の損傷状況[14]

(2) ゴム支承の流出事例

写真 3.49 に松川浦大橋の支承の損傷状況を示す．松川浦大橋は 3 径間連続 PC 斜張橋，PC 単純 T 桁橋 8 連からなる橋梁で，橋面上の状況から津波による影響があったと推定されるが，上部構造の流失には至らなかった事例である．支承部の損傷は，PC 斜張橋のアプローチ部の PC 単純 T 桁橋のかけ違い部 1 か所で生じていた．上部構造の挙動の詳細は不明であるが，上部構造が浮き上がりパッド型のゴム支承が流出し，橋面上に漂着したものと推定される．支承が流出したかけ違い部では桁の段差も生じていた．このかけ違い部には桁連結タイプの落橋防止鋼棒が設置されていたがすべて流出していた．

(a) 流出したゴム支承　　　　　　(b) 支承が流出し桁に段差発生

写真 3.49　松川浦大橋のゴム支承の流出事例 [15]

(3) ローラー支承の損傷事例

写真 3.50 に姉歯橋の支承の損傷状況を示す．姉歯橋は単純トラス橋 3 連からなる橋梁で，そのすべての上部構造が津波により流出した事例である．支承部の損傷は，下支承を除き流出している．写真 3.50(b) に示したローラー支承の底板は反り上がった変形をしており，上揚力によるものか，回転を伴ったものかは不明である．

(a) 下部構造天端　　　　　　　(b) 支承の底板

写真 3.50　姉歯橋の支承部の損傷状況 [10]

3．4　落橋防止システムの損傷事例

　東北地方太平洋沖地震では，支承のみならず落橋防止システムにも損傷が見られた．2.2 節で示したように落橋防止システムは兵庫県南部地震による大被害に教訓を得て，平成 8 年道示で採用された設計方法で，けたかかり長，落橋防止構造，変位制限構造，段差防止構造の 4 つの要素からなるシステムで，落橋を防止するためのフェールセーフとして強化された設計方法である．一方，平成 8 年道示以前の耐震設計では，落橋防止システムの記述はなく，落橋を防止する構造としては，可動支承部の移動制限装置，けた端から下部構造縁端までのけたの長さの確保もしくは落橋防止装置の設置が規定されている．

　3.4 節では，平成 8 年道示で規定された落橋防止システムの各要素に加えて，平成 8 年道示以前に規定されていた落橋防止装置，さらには，平成 8 年道示以降に実施された既設橋の耐震補強工事などでも設置されている制震ダンパーを対象に損傷事例を記載した．また，落橋防止システム等は，支承の損傷と同時もしくは損傷後に機能するため，事例の橋梁にどの程度の地震動が作用したかについても想定できるように，3.4.1 項で述べる SI 値とともに事例を紹介している．

　なお，落橋防止システム等は，平成 8 年道示を境に大きく改定され，その要求性能が異なるため 3.4 節で記載するにあたっては，以下のようにその呼称を区別して統一して記載する．
　平成 8 年道示以前に設計：「落橋防止装置」，「移動制限装置」
　平成 8 年道示以降に設計：「落橋防止構造」，「変位制限構造」，「段差防止構造」

3.4.1 地震動の強度について

　平成 8 年道示以前の設計でレベル 1 地震動以上の地震力が作用していれば，損傷の発生はやむを得ないが，3.4 節で紹介する事例の中には平成 8 年道示以降に設計された落橋防止システムでも，一部で損傷が発生している事例が見られた．このような損傷を紹介するに当たって，参考のために損傷事例の橋梁が実際にどの程度の地震動を受けていたかを推定する意味で，作用した地震動のレベルの参考値を合わせて示すこととした．

　地震動を評価する応答値として最大計測震度（震度階級），最大加速度，SI 値等の表現方法があり，それぞれの強度階級の比較についての一例を表 3.13 に示す．3.4 節では構造物の揺れとの相関性が高いと言われる SI 値に着目して，損傷事例とともに SI 値を参考に示すことにした．損傷事例の SI 値は，大雑把であるが SI 値の分布図を下地となる地図に使い，損傷事例の位置を書き込み，その分布図から SI 値を読み取っている．SI 値の分布図と損傷事例の位置の

表 3.13　異なる地震動強度指標の階層分け [16]

震度階級	最大加速度（cm/sec²）	SI値（cm/sec）
震度4	40〜110程度	4〜10程度
震度5弱	110〜240程度	11〜20程度
震度5強	240〜520程度	21〜40程度
震度6弱	520〜830程度	41〜70程度
震度6強	830〜1,500程度	71〜99程度
震度7	1,500程度〜	

関係を図 3.30 に示す．SI 値とレベル 1 地震動およびレベル 2 地震動との関係は明らかではないが，一つの目安として SI 値が 20 以下であればレベル 1 地震動未満，SI 値が 70 以上であればレベル 2 以上と考えて，以降の損傷事例で作用した地震動の大小についてコメントしている．図 3.30 の事例番号は 3.4.2 項～3.4.5 項のそれぞれの事例の最初に明記している．

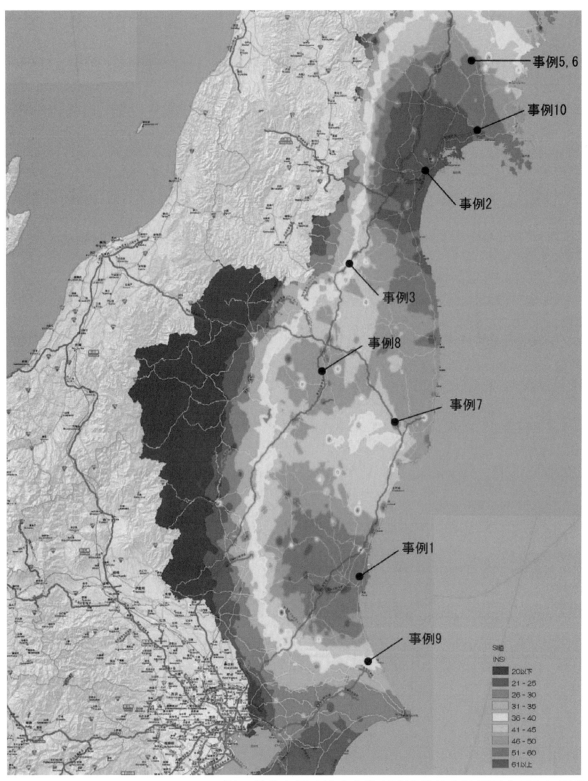

※SI 値分布図は株式会社高速道路総合技術研究所より提供

図 3.30 SI 値分布図と損傷事例の位置図

3.4.2 落橋防止構造等の損傷事例
(1) ケーブル型落橋防止構造の上部構造取付け部の損傷事例[17]（事例1）

本事例の橋梁諸元を以下に示す．

- ・橋梁形式　：鋼連続鈑桁橋
- ・しゅん功年：1999（平成11）年開通
- ・適用道示　：平成8年道示
- ・SI値(NS)　：51～60

本事例は，**写真3.51**に示すように落橋防止ケーブルの上部構造ブラケット部の変形である．写真からケーブルカバーが下側に変形したことが確認できるが，それ以外の損傷は不明である．写真中の橋脚には隣接橋梁がかけ違いで設置され，この橋脚上の隣接橋梁の支承は，ゴム本体およびアンカーボルトの破断と大きな損傷が生じた．さらに，隣接橋梁の端横桁が本橋梁の主桁に衝突した跡もあることから，落橋防止ケーブルには想定外の大きな緊張力が働いたと推測されている．その一方で，本橋梁のゴム支承本体には大きな損傷は見られなかったとも報告されている．

写真3.51　PCケーブルの損傷[17]

(2) ケーブル型落橋防止構造の作動事例[1]（事例2）

本事例の橋梁諸元を以下に示す．

- ・橋梁形式　：鋼連続鈑桁橋
- ・しゅん功年：2001（平成13）年開通
- ・適用道示　：平成8年道示
- ・SI値(NS)　：61以上

本事例は3.2節で記載した仙台東部道路においてゴム支承が破断したP56の掛け違い部（箱桁橋とⅠ桁橋）に設置された落橋防止構造である．**写真3.52**は，箱桁とⅠ桁をつなぐ落橋防止ケーブルが緊張された状況である．本事例では箱桁とⅠ桁は橋軸直角方向に大きな残留変形が生じており，落橋防止ケーブルの大多数に強い緊張力が作用している状況も確認されている．落橋防止構造は本来，橋軸方向の移動を制限するために設置され，本事例は直角方向が主体であったと推定されるが，落橋を防止するために機能したことも考えられる．

写真3.52　PCケーブルの状況[1]

(3) 連結板型落橋防止装置の下部構造取付け部の損傷事例[18]（事例3）

本事例の橋梁諸元を以下に示す．

- ・橋梁形式　：鋼合成Ⅰ桁橋
- ・しゅん功年：1971（昭和46）年

写真3.53　落橋防止装置の取付け部の損傷

- 適用道示 ：平成 2 年道示以前
- SI 値(NS) ：36～40

本事例は**写真 3.53** に示すように，落橋防止装置の下部構造側取付け部が破壊した事例である．アンカーボルトの引き抜き力により下部構造コンクリートが破壊している．本橋における他の設置箇所の落橋防止装置ではアンカーボルトが破断している箇所もあった．従来見られた損傷事例であり，設計力以上の地震力が作用したために発生したと推定される．

(4) 連結板型落橋防止装置のピンの損傷事例（事例 4）

本事例の橋梁諸元を以下に示す．
- 橋梁形式 ：I 桁橋
- しゅん功年 ：不明
- 適用道示 ：平成 2 年道示以前
- SI 値(NS) ：不明

本事例は**写真 3.54** に示すように，鋼桁が橋台に衝突する方向に大きく移動し，BP 支承の上支承ストッパーが破断して，その後に落橋防止装置のピンが破断したと推定される．

本事例はしゅん功年や SI 値が不明であるが，設計力以上の地震力が作用した結果，支承や落橋防止装置が損傷したと推定される．支承は桁が橋台に衝突する方向に損傷しており，落橋防止装置も同方向で損傷したと考えられ，結果的に落橋する方向とは逆方向の移動に対して機能したことになる．

(5) チェーン型落橋防止構造の作動事例（事例 5）

本事例の橋梁諸元を以下に示す．
- 橋梁形式 ：単純箱桁橋（側道橋）
- しゅん功年 ：1980（昭和 55）年（耐震補強実施）
- 適用道示 ：平成 8 年道示以降
- SI 値(NS) ：51～60

写真 3.54 落橋防止装置ピンの破断 [1)]

本事例は**写真 3.55** に示すように，緩衝ゴムで被覆されたチェーン型の落橋防止構造が作動したと思われる事例である．本橋梁は，本震により線支承および変位制限構造が破損して，その後，余震により主桁は 1m 以上も橋軸直角方向に移動したが，落橋防止構造が作動し，2 本の主桁が連結された状態を保っていて落橋を免れたと推測されている．側道橋で 1 箱桁 2 支承の構造のため橋軸直角方向に対しても落橋しやすい構造であったが，落橋防止構造が効果的に機能した事例と考えられる．

写真 3.55 落橋防止構造の状況 [19)]

3.4.3 変位制限構造等の損傷事例

(1) アンカーバー型変位制限構造の損傷（事例6）

本事例の橋梁諸元は以下に示すとおりで，前述の 3.4.2(5) の事例と同一の橋梁である．

- 橋梁形式　：単純箱桁橋（側道橋）
- しゅん功年：1980（昭和 55）年（耐震補強実施）
- 適用道示　：平成 8 年道示以降
- SI 値(NS)　：51～60

本事例は前述のとおり，線支承および変位制限構造が損傷し，その後，落橋防止構造が作動したと思われる事例である．本事例の変位制限構造は，**写真 3.56** に示したように，鋼製のアンカーバーを設置した橋脚コンクリートが破壊し，アンカーバーが飛び出した状態となっている．SI 値は比較的大きな値となっており，レベル 2 地震動相当の地震力が作用した可能性がある．ただし，取付け部の橋脚コンクリートが弱点となって損傷しており，既設橋脚コンクリートにアンカーバーを設置する際には，コンクリートの配筋状況等も含めた十分な照査を行う必要がある．

(a) 損傷箇所外観　　　　　　　　　(b) アンカーバー設置箇所

写真 3.56　アンカーバーの損傷[2)]

(2) アンカーバー型移動制限装置の端横桁の損傷（事例7）

本事例の橋梁諸元を以下に示す．

- 橋梁形式　：PC 連続桁橋
- しゅん功年：1995（平成 7）年
- 適用道示　：平成 2 年道示
- SI 値(NS)　：41～45

本事例は**写真 3.57～写真 3.58** に示すとおり，PC 橋の端横桁内部に鞘管と共に埋め込まれていたアンカーバー型の移動制限装置において，アンカーバーと端横桁の双方が損傷した事例である．

写真 3.57 では，横桁コンクリートは激しく損傷しており，横締め PC ケーブルのシース管

写真 3.57　端横桁の損傷状況

が露出している状態である．補修方法は，端横桁のコンクリートを全てはつり撤去して復旧している．

写真 3.58(a)に示すように，端横桁のコンクリートを全てはつり撤去した後のアンカーバーは付け根部で，橋軸方向に15度程度，曲げ変形している．損傷したアンカーバーは削孔して撤去し，新規製作部材を同じ箇所に樹脂で固定して補修している．

さらに，写真 3.58(b)に示すように復旧する端横桁のコンクリートの型枠はスタッドジベルを打設した鋼製型枠とし，桁と型枠との接続部はアンカーボルトで接合し，コンクリート，鋼製型枠およびPC主桁を一体化した合成構造として端横桁を復旧する方法を採用したと報告されている．

コンクリート橋においては，本事例と同様の端横桁に設置したアンカーバー型の移動制限装置が多く採用されているが，上・下部構造のそれぞれに埋め込まれたアンカーバーのコンクリート部分には，軽微な損傷もあるが，ひび割れなどの損傷が非常に多く発生していた．

3.4.4 斜角桁の損傷事例
(1) 道路橋斜角桁の回転移動事例（事例8）

本事例の橋梁諸元を以下に示す．
- 橋梁形式：PC2径間連結桁橋
- しゅん功年：1973（昭和48）年開通
- 適用道示：平成2年道示以前
- SI値(NS)：46〜50

本事例は写真 3.59(a)に示すとおり，可動支承のサイドブロックが損傷し，ベアリングプレートが逸脱した状態である．また，写真 3.59(b)に示すように，可動側橋台位置で桁が20cm程度，橋軸直角方向に移動している．橋軸直角方向に拘束する変位制限構造は設置されてなく，この橋軸直角方向の移動は，斜角の影響により桁の回転が生じたと推定される．

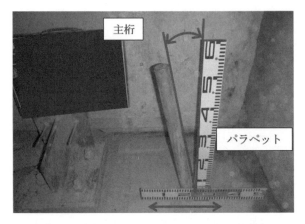

(a) 端横桁撤去後のアンカーバーの損傷状況

(b) 再設置後の端横桁

写真 3.58　移動制限装置の損傷状況

(a) 可動支承の損傷

(b) 可動支承側の橋台部の移動

写真 3.59　斜角桁の回転損傷事例[1]

(2) 鉄道橋斜角桁の回転移動事例（事例9）

本事例の橋梁諸元を以下に示す．
- ・橋梁形式：鋼合成箱桁橋
- ・しゅん功年：1970（昭和45）年
- ・適用道示：平成2年道示以前
- ・SI値(NS)：36～40

本事例は**写真3.60**に示すように，斜角60度の鉄道橋の主桁が地震動により回転して，橋軸直角方向に1.3m移動した事例である．移動した桁は，けたかかり長を確保すべく設置された鋼製の縁端拡幅ブラケットに乗る状態で留まり落橋を免れた．桁回転に対する変位制限構造は設置されていなかった．移動した箱桁の隣の鈑桁は駅舎のプラットホームである．

写真3.60 斜角桁の回転損傷事例[20]

桁の回転の状況を**図3.31**に示す．回転が生じるメカニズムは次のように想定される[1]．
a) 主桁の直角方向変位により可動端の支承のサイドブロックが破断する
b) 固定端の橋台と主桁が衝突し主桁の水平変位が拘束される
c) 上部構造慣性力の合力Aの作用位置が，鈍角側桁端部Bの外側にずれる
d) 固定端鈍角側Bに生じる反力HRと上部構造慣性力が偶力となり，固定端鈍角側Bを回転中心に回転変位が発生

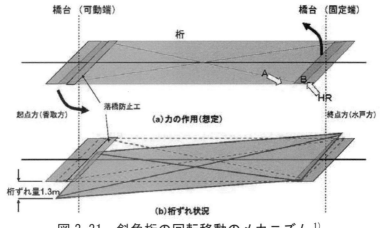

図3.31 斜角桁の回転移動のメカニズム[1]

3.4.5 ジョイントプロテクターの損傷事例

本事例（事例 10）の橋梁諸元を以下に示す．
・橋梁形式 ：鋼床版連続箱桁橋
・しゅん功年：2002（平成 14）年
・適用道示 ：平成 8 年道示
・SI 値(NS)：61 以上

本事例は写真 3.61 に示すように，橋軸直角方向の地震力によりジョイントプロテクターの取付けボルトが破断し，その後にジョイントプロテクター本体が脱落した事例である．この橋梁では，全ての橋脚においてジョイントプロテクターが損傷していた．

ジョイントプロテクターは，レベル 1 地震動に対して伸縮装置を保護する目的で設置された構造であり，本事例のようにレベル 1 地震動を上回ると考えられる地震力を受けた場合には，損傷が生じることが考えられる．ボルトの破断後にジョイントプロテクター本体が脱落したものの落下防止チェーンが機能しており，ジョイントプロテクターの台座の横に留まっていた．

一方，本事例の伸縮装置には大きな損傷が見られなかった．これはジョイントプロテクターが伸縮装置を保護したためか，ジョイントプロテクターを設置したものの伸縮装置の耐力に余裕があったためかは定かではないが，伸縮装置の耐力の評価方法は今後の課題であると考えられる．

写真 3.61　ジョイントプロテクターの損傷状況 [11]

3.4.6 制震ダンパー取付け部の損傷事例

橋梁全体に生じる地震エネルギーを吸収する制震ダンパーは，耐震補強工事などでも採用され多くの設置事例がある．東北地方太平洋沖地震の被害地域においても，落橋防止システム等と並んでその損傷事例がみられた．3.4.6 項では制震ダンパーの中でも支承部に設置されることの多い粘性ダンパーの損傷事例を紹介する．何れもダンパー本体には損傷は見られず，その取付け部に見られた損傷事例である．

写真 3.62(a)は，制震ダンパーの上部構造側ブラケットの変形した事例である．ブラケットのダンパー側には小さな補強リブも見られるが，補強リブの設置範囲が不足していたために生じたと考えられる．写真 3.62(b)は，制震ダンパー下部構造ブラケットのアンカー部の損傷事例である．ブラケットと橋脚を接合するアンカーボルトのかぶりコンクリートが剥落し，アン

カーボルトが露出しており，アンカーボルトのかぶりコンクリートが不足していたために生じたと考えられる．

(a) 上部構造取付け部の損傷　　　　　　　　(b) 下部構造取付け部の損傷
写真 3.62　制震ダンパー取付け部の損傷事例 [16]

　写真 3.63 は，コンクリート橋における制震ダンパー上部構造側ブラケット接合部の損傷事例である．写真 3.63(b) で確認できるが，アンカーボルトのナットは残っており，ブラケットからアンカーボルトがナットごと引き抜かれたような損傷である．これはブラケットのボルト孔が拡大されていたためにナットがボルト孔から抜けだしたと推定される．設計上の問題よりも設置時の施工方法に問題があったために生じたと考えられる．

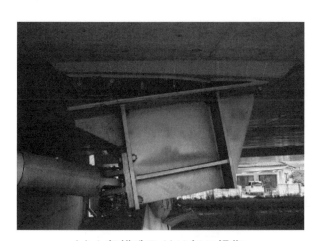 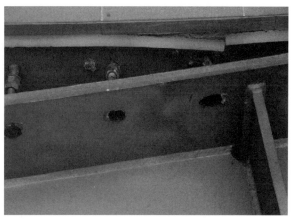

(a) 上部構造取付け部の損傷　　　　　　　　(b) ブラケット接合部
写真 3.63　制震ダンパー取付け部の損傷事例 [16]

3．5　長周期地震動による支承部への影響

　東北地方太平洋沖地震は地震規模が国内最大であり，非常に広範囲に生じた地震であった．東北地方から北関東地域までは短周期成分が卓越する地震動であったが，首都圏では高層ビルの被害や，大きな桁変位が生じたことによる首都高速道路の伸縮装置の損傷事例など，長周期成分の卓越した被害事例が生じていた[1]．しかし，長周期地震動被害の典型である2003年に発生した十勝沖地震による石油タンクの被害事例と同様な被害が，特に橋梁において発生したかは明確ではない．

　ここでは，東北地方太平洋沖地震やこれまでの地震被害における，長周期地震動による構造物の被害を調査し，長周期地震動が支承部に及ぼす影響について考察した．

3.5.1　これまでの長周期地震動による長大構造物の被害

　1980年以降の地震における長大構造物の被害事例を表3.14に示す．被害事例の多くは震源域と被害の発生地点が数百kmなど，大きく離れた地点で発生していることが分かる．また，被害事例の内容も，高層ビルエレベーターのワイヤーロープの損傷，石油タンクのスロッシングと固有周期の長い構造物の事例である．

表 3.14　長周期地震動による長大構造物の被害事例[21]

発生年	地震名（Mj 気象庁マグニチュード：Mw モーメントマグニチュード）	長周期地震動によって発生した主な被害と発生地点
昭和58年（1983年）	昭和58年（1983年）日本海中部地震（Mj7.7）	石油タンクのスロッシング（秋田市、新潟市等）、高層ビルでの揺れによるエレベータワイヤーロープ損傷等（東京23区）
昭和59年（1984年）	昭和59年（1984年）長野県西部地震（Mj6.8）	高層ビルでの揺れによるエレベータワイヤーロープ損傷等（東京23区）
平成5年（1993年）	平成5年（1993年）北海道南西沖地震（Mj7.8）	石油タンクのスロッシング（秋田市、新潟市等）
平成7年（1995年）	平成7年（1995年）兵庫県南部地震（Mj7.3）	高層ビルでの揺れによる什器転倒等（大阪市等）
平成12年（2000年）	平成12年（2000年）鳥取県西部地震（Mj7.3）	高層ビルでの揺れによる什器転倒等（神戸市、大阪市等）
平成15年（2003年）	平成15年（2003年）十勝沖地震（Mj8.0）	石油タンクのスロッシング（苫小牧市等）、高層ビルの揺れによるエレベータワイヤーロープ損傷等（札幌市等）
平成16年（2004年）	平成16年9月5日の紀伊半島沖の地震（Mj7.1）平成16年9月5日の東海道沖の地震（Mj7.4）	石油タンクのスロッシング（大阪市、市原市等）、高層ビル内での揺れによる什器転倒等（大阪市等）
平成16年（2004年）	平成16年（2004年）新潟県中越地震（Mj6.8）	高層ビルでの揺れによるエレベータワイヤーロープ損傷等（東京23区）
平成23年（2011年）	平成23年（2011年）東北地方太平洋沖地震（Mw9.0）	高層ビル内での揺れによるエレベータワイヤーロープの損傷や什器転倒等（東日本から西日本の広い範囲）、石油タンクのスロッシング（東日本）

　長大構造物の固有周期は，高層ビル，石油タンク，長大橋で以下のようになり，被害事例のある高層ビルや石油タンクと長大橋の固有周期は同じような周期である．長大橋においても，同じ長大構造物として今後発生が予想されている大規模地震への備えが必要である．

　　高層ビル　　：高さ120m（30階）で「3秒」程度，高さ296m（70階）で「7秒」程度[22]
　　石油タンク　：直径30mで「7秒」程度，直径60mで「10秒」程度[22]
　　長大橋　　　：支間長200mで「2秒」程度，支間長1991mで「12.5秒～25秒」程度[21]

3.5.2 東北地方太平洋沖地震における長周期地震動による被害

東北地方太平洋沖地震における高層ビルの被害はいくつか報告されている．中でも大阪府咲洲庁舎の被害は震源域から数百kmも離れていたにもかかわらず被害が発生した[23]．

- 継続時間　　：　約10分間
- 揺れ幅　　　：　最上階（52階）で片側最大1m超
  　　　　　　　（短辺方向137cm，長辺方向86cm）
- 構造躯体の損傷　：　なし（目視および超音波探傷試験により確認）
- 内装材，防火戸などの損傷　：　360か所
- エレベーターロープ絡まりにより閉じ込め　：　4基

表3.15　観測された建物の揺れ[23]

		最上階（52階）	中間階（18階）
最大振幅（片側）	短辺方向	137cm	30cm
	長辺方向	86cm	32cm
最大加速度	短辺方向	131ガル	41ガル
	長辺方向	88ガル	39ガル

3.5.3 長周期地震動による支承部への影響について

これまでに発生した大規模地震における，長周期地震動による被害状況を調査してきたが，幸いにもこれまで橋梁における長周期地震動による被害は顕在化していないと考えられるが，高層ビルや石油タンクなどの被害は生じており，特に東北地方太平洋沖地震による被害は記憶に新しいところである．長大橋はこれら長大構造物の固有周期と同様の特性を有しているため，今後発生が予想されている大規模地震においても，長周期地震動の影響を受ける可能性が考えられる．例えば，長周期地震動による影響も含めた長大橋に対する実際の耐震補強検討例として，文献24)～文献27)では，吊橋や斜張橋の長大吊構造系橋梁を対象に，それぞれの橋梁の架橋地点と固有振動特性を考慮したシナリオ型地震動を想定し[24]，それらの地震応答に対応する耐震補強構造の基本検討[25]，さらには斜張橋において詳細検討および耐震補強工事について報告[26],[27]されている．

長大橋は周期が長いこともあり，上部構造の応答変位は過大なものとなると考えられる．支承部に関しては，このような過大な変位に対して，支承単体だけでなく落橋防止システムや緩衝材などと補完しあいながら対応していくことが重要と考えられる．さらに，伸縮装置に損傷が生じ緊急車両の走行を妨げない対処も必要となると考えられる．いずれにせよ，長周期地震動の影響が想定される長大橋においては，過大な移動量に対して支承部がどのような挙動となるか，想定しておく必要がある．

3.6 損傷した支承部の補修事例

本節では，地震により生じた損傷の補修事例を紹介する．補修は応急的なものと恒久的なものをそれぞれ紹介する．

3.6.1 地震による上支承ストッパーの破断

東北地方太平洋沖地震によって，鋼桁の可動支承部で，写真3.64に示すように，上支承ストッパーに破断が生じた．また，桁が移動したことによって，写真3.65のように，ストッパーとサイドブロックの遊間がなくなり，桁の温度伸縮が阻害（支承の機能障害）されている状況が確認された．

損傷が上支承ストッパーのみで生じていたことから，支承本体の取換えは行わずストッパー機能を補修することとされた．

損傷したストッパーと移動遊間がないストッパーの両方を撤去した後，図3.32，写真3.66に示すような新規のブロックを主桁下フランジにボルト接合して設置する対応とされた．

本方法は，ジャッキアップを伴わず，比較的容易に損傷した支承の機能を回復することができる利点を有するが，耐震性のグレードアップとはなっていないことに留意する必要がある．

写真3.64 上支承ストッパーの破断状況

写真3.65 桁伸縮の阻害状況

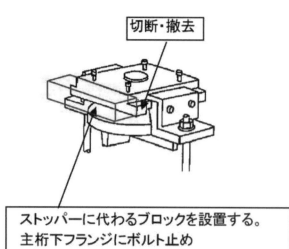

図3.32 補修方法の概要

写真3.66 補修後の状況

3.6.2 損傷したサイドブロックの仮復旧と本復旧

東北地方太平洋沖地震などによる大規模地震後には，損傷被害が広範囲，かつ補修対応が必要な箇所が多くなることから，補修工事に必要な物資の確保も困難となる．そのような場合には，被害規模の大きな損傷を優先し対応することが必要となる．

写真3.67は，東北地方太平洋沖地震によって，支承のサイドブロックの取付けボルトが破断し脱落した事例であるが，その後の余震でゴム支承が脱落しないように，写真3.68のように現場溶接で応急的な措置（仮復旧）が実施された．この様に震災後に応急的な措置として実施された箇所は，可能な限り早期に本復旧が必要である．当該箇所では，サイドブロックの代替として，写真3.69，写真3.70に示すように，新たにアンカーバーを用いた変位制限装置が設置された．

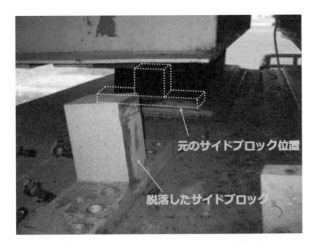

写真3.67　サイドブロックの損傷状況

写真3.68　現場溶接による応急措置

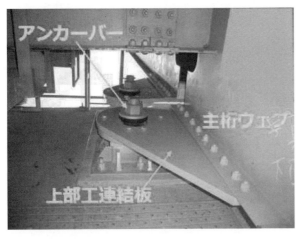

写真3.69　変位制限装置（上側）

写真3.70　変位制限装置（下側）

3.6.3 地震による支承脱落と桁端部損傷

東北地方太平洋沖地震において，写真3.71，写真3.72に示すように桁切欠き構造の掛違い桁の支承が損傷し上支承が脱落して高架下に落下した．また，上支承の脱落で桁端部が変形した．橋梁上では，写真3.73，写真3.74に示すように隣接桁との衝突により高欄端部，鋼製伸縮装置が破損するとともに，上支承の脱落によって，段差が発生した．このような高架下への部材落下は，第三者被害を招く恐れがあることから，何らかの落下防止対策を行うことが望ましい．

写真3.71　桁端部の損傷状況[28]

写真3.72　高架下に落下した上支承[29]

写真3.73　高欄の損傷状況[28]

写真3.74　伸縮装置の段差発生状況[29]

応急対策としては，写真3.75に示すように既設橋脚フーチングを掘出し，コンクリートを打設してベント基礎を設け，ベントが設置された．ベント上に設置した油圧ジャッキにより損傷桁をジャッキアップして写真3.76に示す仮上支承が設置された．仮上支承設置後は，補修用ジャッキに盛替え，本復旧まで仮上支承とともにベントで荷重が支持された．

写真3.75　ベント設置状況[28]

写真3.76　仮上支承設置状況[28]

本復旧は，写真3.77に示すように損傷した桁の一部を取り替える方法が採用された．また，本復旧工事による通行止め期間を短縮するため，床版には鋼合成型枠が採用され，早強コンクリートが使用された．これにより，損傷桁の撤去から橋面工の完了まで，通行止め期間が10日間と短期間で工事がされた．復旧状況を写真3.78に示す．

写真 3.77　新設桁の架設状況 [28)]

写真 3.78　橋梁上面の復旧状況 [28)]

3.6.4　地震損傷後の補修工事における留意点

本事例は東北地方太平洋沖地震の事例ではないが，ゴム支承の取替えにおいて貴重な事例であるため紹介する．

2007（平成19）年の中越沖地震により河川を渡る3径間連続非合成鈑桁で，周辺地盤の変状によって橋台が移動したことに起因すると考えられる写真3.79に示すようなゴム支承の異常変形が確認された．補修に際して特に注意を要するのは，ゴム支承を変形させている大きな拘束力が解放されることで，補修工事中の事故が発生する可能性がある．

補修工事を行う前に，作業員の安全性確保のためにも，拘束力を解放する手順や工法を十分検討し，拘束力の解放作業を実施することが必要である．当該箇所では，写真3.80に示すようにサイドブロックを取付けていたボルト孔を利用して拘束治具が取付けられ，写真3.81に示すように油圧ジャッキを用いて徐々に拘束力を解放する対応がされた．拘束力の解放作業が完了した後の状況を写真3.82に示す．ゴム支承に限らず，このように異常に変形した状態の部材を補修する際には，安全に拘束力を解放する手順を十分に検討するとともに，反力壁の設置など必要な仮設備の計画を立案する必要がある．

写真3.79　地震により異常変形したゴム支承

写真3.80　拘束治具取付け状況

写真3.81 油圧ジャッキを用いた解放作業

写真3.82 拘束力の解放作業後の状況

参考文献（第3章）

1) 土木学会 鋼構造委員会：東日本大震災鋼構造物調査特別委員会報告書，2012.1
2) 日本橋梁建設協会：東日本大震災橋梁被害調査報告書，2011.12
3) 日本道路協会：道路震災対策便覧，2006.9
4) 日本道路協会：道路橋耐震設計指針・同解説，1972.4
5) 日本道路協会：道路橋支承便覧（施工編），1979.2
6) 東日本高速道路（株）：東北地方太平洋沖地震 東部高架橋・利府高架橋災害復旧検討委員会報告書，2012.5
7) 日本道路協会：道路橋支承便覧，2004.4
8) 篠原聖二，星隈順一：地震により損傷した鉛プラグ入り積層ゴム支承の特性評価に関する実験的研究，土木学会論文集A1（構造・地震工学），Vol.71，No.4（地震工学論文集第34巻），I_587-I_599，2015.
9) 東日本高速道路（株）：東水戸道路 新那珂川大橋補修設計，2012.2
10) 土木学会 東日本大震災被害調査団：緊急地震被害調査報告書，第9章 橋梁の被害調査，2011.8
11) 海洋架橋・橋梁調査会：平成23年東北地方太平洋沖地震による道路橋被害の事例，2011.7
12) 土木学会 コンクリート委員会：津波による橋梁構造物に及ぼす波力の評価に関する調査研究委員会報告書，2013.9
13) 土木学会 地震工学委員会：東日本大震災による橋梁等の被害分析WG報告書，第15回性能に基づく橋梁等の耐震設計に関するシンポジウム，2012.7
14) 高木正行：福島県北部沿岸部の橋梁の被害，東日本大震災被害調査報告，(株)エイト日本技術開発，2011.6
15) プレストレストコンクリート技術協会：東日本大震災 PC構造物災害調査報告書，2011.12
16) 土木学会 地震工学委員会：東日本大震災による橋梁等の被害分析小委員会中間報告書，2014.8
17) 鷲見英信，古閑徹也：茨城県の橋梁の被害（常陸太田市およびひたちなか市周辺），東日本大震災被害調査報告，(株)エイト日本技術開発，2011.6
18) 土木学会 構造工学委員会：福島県内における鋼橋の被害調査報告 2011.4

19) 亀山誠司：東日本大震災で損傷を受けた鋼橋について〜鋼橋の調査報告と協会の取組み〜，平成23年度中国地方建設技術開発交流会特別発表，2011.10
20) 星隈順一：耐震性能を踏まえた道路橋の構造計画と研究ニーズ，第16回性能に基づく橋梁等の耐震設計法に関するシンポジウム，特別講演PPT，2013.7
21) 気象庁地震火山部：長周期地震動に関する情報のあり方報告書，2012.3
22) 纐纈一起：NHKそなえる防災，コラム，地震・津波，第4回揺れによる構造物の被害，2012.12，【http://www.nhk.or.jp/sonae/column/20121202.html】
23) 第4回咲州庁舎の安全性と防災拠点のあり方等に関する専門家会議資料，咲州庁舎の安全性等についての検証結果（平成23年5月13日），2011.5
24) 小森和男，吉川博，小田桐直幸，木下琢雄，溝口孝夫，藤野陽三，矢部正明：技術展望・首都高速道路における長大橋耐震補強の基本方針と入力地震動，土木学会論文集，No.794/I-72，PP1-19，2005.7
25) 小森和男，吉川博，小田桐直幸，木下琢雄，溝口孝夫，藤野陽三，矢部正明：技術展望・首都高速道路における長大橋耐震補強検討，土木学会論文集，No.801/I-73，PP1-20，2005.10
26) 青木敬幸，山本泰幹，神木剛，小島朋己，湯本大祐，段下義典：横浜ベイブリッジの耐震補強の設計・施工，橋梁と基礎，Vol.42，pp.5-12，2008.
27) 山本泰幹，半野久光，藤野陽三，矢部正明：横浜ベイブリッジの耐震補強設計における鋼上部構造を対象とした性能照査，土木学会論文集A，Vol.66，No.1，PP13-30，2010.1
28) 林光博，赤池武幸，河西龍彦：首都高速・大黒JCTの震災復旧工事，宮地技報，No.26，2012.11
29) 首都高速道路株式会社：東北地方太平洋沖地震による影響及び対応について　主な損傷状況，平成23年03月14日プレスリリース，2011.3

第4章　支承部の現状と損傷傾向

　支承の設置環境が適切で定期的な維持管理が行われている場合には，支承は長期間にわたり健全性を維持することができる．しかし，支承部の維持管理を想定・実施していない橋梁も多く，十分な維持管理が行われないまま，深刻な損傷が生じている橋梁も一部に存在している．第4章では，現状の支承の状態を把握するため，「道路橋支承部の改善と維持管理技術」（鋼構造シリーズ17）と同様に，定期的に点検データが蓄積されている都市内高速道路，都市間高速道路の支承点検結果をもとに支承部の現状と損傷発生状況の分析を行った．また，今回は地方自治体の管理する支承についても一例ではあるが，同じく支承部の現状と損傷発生傾向の分析を行った．

　鋼構造シリーズ17の段階では，ゴム支承の採用後間もない段階でその損傷傾向も不明であったが，今回の調査ではゴム支承の劣化・損傷した事例についても，採用後一定の年数が経過したため紹介している．また，点検より得られた損傷傾向に基づき，発生割合の多い「腐食」や「支承本体の損傷」，さらには，上・下部構造に悪影響を与える緊急性の高い損傷事例を紹介している．特に腐食に関しては，同一支承線であっても損傷度合いが極端に異なるような事例を紹介し，支承の損傷には漏水などの外的要因が大きく影響している事例を示した．本章では支承の損傷について多々記載しているが，点検結果より集計した支承の損傷の発生率は決して高い値ではない．冒頭にも記載したが長期間供用されていても適切に維持管理されていて健全な事例は多いため，本章の最後には長期間供用後も健全な支承の事例を掲載している．

4．1　都市内高速道路の損傷傾向

　各支承の形式毎の損傷傾向や，各部位の損傷程度，あるいは支承の設置（使用）条件による損傷発生状況の違いを把握するために，鋼構造シリーズ17と同様に都市内高速道路に着目し，首都高速道路および阪神高速道路における支承の点検結果について調査・分析を行った．点検時期や点検方法，データの集計方法が両者で異なることから，同レベルで比較を行うことは難しいものの，両者のデータを可能な限りレベルを合わせることで，都市内高速道路における支承の損傷傾向を概ね把握することができた．

4.1.1　点検の概要

　対象とした点検データは，都市内高速道路で実施されている点検のうち，5年間隔程度で点検員が構造物に接近し，目視を主体として実施された定期点検のデータである．したがって，各高速道路の点検が一巡して全ての構造物を網羅できるよう，点検の実施時期を首都高速道路は2005（平成17）年～2009（平成21）年，阪神高速道路は2005（平成17）年～2013（平成25）年とした．ここで，阪神高速道路の期間が長いのは，以前の点検要領では，新しい路線の点検間隔が8年と長く定められていたためである．

　具体的な点検方法や頻度，またその判定基準については，それぞれの機関の要領で定められているが，基本的な考え方は国土交通省制定の橋梁点検要領[1]と概ね同じである．支承に関する点検の項目，損傷の生じやすい箇所および対策判定については，5.2節の**表 5.2～表 5.4**に示している．今回調査したデータは首都高速道路，ならびに阪神高速道路ともに，**表 5.4**に示す区分のうち，C1，C2ランク相当に判定された損傷データで，緊急的に補修などの対応をするレベルではないが，将来構造物の健全性を損なう恐れのある損傷であり，補修等の対応が必要な損傷レベルのデータを収集し，以下に分析している．

4.1.2 支承の資産概況

首都高速道路および阪神高速道路の橋梁に，2013（平成 25）年度末現在で設置されている支承形式別の内訳を**図 4.1(a)**に示す．**図 4.1(a)**の調査結果ではゴム系支承が 69%で，**図 4.1(b)**に示した鋼構造シリーズ 17（2005 年当時）の調査結果はゴム系支承が 61%であり，ゴム系支承が約 8%増加している．一方，BP.A 支承（今回調査）と支承板支承（前回調査）で比較すると，BP.A が 10%減少している．これは，前回調査の支承板支承がゴム系支承へ取替えられて，その割合が変化した影響が考えられる．しかし，その他の形式の内訳には大きな差はなく，兵庫県南部地震後に大々的に実施された上部構造の耐震補強のような支承形式を大きく変える要因や基準改定は無かったといえる．

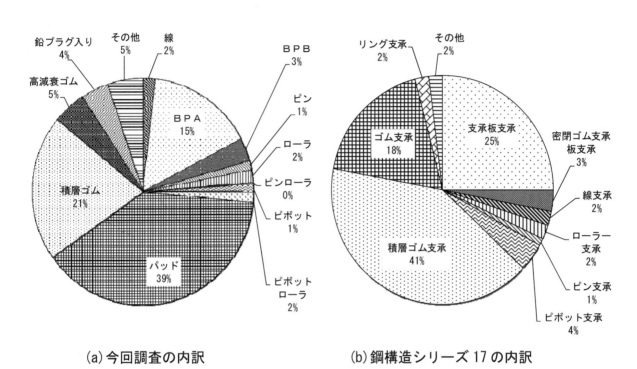

(a) 今回調査の内訳　　　　　(b) 鋼構造シリーズ 17 の内訳

図 4.1　支承形式の内訳

4.1.3 支承の損傷分析

首都高速道路と阪神高速道路で実施された点検のうち，4.1.1 項で示した対象年の点検データについて，収集し分析することとした．しかし，点検で発見された損傷形態の記載法・内容については各機関のマニュアルに定められており，同じ損傷でも表現が異なる場合がある．そこで，今回の分析にあたっては，**表 4.1**に示す損傷種別に統一し，集約した．また，**表 4.2**に**表 4.1**に分類した損傷に対し，詳細の損傷内容，つまり実際のデータに記載されている内容のうち，主たるものを対比して示している．これらの分類に従い，**図 4.2**に示すように，まず，今回収集した全データを区分し，全体の傾向を把握した．

図 4.2(a)に示した今回の都市内高速道路における点検結果の全体からは，「さび・腐食」が

表 4.1　損傷種別の分類

損傷の分類項目	さび・腐食
	本体の損傷
	ボルトの損傷
	移動量の異常
	沈下
	沓座の損傷
	その他

最も多く，全体の4割以上を占めている．この傾向は図4.2(b)に示した前回の鋼構造シリーズ17の傾向から大きな変化は無く，支承の防錆対策は，依然として大きな維持管理上の課題といえる．これ以外に損傷が多い順に，本体，ボルト損傷と続き，前回に比べ本体の損傷が多くなる傾向である．

表4.2 詳細の損傷内容

表4.1の損傷	詳細の損傷内容（点検データに記録されている主な内容）
さび・腐食	塗装劣化，発錆，表面劣化，アンカーナット腐食，セットボルト腐食，ナット腐食，ボルト腐食，ローラ腐食，ピニオン腐食，連結板腐食，断面減少○mm
本体の損傷	ゴム劣化，ゴム破損，ゴムふくれ○㎡，上沓等とゴム隙間○mm，ローラ破損，ピニオンギヤ折損，サイドブロックわれ○mm，ソールプレート溶接部われ○mm
ボルトの損傷	ボルトゆるみ・欠損・破断，ナットゆるみ・欠落，アンカーボルト傾斜，余長不足
移動量の異常	ソールプレート接触，移動拘束，接触，ローラはずれ，移動制限装置破損
沈下	沓傾き，アンカーボルト・ベースプレート隙間
沓座の損傷	ひびわれ，はく離，浮き，不良音，鉄筋露出，沓座コンクリート充填不良
その他	防塵カバー破損，シールバンド破損，粘性体もれ

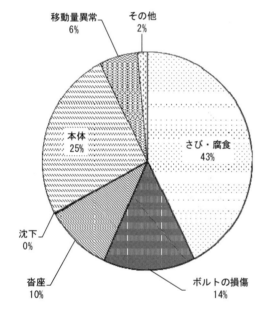 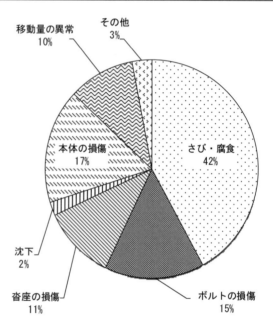

(a) 今回調査の内訳　　　　　　　(b) 鋼構造シリーズ17の内訳

図4.2 支承損傷の発生内訳

次に，各損傷の発生状況について，さらに詳細な分析を行うこととし，まず，支承形式別の損傷発生率（損傷数／当該支承形式の全資産数）について図4.3に示す．

全体の平均損傷発生率は2.8%で前回の調査結果の17%よりも大きく減少した結果となった．金属支承では，BP.Bが平均損傷発生率の2倍程度であり，線支承は平均損傷発生率を大きく下回っている．前回の調査結果では線支承，BP.A，ローラーの損傷発生率が高く，BP.Bの損傷発生率が低く，線支承とBP.Bでは傾向が逆転している．これは，供用年数が経過し損傷の多かった線支承，BP.A，ローラーの取替えが進み損傷発生率が低下した結果，相対的にBP.Bが鋼製支承の中では損傷発生率が高い支承となったと考えられる．

第4章　支承部の現状と損傷傾向

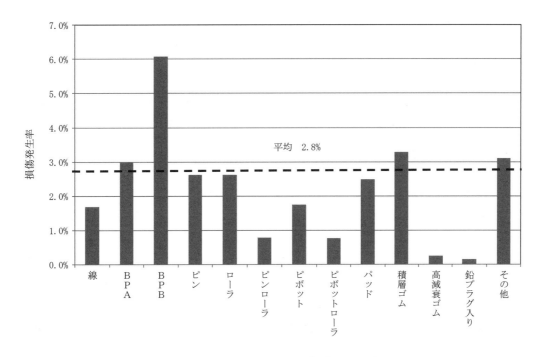

図4.3　支承形式別の損傷発生状況

一方，ゴム系支承では積層ゴム支承が平均損傷発生率と同等もしくは高い状況である．前回では供用間もない積層ゴム支承の損傷発生率が低かったが，今回は相当の年数が経過したことから，その発生率が高くなったと推察される．

次に，今回の調査で損傷発生率が高い金属系およびゴム系から，BP.Bと積層ゴムの損傷内訳を図4.4に示す．

これらの図からは，まず図4.4(a)のBP.B支承の損傷は，多い順にさび・腐食，ボルトの損

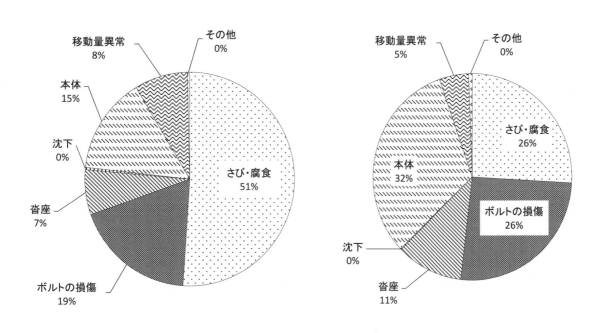

(a) BP.B支承　　　　　　　　　　(b) 積層ゴム支承

図4.4　損傷の発生内訳

傷，本体の順で，一方図4.4(b)の積層ゴム支承は本体，さび・腐食，ボルトの損傷と，図4.2(a)の全体の損傷内訳における順位とは異なるものの，上位3つの損傷内容は同じである．両者の順位の大きな違いは，最も損傷が多い内容がBP.B支承はさび・腐食に対し，積層ゴム支承が本体となっており，これは，それぞれの支承の構成部材の特徴が出ている状況である．つまり，そのほとんどを金属部材で構成しているBP.B支承はやはりその特質からさび・腐食の損傷が多く，積層ゴム支承は，主たる構成部材のゴム本体の損傷が多い結果となっている．

続いて，支承の設置位置の違いによる損傷の発生状況を分析した．これは，図4.2(a)から支承に発生する全損傷のうち，さび腐食が最も多く4割以上を占めており，その原因の一つとして端支点部で伸縮装置が設置されている箇所では，この伸縮装置の不具合により漏水が発生し，このことがさび腐食を多発させているという，定性的な理由が想定された．そこでこの状況を検証するため，図4.5に支承設置位置が端支点部と連続桁の中間支点との違いによる発生内訳を示し分析した．損傷発生の内訳の比率で比較すると，端支点のさび腐食の内訳が全体の41%に対して中間支点のさび腐食の内訳が同じく45%であり，大きな差がみられない結果であった．さらに，端支点と中間支点での，支承の損傷発生率（損傷数／対象設備数量）で比較すると，端支点の2.5%に対し，中間支点は4.2%となり，むしろ中間支点の損傷発生率の方が高い結果となる．

一方，現都市高速道路全体の設備の数は中間支点に対し端支点数が圧倒的に多いことから，支承の損傷数そのものも中間支点に比べ端支点が3倍となり，さび腐食の損傷数も同じく3倍程度となり，端支点での損傷数の方が多い結果となっている．

つまり，端支点での損傷数が多いこと，そして伸縮装置の漏水事例も多いことから，端支点での支承はさび腐食の損傷が発生しやすいとの印象が大きかったが，データを改めて分析すると，損傷の発生内訳としては端支点部のさび腐食が際立って多いわけではなかった．すなわち，支承はその設置位置に関わらず，そもそも狭隘な空間に設置されているため，伸縮装置からの漏水以外にも，橋脚上は湿潤な環境傾向にあり，さび腐食損傷を多く発生させる状況であるといえる．

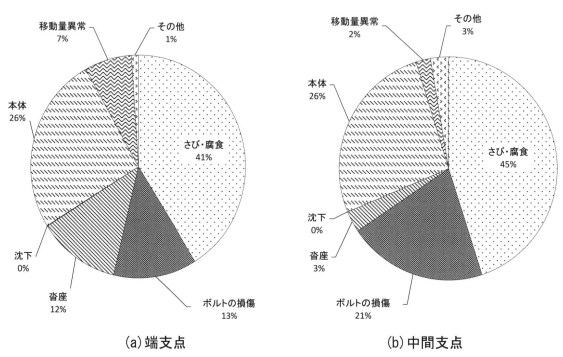

(a) 端支点　　　　　　　　　(b) 中間支点

図4.5　支承設置場所による損傷内訳

4.1.4 まとめ

　首都高速道路と阪神高速道路に設置されている支承について，それぞれ直近の定期点検結果をもとに，損傷状況について分析を行った．まず対象となる管理資産の状況は，全体のうち概ね 2/3 がゴム系の支承であり，兵庫県南部地震後に実施された上部構造の耐震補強による支承型式の内訳の傾向が継続している状況である．よって今回の分析では，このゴム支承に取り替えて 10 年以上が経過しており，これらの損傷状況についてもある程度の傾向を把握することができた．

　全般的な損傷状況は，やはり腐食による損傷が多く全体の 4 割近くを占め，型式別の損傷を分析したが，金属系あるいはゴム系を問わず腐食損傷が多く，このことは支承が設置されている環境上の宿命ともいえる．一方でゴム系支承の損傷の特徴として，ゴム本体の損傷が金属系のそれに比べて多い傾向にあり，経年によるゴムの劣化による損傷が顕在化してきたと考えられる．また，腐食損傷の大きな要因の一つとして，支承が設置されている場所が橋梁の端支点か，あるいは連続桁の中間支点か，つまり支承の直上に伸縮装置が設置されている場所か否かの差と，支承の損傷状況とにどのような相関があるかも分析した．しかしながら損傷の発生率からみると，伸縮装置が設置されている端支点でのさび・腐食が特段多い状況ではなく，支承はそもそも狭隘な空間に設置され湿潤な状況が多く，さび腐食を発生させやすい環境に置かれているものと考えられる．

　また，損傷発生率はその支承型式により異なる傾向を示し，多い型式では 5％を超えるが，全型式の平均損傷発生率は 3％以下である．このことは単純比較できないが，本体構造物の損傷発生状況に比較すると少し多い状況である一方，伸縮装置の損傷発生率と比較すれば，支承は 1/3 程度の発生状況であり，上述のとおり設置環境から，点検を含めた日常の維持管理が重要であることはいうまでもない．

4．2 都市間高速道路の損傷傾向

本節では全国の高速道路の支承について，路線ごとの環境特性や交通特性，支承形式等に着目した常時の支承の損傷発生状況について把握するために，東日本高速道路，中日本高速道路，西日本高速道路の点検データについて整理・分析を行った．

4.2.1 点検の概要

対象とした点検データは，各高速道路会社において，5年に1度以上の頻度で行われている近接目視を主体とした定期点検のデータで，点検が実施された時期は2005年～2013年である．点検の実施および判定は各社共通の点検要領に基づいて行われているが，基本的な考え方は国土交通省制定の橋梁点検要領[1]と概ね同じである．支承に関する点検の項目，損傷の生じやすい箇所および対策判定に関しては，5.2節の**表5.2**～**表5.4**に示している．今回調査したデータは**表5.4**に示す区分のうちC1，C2ランク相当に判定された損傷データで緊急的な補修等の対応をするレベルではないが，将来構造物の健全性を損なう恐れのある損傷であり，補修等の対応が必要な損傷レベルのデータを収集し，以下に分析している．

4.2.2 分析対象路線と資産状況

データ分析の対象とした路線および区間は**表4.3**のとおりであり，供用年数や環境特性の違いに着目した支承の損傷傾向の把握を目的として選定した．各路線の支承形式ごとの基数割合を**図4.6**に示す．

表4.3 データ分析対象路線

番号	路線	区間	支承設置年	環境特性
1	名神高速道路	関ヶ原IC～八日市IC	1962～1964年	凍結防止剤散布高頻度区間
2	東名高速道路	東京IC～大井松田IC	1966～1969年	都市部区間
3	中国自動車道	新見IC～高田IC	1975～1983年	山岳部区間
4	沖縄自動車道	那覇IC～許田IC	1975～1988年	温暖地域
5	北陸自動車道	朝日IC～柿崎IC	1980～1983年	沿岸部区間
6	道央自動車道	奈井江砂川IC～士別IC	1985～1999年	寒冷地域
7	伊勢湾岸自動車道	豊田東JCT～四日市JCT	1985～2005年	沿岸部区間
8	上信越自動車道	坂城IC～信濃町IC	1990～1997年	凍結防止剤散布高頻度区間
9	東海北陸自動車道	郡上八幡IC～白川郷IC	1994～2009年	山岳部区間
10	圏央道	あきる野IC～桶川北本IC	1996～1999年	都市部区間

図4.6より，支承設置年が古い路線は支承板支承やピン支承，ローラー支承等の鋼製支承の割合が多く，新しい路線ほどゴム支承の割合が多くなる傾向にあることが分かる．名神，東名でゴム支承の割合が比較的高くなっているのは，兵庫県南部地震後における鋼製支承からゴム支承への更新が進んだことによるものと推察される．なお，今回対象とした区間において，線支承は名神，東名以外の路線には使用されておらず，ピン支承，ローラー支承，ピボット支承は北陸自動車道よりも後に供用した路線には使用されていない．

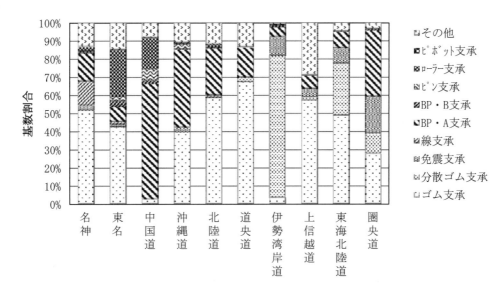

図 4.6 路線別の支承種別割合

4.2.3 各路線の支承の損傷分析

各路線の点検データより，図 4.7(a)に路線別の支承損傷の発生割合を示す．この図より，支承設置から 30 年以上の路線（名神，東名，中国道，沖縄道，北陸道）では損傷の割合が比較的高くなる傾向にあり，設置から 30 年未満の路線（道央道，伊勢湾岸道，上信越道，東海北陸道，圏央道）では損傷の割合は 1%に満たない程度であることが分かる．なお，全路線の損傷割合の平均値は 2.1%となっている．また，支承設置年がほぼ同時期である名神と東名では名神の方が，中国道と沖縄道では中国道の方が損傷率は高くなっていることから，凍結防止剤の散布頻度や鋼製支承の割合の高さが損傷率に影響しているものと推察される．

図 4.7(b)は，支承形式別の損傷割合を示したものである．この図より，線支承や支承板支承，

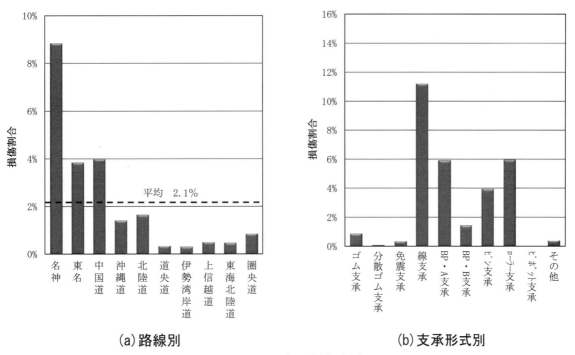

(a) 路線別　　　　　　　　　　　(b) 支承形式別

図 4.7 支承損傷割合

ローラー支承等の鋼製支承の損傷率が高くなっていることが分かる．これらの鋼製支承は設置年代の古い路線に多く使用されている形式であり，供用年数の長さが損傷率の高さにつながっているものと思われる．

　図4.8は，各路線の損傷種別の割合を示したものであり，図4.9，図4.10はそれをさらに鋼製支承とゴム支承に細分化して示したものである．各路線ともに鋼部材の腐食が大半を占めており，鋼製支承だけでみるとその傾向がさらに顕著となる．ゴム支承についても設置年代の古い路線においては鋼部材の腐食が目立っているが，新しい路線においてはゴム本体の劣化・損傷の割合が高くなる．ゴム本体の劣化・損傷の内容として最も多いのがゴム表面のひび割れであり，供用年数が比較的短い支承においても発生していることが特徴である．

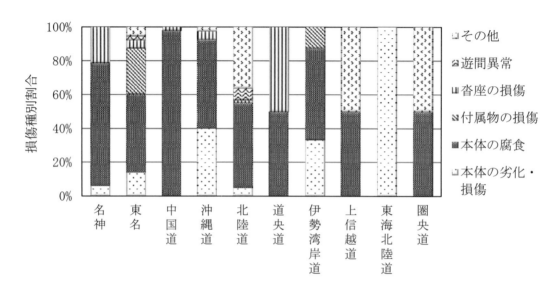

図4.8　路線別の損傷種別の割合

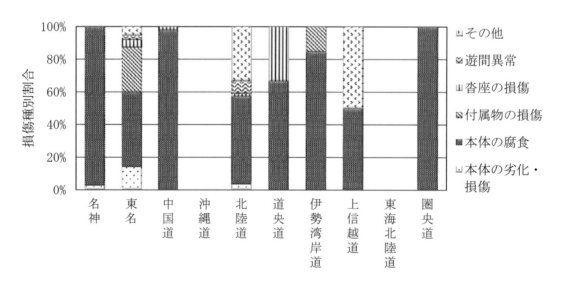

図4.9　路線別の損傷種別の割合（鋼製支承）

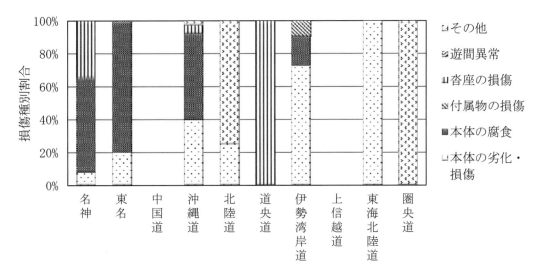

図 4.10 路線別の損傷種別の割合（ゴム支承）

支承の設置位置に着目した損傷傾向を把握するために，全路線の端支点での損傷割合と中間支点での損傷割合を**図 4.11(a)**に示す．また，端支点と中間支点それぞれにおける損傷種別の内訳を**図 4.11(b)**に示す．損傷割合は端支点が中間支点の約 9 倍となっており，中間支点に比べ端支点の方が圧倒的に損傷しやすいことが分かる．損傷種別の割合では，中間支点では 3 割程度であった腐食が端支点では 5 割程度となっており，このことから，端支点部においては伸縮装置からの漏水などにより鋼部材の腐食が発生しやすい状況であることが推定される．

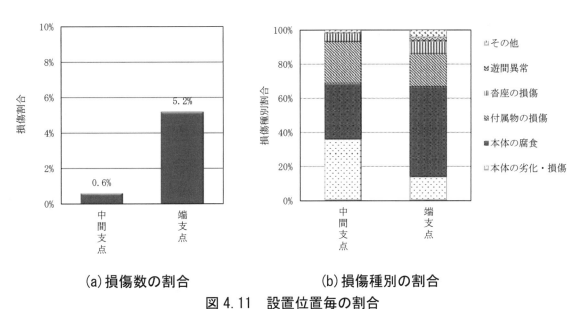

(a) 損傷数の割合　　　　　(b) 損傷種別の割合

図 4.11　設置位置毎の割合

4.2.4　まとめ

本節では全国の高速道路の支承について損傷分析を行った．その結果，支承の損傷割合は設置から 30 年を越えると増加する傾向にあるが，環境特性や支承形式の違いにより損傷の発生状況は異なることが分かった．また，損傷の種別としては鋼部材の腐食が大半を占めており，加えて端支点での損傷発生が際立っていることから，伸縮装置からの漏水などによる腐食の発生が支承の損傷の大きな要因となっていることが推定される．

4.3 自治体管理橋梁の支承部の損傷傾向の一例

4.3節では，地方自治体の管理する支承の実態を調べるために，青森県に橋梁の点検データを提供していただき，その点検データを基に支承の実態を調べることとした．

4.3.1 橋梁および支承の資産の状況

青森県は2005（平成16）年度より橋梁のアセットマネジメントシステムを導入して，効率的に橋梁の維持管理が実施されてきた先進的な自治体である．このシステムでは，橋梁の点検データは統一された10種類の書式の点検調書に整備され，橋梁の構成部材すべての健全度を5段階に整理し，個々の部材の健全度から橋梁全体の健全度まで，必要に応じた指標で橋梁の実態を把握，管理することができる．

青森県管理の橋梁の資産状況を図4.12に示す．橋長15m以上の橋梁の総数は795橋（2012（平成24）年4月現在）で，鋼橋とコンクリート橋の割合はほぼ半々である．建設時期は70年代と80年代が多く，現状では老朽化した橋梁の割合も多いと考えられる．橋長は30m以下の橋梁が多く，単径間の橋梁が多いと考えられる．ゴム支承，線支承，BP支承を設置した橋梁が多いが，特にゴム支承を設置した橋梁は，全橋梁の半数以上を占めている．

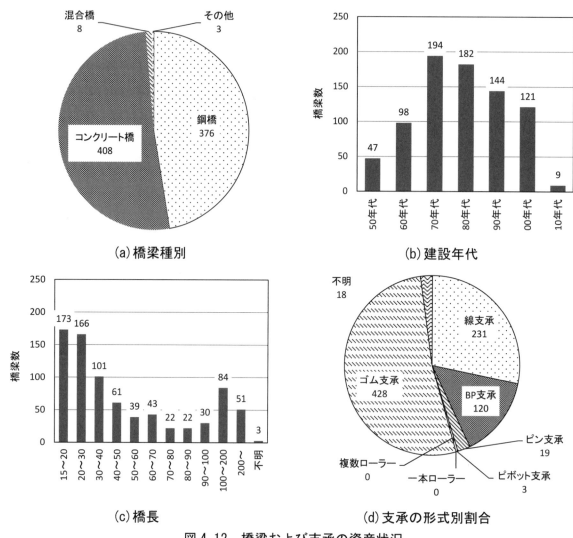

図 4.12　橋梁および支承の資産状況

4.3.2 支承のデータベースの作成

青森県管理の橋梁の点検データは橋梁台帳とそれぞれ別箇のデータベースであるため,管理橋梁総数795橋の中から,100橋を選定しその橋梁に対して,支承の点検結果を抽出して,100橋分の支承データベースを作成して,支承の実態を調べることとした.

100橋の選定に当たっては,まず,鋼橋のデータに着目して,その中から無作為に100橋を取り出すことにした.選定した100橋の資産状況を図4.13に示す.橋梁種別は鋼橋だけである.建設時期は全橋の傾向と同じく,ピークは70年代となっている.橋長は15m～200mまでほぼ同じような割合となっている.また,支承形式では全橋のデータと同じくゴム支承,線支承,BP支承を設置した橋梁が多いが,線支承,BP支承を設置した橋梁が全橋梁の8割程度を占めている.

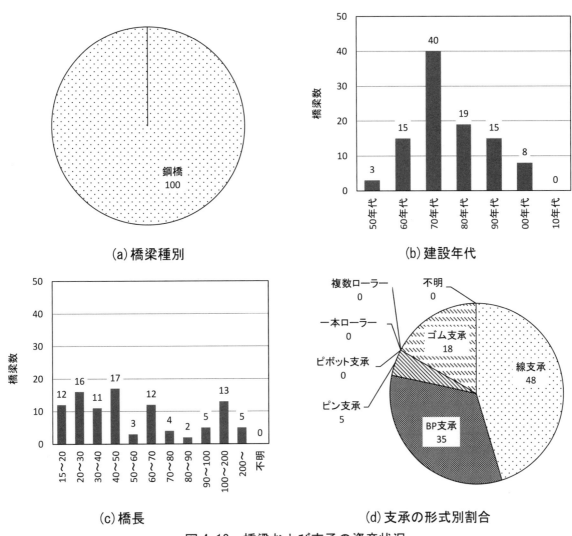

(a) 橋梁種別　　(b) 建設年代

(c) 橋長　　(d) 支承の形式別割合

図4.13　橋梁および支承の資産状況

4.3.3　支承の損傷分析

表4.4に青森県の健全度評価基準を示す.劣化の程度によって5段階に分類されており,数字の大きいランクは劣化の度合いが小さく健全であることを表す.以降の調査結果は表4.4の評価基準で整理して示す.

表 4.4 健全度評価基準

健全度	全部材・全劣化機構に共通の定義
5 潜伏期	劣化現象が発生していないか、発生していたとしても表面に現れない段階
4 進展期	劣化現象が発生し始めた初期の段階。劣化現象によっては劣化の発生が表面に現れない場合がある。
3 加速期前期	劣化現象が加速度的に進行する段階の前半期。部材の耐荷力が低下し始めるが、安全性はまだ十分確保されている。
2 加速期後期	劣化現象が加速度的に進行する段階の後半期。部材の耐荷力が低下し、安全性が損なわれている。
1 劣化期	劣化の進行が著しく、部材の耐荷力が著しく低下した段階。部材種類によっては安全性が損なわれている場合があり、緊急措置が必要。

　図4.14に100橋分の支承の平均健全度と補修履歴の割合を示す．**図4.14(a)**の支承の平均健全度では，健全度4，5を合わせると81%の支承が重大な損傷もなく維持管理されていることがわかる．**図4.14(b)**の支承および伸縮装置等の補修状況では，2割近くが支承や伸縮装置の補修を行っているため，支承の損傷の実態を分析するうえでは，補修履歴のない橋梁（**図4.14(b)**の補修無し79%）の支承に着目して整理することとした．

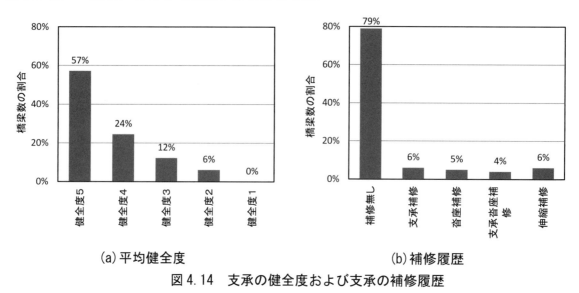

図 4.14　支承の健全度および支承の補修履歴

　図4.15に支承の補修履歴のある橋梁を除いた支承の健全度を示す．**図4.15(a)**の支承の平均健全度では，80%の支承が健全度5ないし健全度4であり，多くの支承は健全であることが分かる．一方で7%の支承は健全度2で部材の耐荷力が低下するような段階にある．
　図4.15(b)の端支点と中間支点に設置された支承の健全度を比較すると，健全度5は中間支点の支承の方が多く，逆に健全度2は端支点の方が多いことが分かる．すなわち，端支点の方が中間支点に比べて健全度が低い傾向にあることを示している．

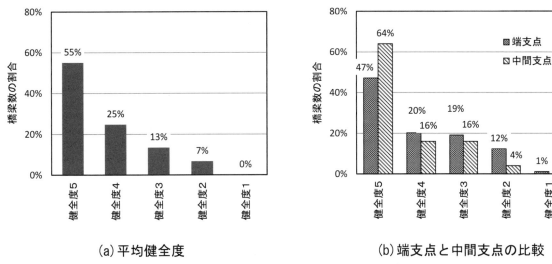

(a) 平均健全度　　　　　　　　　　(b) 端支点と中間支点の比較

図4.15　支承の健全度（補修履歴考慮）

図4.16に沓座モルタルの補修履歴を除いた橋梁の沓座モルタルの健全度を示す．図4.16 (a) の平均健全度では，90%の沓座モルタルが健全度5ないし健全度4であり，ほとんどの沓座モルタルが健全であることが分かる．健全度2，健全度1の沓座モルタルも見られるが，その割合は合わせて2%と少数である．

一方，図4.16 (b) の端支点と中間支点に設置された沓座モルタルの健全度を比較しても，健全度5は端支点の支承の方が多く，逆に健全度1は中間支点の方が多いことが分かる．すなわち，先の支承とは傾向が異なり，中間支点の方が端支点に比べて健全度が低い傾向にあることを示している．

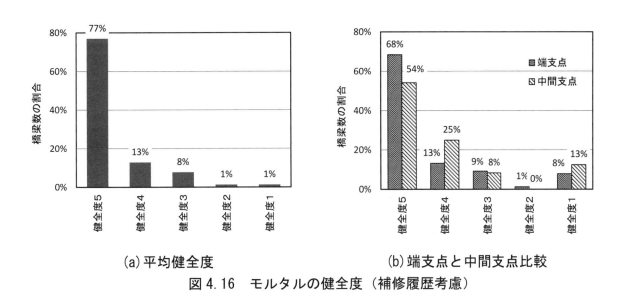

(a) 平均健全度　　　　　　　　　　(b) 端支点と中間支点比較

図4.16　モルタルの健全度（補修履歴考慮）

図4.17に支承およびモルタルの損傷形態の割合を示す．図4.17(a)の支承の損傷形態では，腐食の割合が他の損傷形態に比べて突出していることが分かる．一方，図4.17(b)のモルタルの損傷形態では，変形欠損の割合が他の損傷形態に比べて突出していることが分かる．

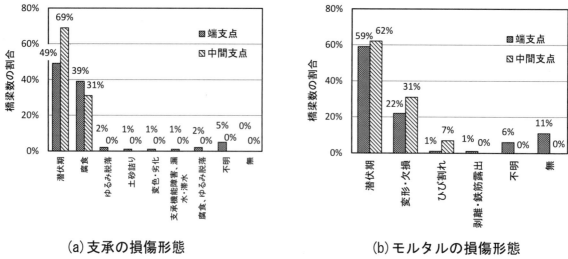

(a) 支承の損傷形態　　　　　　　　　(b) モルタルの損傷形態

図4.17　支承およびモルタルの損傷形態

　図4.18〜図4.19に支承種別毎の損傷形態を示す．図4.18(a)の線支承，図4.18(b)のBP支承の損傷形態はいずれも腐食が卓越しているのに対して，図4.19のゴム支承の損傷形態は，突出した損傷形態がなく，それぞれ6%の割合で腐食，変色・劣化，漏水・滞水などの損傷が生じている．

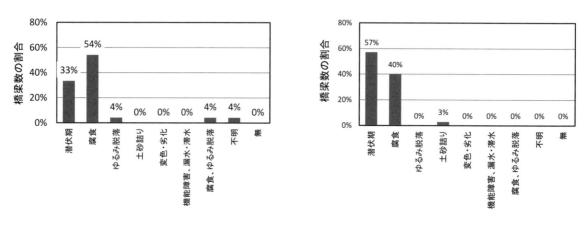

(a) 線支承　　　　　　　　　　　　　(b) BP支承

図4.18　支承種別の損傷形態（線支承，BP支承）

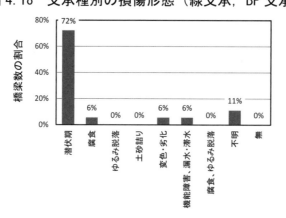

図4.19　支承種別の損傷形態（ゴム支承）

4.3.4　まとめ

　100橋の支承損傷のデータベースを作成し支承の実態を調べた結果，7割～9割の多くの支承や沓座モルタルは損傷が生じていないことが改めて確認できた．また，支承の損傷形態は腐食が突出しており，設置位置では中間支点よりも端支点の方が損傷の発生割合が高いことを関連付けて考えれば，端支点では伸縮装置からの漏水などの影響により，支承の損傷割合が高かったことが推測される．すなわち，支承そのものが損傷（腐食）しやすいというよりも設置環境などの外的要因による影響が大きいことが推定される．しかし，その一方で，沓座モルタルの損傷形態は変形・欠損が多く発生しており，設置位置は支承と逆に端支点よりも中間支点の方が高い結果であった．沓座モルタルの変形・欠損の原因は不明で，設置位置の環境条件と関連があるかは不明である．

　以上から，支承を維持管理するうえでは，端支点は大きな着目点であり，加えて設置環境に問題がないか合わせて点検し，改善策を講じることが重要であると考えられる．

4．4　常時の損傷事例

4.4.1　支承の損傷形態

　支承は橋梁の支持機能を担う多くの部材から構成されており，狭隘な空間に設置され滞水や塵埃の堆積など過酷な環境にさらされているため，常時における損傷形態は図4.20に示すように多岐にわたっている．鋼製支承の損傷形態は図 4.20(a)に示したとおり，各部材が鋼材などの金属製であるため，各部材の腐食，き裂，変形および破断等の形態となる．図 4.20(a)の損傷形態は鋼構造シリーズ17に示したものと同様の内容である．一方，ゴム支承の損傷形態は，支承本体がゴム製でその上下には鋼材が使用されているため，ゴム本体と鋼部材の損傷に大別される．図4.20(b)に示したゴム支承の損傷形態には，鋼構造シリーズ17には示されていなかった，ゴム本体の損傷形態について追加している．鋼構造シリーズ17に示したゴム本体の損傷形態は，劣化，ずれ，はらみ，めくれをひとつの項目として記載していたが，図4.20(b)では，近年ゴム本体表面においてオゾン劣化が原因と推測されるき裂損傷が各地で確認されていることから『ゴム本体の劣化（き裂）』を一つの項目として独立させた．また，最近の点検ではゴム本体と上部構造の隙間が確認されているため『ゴム本体と上下部材の隙間』を新たな損傷形態として追加した．

　4.4.2項以降では，支承の損傷事例として，最初に鋼構造シリーズ17の時期に比べて顕在化しているゴム本体の損傷事例，続いて4.1節～4.3節の損傷分析において発生割合の高い腐食事例および本体の損傷事例，さらに，適切な維持管理が実施されずに損傷が進行し，支承交換等の対策が必要と考えられる緊急性の高い事例を示す．

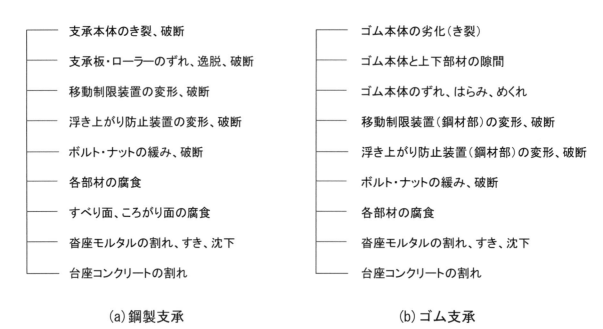

図4.20　支承の損傷形態

4.4.2 ゴム本体の損傷事例と要因
(1) ゴム本体の劣化

写真4.1にゴム本体表面に発生したオゾン劣化によると考えられるき裂を示す．オゾン劣化と推測されるき裂は**写真 4.2 (a)**に示すような，小さな複数のき裂が最初にゴム表面に現れ，その後，その小さなき裂が結合し，**写真4.2(b)**に示す大きなき裂に変化すると考えられている．

写真4.1　オゾン劣化によると考えられるき裂

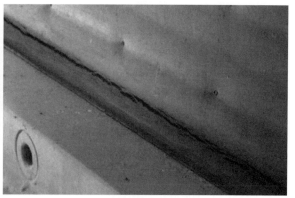

(a) 小さなき裂　　　　　　　　　　　　(b) 大きなき裂

写真4.2　オゾン劣化によると考えられるき裂の発生状況

き裂の発生箇所としては，温度伸縮量の大きい端支点のゴム支承に多く発生していた事から，せん断変形状態で最も引張りの影響が大きい橋軸方向の表面の最上部あるいは最下部のゴム層に発生する事が多いと考えられていたが，**写真4.3**に示す事例のように必ずしも橋軸方向の表面だけに発生とはするとは限らない．**写真 4.3(a)**は橋軸直角方向の表面に生じたき裂であり，最上部あるいは最下部のゴム層ではなく全面にき裂が生じている．また，**写真4.3(b)**は円形ゴム支承の全周にわたりき裂が発生した事例である．

オゾン劣化のメカニズムは，**図4.21**に示すようにゴムの分子構造がオゾンアタックを受けて，二重結合の炭素原子の分子鎖が一重結合に変化することにより，引張力に対してき裂が生じやすい状態となる現象である．このき裂が発生してもゴム支承の鉛直荷重支持機能は十分に維持していると考えられるが，損傷を放置しておくとき裂が内部鋼板にまで進展して鋼板が腐食することが想定されるため補修が必要と考えられる．

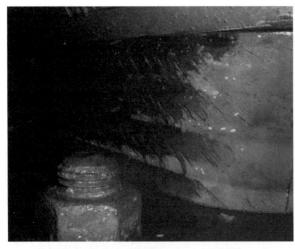

(a) 直角方向の表面に生じたき裂　　　　(b) 円形ゴムの表面全周に生じたき裂

写真 4.3　オゾン劣化によると考えられるき裂

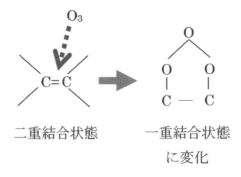

図 4.21　ゴムのオゾン劣化のメカニズム

(2) ゴム本体と上下部材の隙間

最近の点検では**写真 4.4〜写真 4.5** に示すようなゴム本体と上下部材との間に隙間が確認されている．隙間が発生した原因は容易に特定できないことも多いが，支承点検時に隙間を確認した場合には，同一支承線上において隙間のないゴム支承の鉛直荷重の負担が設計値以上となっている可能性も考えられるため，隙間のない支承のゴムの膨出量が他の支承と比較して問題ないか確認する必要がある．

写真 4.4　ゴム本体の上部に生じた隙間

写真 4.5　ゴム本体の下部に生じた隙間

4.4.3　腐食事例と要因
(1) 各部材の腐食

　支承はさびや腐食に起因した損傷の発生割合が多く，維持管理が不十分で腐食が進展すると変位追随機能が低下する．移動も回転もできない固定化した機能障害の支承は上・下部構造への影響が懸念されるため，緊急に支承交換等の対策が必要である．写真 4.6〜写真 4.8 にあき

写真 4.6　BP 支承の腐食

写真 4.7　一本ローラー支承の腐食[2]

写真 4.8　ゴム支承の腐食

らかに機能低下を起こしている事例を示す．

雨や霧が多い地域では支承部が常に湿潤状態になり，また，伸縮装置からの漏水や橋面排水管の破損などにより雨水が支承部に降り注ぎ，支承周りに堆積した土砂や塵埃等とともに腐食を加速させることになる．特に積雪寒冷地においては，冬季に凍結防止剤を散布することから，塩化物を多量に含んだ漏水が腐食の進行を早めることになる．

(2) 同一支承線上における腐食度合いの差異

写真4.9に7主I桁橋の同一支承線上における支承の写真を抜粋して示す．写真からG2支承が最も腐食が進行していて，G1支承は表面にわずかに腐食がみられる程度で，G4支承およびG6支承はその中間的であることが分かる．

最も腐食が進行しているG2支承は，伸縮装置の漏水直下の支承で，桁端部を伝って漏水があるため桁端部にも腐食がみられ，かつ沓座周辺には滞水も確認でき，支承全体が湿潤状態にある事がわかる．また，G4支承は漏水が桁端部を伝うよりも橋座面から跳ね上がった漏水がかかり，支承および下フランジ周辺が腐食していると推定される．G6支承の場合は，桁端部には腐食がみられず，沓座周辺の滞水によって下支承を中心に腐食が進行している．

このような腐食状態の差異は，漏水のかかり方や滞水による湿潤環境の違いに起因しており，すなわち，支承そのものよりも一支承線の中でも局所的に外的要因が異なったために，腐食度

(a) G1支承

(b) G2支承

(c) G4支承

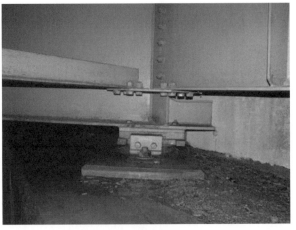

(d) G6支承

写真4.9　同一支承線上における腐食状況の違い（鋼製支承）

合いも異なっていることが分かる.

写真4.10は，同一支承線上におけるゴム支承が，漏水の影響で激しく鋼材部が腐食している状況と漏水の影響を受けずに腐食がみられない状況を比較して示している.写真4.9と同様に漏水の影響の有無により腐食状況が全く異なっていることが分かる.

写真4.10　同一支承線上における腐食状況の違い（ゴム支承）

4.4.4 支承本体の損傷事例と要因
(1) 支承本体の割れ，破断

写真4.11に示したように，鉛直荷重により線支承がその中央部で割れて破断している事例である．この状態では，鉛直方向および水平方向ともに荷重支持機能が著しく低下しており，緊急に支承交換を行う必要がある．損傷要因は施工時の沓座モルタル充填不足によって，支承下面の支持が不均一になり割れが発生したと考えられる．現在は，沓座モルタルの材料も品質や性能が向上し，充填性は改善されている．さらに，支承本体の材質も鋳鉄材から衝撃力に強い鋳鋼材に変化しており同様に改善が図られている．

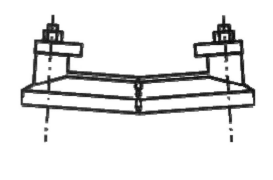

写真4.11　支承本体の割れ

(2) ローラーのずれ，逸脱

写真 4.12 はローラー支承のローラーがずれ，もしくは逸脱している事例である．ローラーが逸脱する要因としては，負反力が作用して逸脱する場合，または支承の移動方向と回転方向が桁と一致しないことや，ローラー材の腐食によりころがりが阻害されて逸脱している場合などがある．本損傷は常時の鉛直荷重の支持機能が著しく低下しており，緊急に支承交換等の対策が必要である．

(a) ピンローラー支承

(b) 一本ローラー支承[2]

写真 4.12　ローラーの逸脱

(3) ベアリングプレートのずれ，逸脱，圧潰

写真 4.13 は，BP.A 支承のベアリングプレートがずれて上下支承の間から逸脱し，その後に圧潰した事例で，写真は支承を撤去して上支承を取り除いた状態である．本損傷は，昭和 50 年代以前に製造の支承でベアリングプレートの球面曲率半径が大きく，下支承側の球面凹部が浅い支承で生じやすい事例である．損傷要因は，ベアリングプレートと上支承との間の摺動面が腐食し摩擦が大きくなり，ベアリングプレートが，上支承に引きずられる形で逸脱したと推定されている．逸脱したベアリングプレートは上下支承に挟まれ，活荷重が繰り返し作用したことにより圧潰すると考えられる．

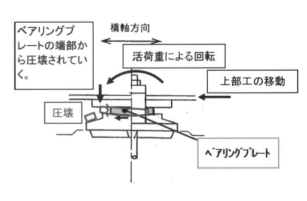

写真 4.13　ベアリングプレートの圧潰

4.4.5 その他の緊急性の高い損傷事例
(1) PTFE 板のずれ，せり出し，逸脱

写真 4.14 は BP.B 支承の PTFE 板のずれ，せり出し，逸脱した事例である．通常，PTFE 板は，中間プレート上に側面を拘束された状態で設置されているため，ずれやせり出しすることはないが，本事例の要因は，上支承のすべり面が腐食して PTFE 板上面との摩擦力が大きくなり，PTFE 板下面の接着が切れてずれたことが考えられる．また，PTFE 板の接着材の耐久性が低く接着力が弱まった影響も考えられる．近年，新しい材料のすべり板の開発が進められており，今後，損傷発生率の低下が期待できる．

(a) 上支承すべり面の腐食が要因

(b) 接着力低下が要因

写真 4.14　BP.B 支承の PTFE 板の逸脱

(2) 移動量の異常（遊間不良）

写真 4.15～写真 4.17 に異常な移動量を生じた事例を示す．本事例は，支承設置時の遊間調整不良，下部構造の想定外の移動等が原因と考えられる．

写真 4.15 に示す一本ローラー支承は，上部構造の移動量を元にローラーを支持する支圧板幅を決定しており，想定以上に上部構造が移動したために，ローラーが支圧板から逸脱しそうな事例である．

(a) ローラーの逸脱状況

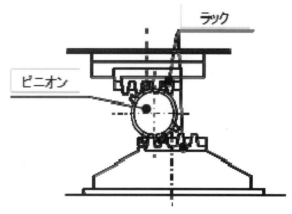
(b) 許容値まで移動した際の模式図

写真 4.15　1 本ローラー支承の移動量の異常

写真4.16に示すBP.A支承は，想定以上の支承の移動により上支承のストッパーに下支承の突起が接触している．過移動が下部構造の移動等を原因として生じていて，その移動量が増加し続けているような場合は，上支承ストッパーが損傷する可能性もある．

写真4.17にゴム支承の異常量の異常事例を示す．ゴム支承の常時の許容せん断ひずみは，総ゴム厚の70%以内と規定されているため，許容値を超える変形状態が続くとゴム支承の耐久性の低下が懸念される．また，BP.A支承と同様に移動量が進行中であるかを確認することも必要である．

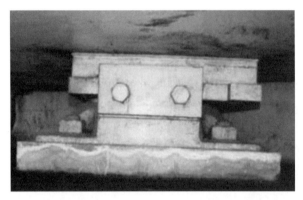 

写真4.16　BP.A支承の移動量の異常[2]　　　写真4.17　ゴム支承の移動量の異常[2]

(3) 沓座モルタルの割れ

写真4.18に沓座モルタルの損傷状況を示す．損傷要因としては，施工時のモルタル充填不足や支承反力の不均等などが考えられる．沓座モルタルが欠損すると，下支承下面の支持が不均一となり，鉛直荷重の支持機能が損なわれるため早急に補修を行う必要がある．

(a) ピンローラー支承[2]　　　　　　　　　　(b) 線支承

写真4.18　沓座モルタルの損傷状態

4.5 健全な支承事例

第4章では支承の損傷分析や支承の損傷事例を紹介したが，4.1節～4.3節の損傷傾向分析における支承の損傷発生率は，数パーセントとさほど高い値ではないこと，また，4.4.3項の腐食事例においても腐食が外的要因によって生じる事例を示した．すなわち，支承そのものが損傷(腐食)しやすい部材ではないといえる．4.5節では支承が損傷しやすいという概念を払拭するため，長期間供用されても健全である支承の事例を紹介する．

長期間にわたり健全に使用されている塗装仕様の支承を写真4.19に示す．写真には供用開始年とともに括弧内に2016年段階における経過年数を示した．写真撮影年が明確ではない支承もあるため経過年は参考値である．掲載した支承は，端支点や中間支点のものが混在しているが，支承高さが高く通気性の良いものが多い．経過年数では80年以上経過した支承もある．塗装仕様の支承であっても設置環境がよく，定期的に維持管理が行われていれば長期間にわたり支持機能を維持することが可能であることを示す事例である．

(a) 供用開始1933年（83年経過）

(b) 供用開始1935年（81年経過）

(c) 供用開始1955年（61年経過）

(d) 供用開始1972年（44年経過）

写真4.19 塗装仕様の健全な支承例

また，**写真 4.20** には，1978 年に供用開始した都市部の高架橋で使用されている溶融亜鉛めっき仕様の支承を示す．この事例の支承高さは低いものの沓座の高さは比較的高く良好な設置環境と考えられ，**写真 4.19** の塗装仕様の支承と同様に長期間に渡り健全に使用されている事例である．

写真 4.20　溶融亜鉛めっき仕様の健全な支承例，供用開始 1978 年（38 年経過）

参考文献（第 4 章）

1) 国土交通省 道路局 国道・防災課 ：橋梁点検要領， 平成 26 年 6 月
2) 玉越 隆史，大久保 雅憲，星野 誠，横井 芳輝，強瀬 義輝：道路橋の定期点検に関する参考資料（2013 年版）―橋梁損傷事例写真集―国総研資料第 748 号，2013.7

第5章　支承部の維持管理標準

5．1　道路橋の維持管理の現状

5.1.1　近年の道路橋の損傷事例

　近年の道路橋の損傷事例として，道路構造物の損傷発生によって，社会的な便益の損失につながる通行止めや片側交互通行などの通行規制が発生した代表的な事例として，**表5.1**に示す5事例をとりあげ，それぞれの損傷内容や影響等について示す．

表5.1　道路橋の損傷内容と被害状況

年月	損傷内容	被害状況
2006(平成18)年10月	鋼Ⅰ桁主桁のき裂損傷	国道の橋梁で，主桁にき裂が発見され，緊急点検と応急復旧工事のため，約23時間の通行止めが実施された．
2007(平成19)年6月	鋼トラス橋斜材の破断	国道の鋼トラス橋の斜材が歩道コンクリートを貫通した部位で腐食により破断し，長期にわたる1車線規制が実施された．
2009(平成21)年12月	PC桁のケーブル破断	国道の橋梁で，PCケーブルの一部が破断，橋の安全性が確認できるまで片側交互通行が実施された．
2011(平成23)年6月	エクストラドーズド橋のケーブル破断	県の管理する橋梁で，斜張橋斜材のPCケーブル1本が破断．長期にわたる全面通行止めとなった．
2014(平成26)年11月	周辺地盤変状による落橋	町の管理する橋梁で，湧水による斜面の浸食と崩壊が急速に進行し，片方の橋台が斜面とともに崩壊し，橋桁が落ちた．

(1)　鋼Ⅰ桁主桁のき裂損傷[1)2)]

　1971(昭和46)年度しゅん功の3径間連続非合成鈑桁橋である．橋齢35年となる2006(平成18)年の点検時に，主桁のガセットプレート部にき裂が発見された(**図5.1**)．大型車が多く通行することによって，主桁に疲労き裂が発生したと考えられ，き裂が進展し最悪の場合は落橋に至る危険性があったため，直ちに通行止めを行うとともに，緊急点検と応急復旧が行われた．これにより23時間にわたって上り線が全面通行止めとなった．なお，**図5.2**に示すように詳細調査が実施され同一構造箇所の磁粉探傷試験によるき裂の確認がされている．また，**図5.3**のように発見されたき裂箇所の補強と同一構造箇所の補強が行われた．

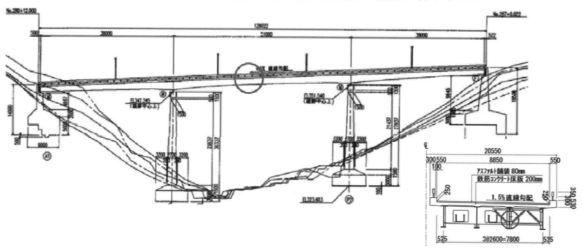

図5.1　き裂発生箇所(側面図・断面図)

■詳細調査の実施

山添橋の詳細点検を実施し、亀裂のあった同一構造の箇所及び塗膜の割れ箇所について磁粉探傷試験（※）を実施し、亀裂の確認を行いました。

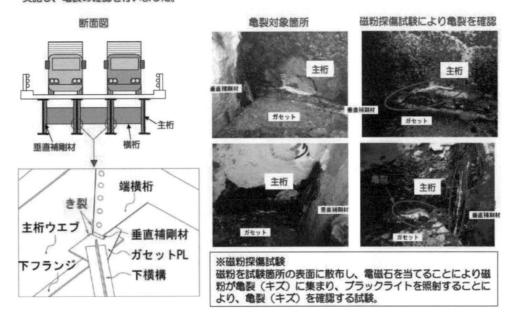

※磁粉探傷試験
磁粉を試験箇所の表面に散布し、電磁石を当てることにより磁粉が亀裂（キズ）に集まり、ブラックライトを照射することにより、亀裂（キズ）を確認する試験。

図5.2　き裂発生箇所の調査結果

■補修工法の検討・補強工事の実施

亀裂確認箇所については、あて板による補強を実施しました。

図5.3　き裂発生箇所の補強状況

(2) 鋼トラス橋斜材の破断[2]

1963（昭和38）年度しゅん功の鋼単純トラス橋である．橋齢44年となる2007（平成19）年にトラス斜材のコンクリート埋込部において，腐食が進行し破断しているのが発見された．落橋に至る危険性があったため，直ちに1車線規制がされ荷重を制限するとともに，支保工により上部構造を仮受けした上で，当て板による補修が行われた．他の部分でも腐食の進行が確認されたため，橋全体において緊急工事を行うこととなり，115日間の通行規制（1車線規制）が行われた．

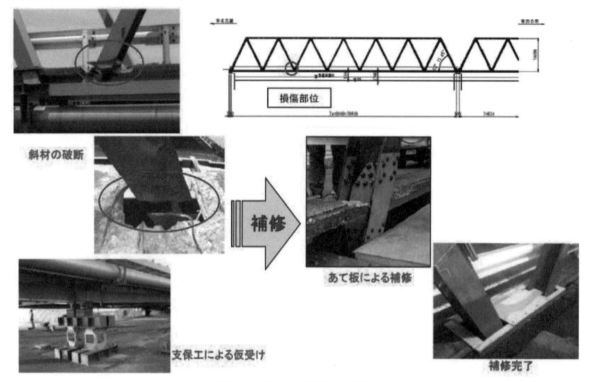

図5.4　損傷・補修の状況

(3) PC桁のケーブル破断[3]

1972（昭和47）年に完成したPCセグメント箱桁橋である．橋梁定期点検結果において，劣化・損傷が確認されていたため，2009（平成21）年度から全面的な補修工事が開始され，その実施中に，箱桁下面PC鋼材の一部が破断していることが判明した．緊急的な対応として，供用の一部制限（片側交互通行規制）を実施した．

その後，現況調査による損傷程度を把握するとともに，載荷試験等による検討により，一定の安全性が確認されたため，規制解除がされた．フェイルセーフとして，支保工の設置や自動ひずみ計による測定等の対策が行われた．

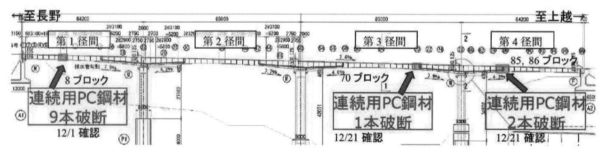

図5.5　橋梁側面図とPC鋼材破断箇所

写真5.1　PC鋼材破断状況

写真5.2　箱桁内の滞水状況

　損傷の原因は，過去の調査で桁内の滞水が確認されていたことから，シース内へ直接水が浸入したことにより腐食破断した可能性があるとされ，外ケーブル補強による恒久対策が実施されている．

(4)　エクストラドーズド橋のケーブル破断[4]

　2001(平成13)年に完成した3径間連続エクストラドーズドPC箱桁橋である．2011(平成23)年6月にケーブル16本のうち1本の破断が確認され，通行車両の安全を確保するため，全面通行止めとなった．

　その後，ケーブルの破断原因の調査が行われ，PC鋼より線の腐食は，ケーブル定着部の鋼管小口部からの水の影響によるものと考えられたことから，破断したケーブル以外の健全性の確認，破断したケーブルの復旧がなされ，約1年4か月後に供用が再開された．

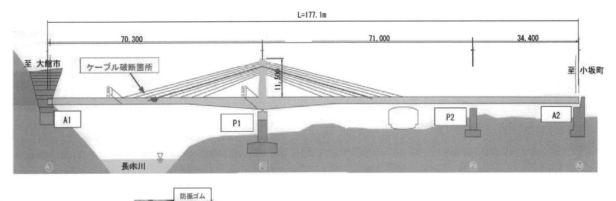

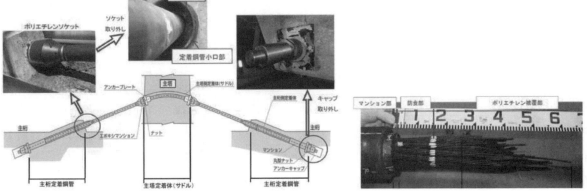

図5.6　損傷橋梁の側面図・ケーブル定着図・破断ケーブル

ケーブルの復旧にあたっては，①雨水，ケーブルの伝い水，融雪水等を定着部の鋼管内部に浸入させないための鋼管小口部の止水対策，②ウレタン樹脂の充填によらないマンションの防錆処理，③仮に鋼管内に水が浸入した場合の定着鋼管内の水抜き対策が重点事項とされ，対策が実施された．また，その後の維持管理方法として，鋼管小口部の止水工と箱桁内定着部の水抜き孔の目視確認を年1回行うほか，5年に1度の定期点検で高所作業車を用いて主塔および斜材ケーブルの近接目視に加え，振動法によるケーブルの固有周期の計測を行い，初期値と比較することで経年変化を確認することになった．

写真5.3　ケーブル復旧状況

写真5.4　亜鉛溶射したマンション

写真5.5　定着鋼管内の水抜き

(5) 周辺地盤変状による落橋[5]

1998(平成10)年度に施工された橋長49.5m，鋼2径間連続非合成鈑桁橋である．2014(平成26)年11月に地元住民からの通報によって，橋台1基が崩落していることが判明した．安全対策として橋梁箇所前後が通行止めされ迂回措置がとられた．

当該道路の維持管理では，道路管理者により1回/月の頻度で道路パトロールがされ，路面状況や道路構造物の目視点検が実施されており，崩落の数日前に実施された道路パトロールにおいても異常は確認されていなかった．また，橋梁の点検は，2012(平成24)年8〜9月に実施されていたが，その際にも橋梁および橋梁付近に変状は確認されていなかった．

写真5.6　崩落状況

(洞爺湖町　提供)

崩落原因は，本地域が斜面の浸食域に位置し，水に脆い軽石堆積物が分布する地形・地質的特性が素因となっており，現地調査により恒常的な湧水が主たる誘因となり，他に降雨や凍上，地震などの影響が作用して浸食崩壊が下流から上流に向かい進行し，橋梁部に到達したことにより橋台崩落に至ったものと推定されており，特に，2012（平成24）年度に実施された橋梁点検において橋台の崩落に関わる損傷変状が確認されていなかったことから，橋台の崩落に至る地盤の浸食崩壊は平成24年度以降に急速に進行したものとされている．

本崩落事故において重要な点は，単に橋梁の点検を行うのみならず，橋梁の立地する周辺状況の変状についても注意をしなければならないということである．

以上の事例からも，計画⇒点検⇒診断⇒措置（補修・補強）⇒記録のメンテナンスサイクルが，一部機能してきたと考えられるが，点検においてもコンクリート橋の埋め込まれた鋼材や，PC橋の主鋼材定着部，基礎工など，未だ多くの点検困難箇所が存在することや，橋梁の部材のみに着目した点検だけでなく，橋梁の周辺地盤状況の確認も必要となる橋梁があるように，橋梁の安全・安心を確保するためにはさらなる工夫が必要であることがわかる．

5.1.2 長寿命化修繕計画の推進

我が国を取り巻く社会経済情勢は，人口減少と少子高齢化が共に進行し，税の減収が長期間にわたって想定されていることから，社会インフラの維持管理に配分される予算が今後減少することは確実視されている．そこで，我が国の高度経済成長期に整備されてきた膨大な公共インフラの急激な老朽化に対して，限られた予算の中で管理水準を低下させないよう，維持管理費用の縮減と平準化を目指した新しい維持管理の方法が求められている．

橋梁を始めとする社会インフラの維持管理においては，目視点検により顕在化した変状（損傷や劣化）が確認され，構造物の機能が損なわれている，あるいはまた損なわれる恐れがあると判断されてから，補修等の対策を計画・設計・実施する「事後保全」と呼ばれる方法により行われてきた．しかしながら，社会インフラの整備率が高い我が国においては，維持管理の対象となる構造物の数が多く，さらに変状が顕在化してから対策を実施する「事後保全」の対策時期が集中することが予想されたため，近い将来に維持管理予算の手当てが付かないことが危惧された．そこで，変状が軽微な段階で対策を実施することでコストを縮減し，また対策を計画的に先送りや前倒しすることで予算の平準化が可能となる「予防保全」と呼ばれる維持管理方法が注目され，現在では維持管理の目指すべき方向であるといわれている．

国土交通省では，「地方公共団体が管理する，今後老朽化する道路橋の増大に対応するため，地方公共団体が長寿命化修繕計画を策定することにより，従来の事後的な修繕および架替えから予防的な修繕および計画的な架替えへと円滑な政策転換を図るとともに，橋梁の長寿命化並びに橋梁の修繕および架替えに係る費用の縮減を図りつつ，地域の道路網の安全性・信頼性を確保するため」（国土交通省 橋梁長寿命化修繕計画補助制度要綱 2007（平成19）年4月から抜粋），2007（平成19）年より長寿命化修繕計画策定補助制度を策定し，維持管理の遅れによる健全性の低下が危惧されていた地方公共団体管理の橋梁に対して，定期点検制度を始めとする維持管理計画（長寿命化修繕計画）の策定を促してきたところである．

長寿命化修繕計画では，策定された計画に基づく修繕や架替えに掛る費用に対しては，国は地方公共団体に対し補助金として予算的な援助をするものの，計画に基づかない修繕や架替えに対しては補助金の支出を行わないことで，遅れていた地方公共団体の橋梁に対する維持管理を強く推し進めることとした．

現在，2007(平成19)年の補助制度開始から8年が経過し，図5.7，図5.8に示すように地方公共団体の橋梁数ベースでの合計点検実施率は97%，また，合計計画策定率は87%に達しており，ゆっくりではあるが順調に維持管理が進捗しているように見える．しかしながら，図5.9に示すように実際に補修が施された合計修繕実施率は，全体数の15%程度でしかないことから，限られた予算と人員の制約下での管理者の継続的な努力が求められている．

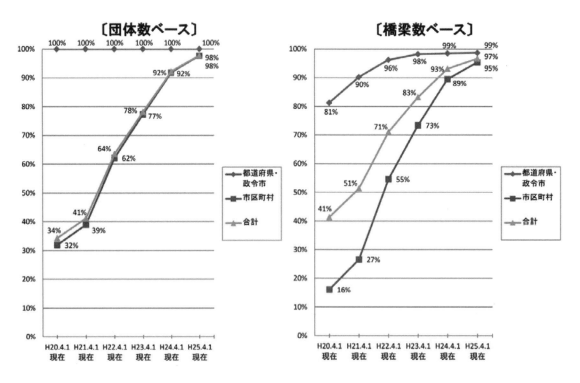

図5.7 地方公共団体管理橋梁の点検状況の推移(国土交通省HP)

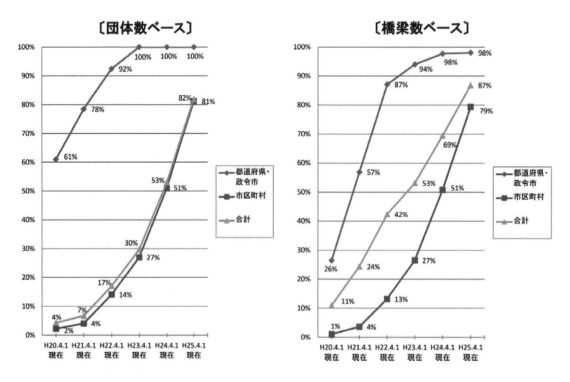

図5.8 地方公共団体の長寿命化修繕計画策定状況の推移(国土交通省HP)

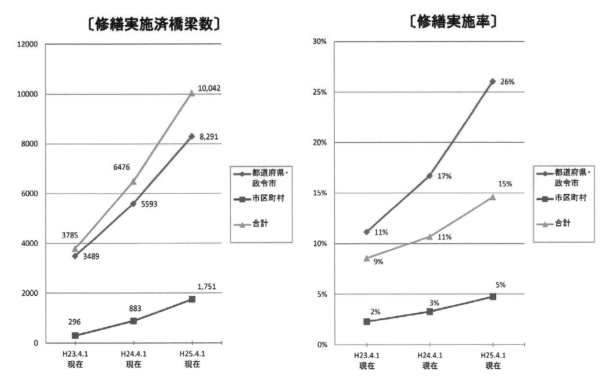

図5.9 地方公共団体の長寿命化修繕計画に基づく修繕実施状況の推移(国土交通省HP)

長寿命化修繕計画の策定に際しては，今後の我が国の社会経済状況に配慮して，維持管理費用を縮減するとともに，維持管理費用の平準化も求められている．これらの目的を達成するために，予防保全による維持管理が強く推奨されているが，現在は健全性の低下した橋梁群の健全性向上策に費用がつぎ込まれており，積極的な予防保全の導入までは至っていない．また，我が国が保有する橋梁は，地方公共団体が管理する橋長20m以下の単径間橋が圧倒的に多く，その中でも予算規模の小さい市町村が管理する橋梁の割合が7割を超えていることから(**図5.10**)，管理橋梁の特性に応じた効率的で合理的な維持管理の手法が求められている．

橋梁	道路橋(橋長≧2m)			
	個所数	延長(km)	管理者比率	
高速自動車道	7,175	1,202.2	1.1 %	国+高速道路会社管理比率
直轄国道	20,985	1,492.4	3.1 %	
				4.2 %
指定外国道(都道府県管理)	30,312	1,067.6		自治体(都道府県市町村)管理比率
主要地方道(都道府県道+市道)	47,715	1,360.9		
				95.8 %
都道府県道	52,999	1,649.6	19.2 %	1自治体当り管理橋梁数(全1742自治体:H25.1.1現在)
市町村道	521,542	5,869.9	76.6 %	
				375 橋/自治体
合計	680,728	12,642.6	100 %	
平均橋長 L=		18.57	(m/橋)	

図5.10 我が国が保有する橋梁(2012年道路統計年報より集計)

5.1.3 予防保全の制約
(1) 予防保全の効果

予防保全による維持管理では，対象となる構造物の変状が軽微な段階で補修等の対策を実施することが求められている．そのため，一般的に補修対策工事費は，変状が進行した場合の補修対策工事費より安価であるといえる．また，変状が顕在化はしていないが今後進行が予想される場合においては，変状が進行する前に計画的に補修対策を実施することで，補修対策工事費を縮減できるものと考えられる．

このように，対象の構造物の健全度が比較的高く，さらに変状が顕在化していても軽微であれば，予防保全による維持管理は可能であり，コスト面においての有効性があるものと考えられる．

予防保全による有効性は，ある期間（構造物の寿命を含む十分に長い期間）に必要な構造物の建設費・維持管理費・撤去費・更新費などの合計で示すライフ・サイクル・コスト（Life Cycle Cost，以下「LCC」）という指標で表すことができる．このLCCでは，事後保全による1回程度の大規模補修工事費と更新費の合計と，予防保全による複数回の小規模補修工事費と更新費の合計を比較し，LCCの低い方が構造物の寿命の期間中に掛るトータルコストが優位であるとされている．しかしながら，LCCを指標として使用する場合には，初期建設費用を含むか，LCCの計算期間を何年とするか，長期間にわたる費用算定のための割引率をどう設定するかなどの問題に注意が必要である．

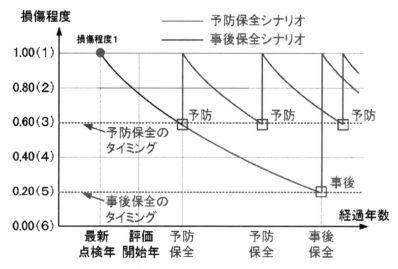

図5.11　事後保全と予防保全の対策実施時期

(2) 予防保全の制約

前述したように，予防保全では補修対策実施の時期を適正に選び，適正な対策工法を採用し，LCC算定による優位性が認められれば，コスト縮減を実現しながら安全・安心なサービスの提供を続けることができる．しかしながら，予防保全を実施するに当っては，以下に示す制約のあることに注意しなければならない．

a) 高い健全度を保有する構造物のみに採用が可能

予防保全では，軽微な変状時に小規模な対策を取ることで，従来の事後保全よりLCCに優位性があるとされているため，対象の構造物の健全度が比較的高い場合に採用することが有効である．反対に，健全度の低い構造物に対して予防保全を採用するには，低い健全度を大規模補修

により健全度を回復させてからとなるため，LCCは悪化し維持管理コストの縮減に寄与することは難しい．このように，点検により変状が認められなかったことで維持管理を軽減できると考えるのではなく，健全な今こそ予防保全を積極的に採用しLCCの低減を図るべきと考えられる．

ただし，点検で健全と判定された構造物に対して多額の維持管理予算を執行することに，未だ十分な理解が得られているとは言い難く，社会インフラの所有者である納税者や予算部局への丁寧な説明と理解を得る努力が必要であることはいうまでもない．

b) 定性的目視点検の限界

2014（平成26）年度から点検は，全部材近接目視点検により変状を確認することに制度が変更されたため，従来の一部遠望目視を採用した点検方法からの点検精度の向上が期待されている．しかしながら目視点検は，点検者の主観が入りやすいことから，定性的（対象の状態を不連続な性質の変化に着目してとらえること）な手法と言われている．さらに，コンクリート部材の材料劣化や鋼部材の初期の防食機能劣化のように，損傷が顕在化する前の内在時期の場合には，目視では確認ができないばかりか，変状が顕在化した時には既に変状がかなり進行した状態である場合があり，予防保全における補修対策の実施タイミングを失いかねない．また，複数の部材が交錯していたり，点検施設が設置されていないことにより対象部材へのアプローチが困難であったり，さらに狭隘な空間に設置されていたり，基礎のように対象部材を直接視認できない場合も少なからずあるため，目視点検を補完して部材の健全度を評価できる新しい技術が現在も各方面で精力的に研究・開発が行われている．

c) 未確立な経時変化を伴う劣化予測技術

予防保全を採用するに当って，軽微な変状に対する小規模な補修対策工を実施するタイミングの設定が重要となる．タイミング設定には，軽微な変状が経時変化により，変状程度とひろがりがどのように進行するかを予測することが必要となる．

一般には，技術者の経験などによりそのタイミングを設定してきたが，最近では試験室レベルの試験等により，時間経過と健全度低下の相関を示した劣化予測式を提案し，この劣化予測式に基づき補修対策実施のタイミングを設定する方法も採用されている．しかしながら，実構造物の経時変化と試験室レベルでの試験体の経時変化との違いにより，実構造物と計画との実態とに乖離が生じる場合があるので注意が必要である．このように，劣化予測技術は未だ確立された技術とはなっていないため，たとえば過去の損傷の経時変化を収集・整理し，損傷写真を利用した事例集により大まかな経時変化を示す方法も提案されている．本書の「5.3.2 支承部の維持管理標準」に，支承部の腐食，支承の移動・回転機能不全，台座コンクリート・沓座モルタルの損傷，ゴム支承本体の劣化について，経時変化を事例写真で示しているので参考にされたい．

d) 容易でない変状要因の特定

補修対策工の選定では，発生した変状の要因を特定し，その要因を除去する対策工を選定することが最も重要である．例えば，鋼部材に発生した腐食は，その発生要因として設置環境（飛来・付着塩分，飛沫，結露，耐候性鋼等），防食機能劣化（塗膜劣化等），環境変化（土砂等堆積による腐食促進環境，漏水・滞水，凍結防止剤散布等）などが要因として考えられる．

腐食損傷は，複数の要因が複合的に関連し発生することから，その対策を適切に実施するには，損傷要因の調査，定量的な評価が必要である．しかしながら，定量的に評価する技術の

実用化が遅れていることから要因を特定するのには困難が伴う．

損傷要因を特定でき，その除去が可能であれば，当初性能に回復させる「補修」で良いが，損傷要因の特定ができなかったり，その要因除去が困難な場合には，性能を向上する「補強」を実施することが良い．例えば，ある部材の支配的な腐食環境が大気腐食環境である場合は，防食機能の性能を向上させるなどの対策が必要となる．

e）再変状の予防とフェィルセーフ対策

例えば，鋼製支承の腐食損傷の要因が，土砂堆積による腐食促進環境と伸縮装置からの漏水であった場合に，まず実施すべきことは発生要因である堆積土砂の撤去による腐食促進環境の改善と，伸縮装置からの漏水を防止する非排水型伸縮装置への交換である．これらの要因除去を行わずして，鋼製支承の再塗装を行うことが，適切ではないことは一目瞭然である．

また，伸縮装置からの漏水は，伸縮装置の劣化により橋梁の供用期間中に複数回発生することが予想されるが，漏水が発生しても支承への影響を最少限度に抑え込むような，フェィルセーフ（Fail Safe）対策工を採用することが再劣化発生の遅延化に望ましい．例えば，漏水の飛沫が支承に直接かからないように，支承を台座コンクリート上に設置する，あるいは橋座面に排水溝と排水勾配を設け，漏水が発生しても滞水せずに排水処理可能な施設を設けることができれば，伸縮装置の非排水装置の損傷により漏水が生じても，支承の防食機能劣化を遅らせる効果が得られると考えられる．

このように，補修対策工の選定に際しては，変状要因の除去の可否，変状要因が除去できない場合の補強方法の選定，変状の再発があっても影響を最少限度に抑え込むフェィルセーフ対策の採用など，適切な対策工の選定・組み合わせによりLCCの縮減が達成できることに注意が必要である．

5．2　道路橋と支承部の点検と診断

5.2.1　道路橋の点検と診断

(1)　点検の法令化

今後，橋梁等の道路構造物が急速に高齢化していくことを踏まえ，各道路管理者の責任による計画⇒点検⇒診断⇒措置（補修・補強）⇒記録というメンテナンスサイクルを確立するために具体的な点検頻度や方法を法令で定めるため，道路法施行規則（昭和二十七年建設省令第二十五号）が改正され2014（平成26）年3月31日に公布，同年7月1日から施行された．

これにより，道路の構造又は交通に大きな支障を及ぼす恐れがあるものの点検は，点検を適正に実施するため必要な知識技能を有する技術者が実施すること．近接目視によって，5年に1回の頻度で実施すること．点検の結果をもとに健全性の診断を実施すること．点検結果，診断結果，損傷等に対して実施した措置の内容を記録し対象施設の供用期間中は保存すること．が道路管理者に課せられた．

> （道路の維持又は修繕に関する技術的基準等）
> 第四条の五の二　令第三十五条の二第二項の国土交通省令で定める道路の維持又は修繕に関する技術的基準その他必要な事項は，次のとおりとする．

一　トンネル，橋その他道路を構成する施設若しくは工作物又は道路の附属物のうち，損傷，腐食その他の劣化その他の異状が生じた場合に道路の構造又は交通に大きな支障を及ぼすおそれがあるもの（以下この条において「トンネル等」という．）の点検は，トンネル等の点検を適正に行うために必要な知識及び技能を有する者が行うこととし，近接目視により，五年に一回の頻度で行うことを基本とすること．
二　前号の点検を行つたときは，当該トンネル等について健全性の診断を行い，その結果を国土交通大臣が定めるところにより分類すること．
三　第一号の点検及び前号の診断の結果並びにトンネル等について令第三十五条の二第一項第三号の措置を講じたときは，その内容を記録し，当該トンネル等が利用されている期間中は，これを保存すること．

(2) 定期点検要領 [6)7)]

　道路法施行規則が改正され，道路橋の点検が義務化されたことを踏まえ，国土交通省は，地方公共団体における円滑な点検の実施のための技術的助言として，省令および告示の規定に基づいた，具体的な点検方法，主な変状の着目箇所，判定事例写真等を記載した「道路橋定期点検要領[6)]」を策定している．道路橋定期点検要領の位置付けは，道路法施行規則第4条の5の2の規定に基づいて行う点検について，最小限の方法，記録項目を具体的に記したものとされているため，地方公共団体向けとして使用される．

　なお，道路の重要度や施設の規模などを踏まえ，各道路管理者が必要に応じて，より詳細な点検，記録を行う場合は，国土交通省が定期点検に用いる点検要領等〔橋梁であれば，「橋梁定期点検要領[7)]」〕を参考にするよう示されている．

　以下は，国土交通省の橋梁定期点検要領の記載内容であるが，支承部の点検項目を**表5.2**に，支承で生じやすい損傷を**表5.3**に，対策判定の区分を**表5.4**に示す．

表5.2　橋梁定期点検要領における支承部の点検項目

部位・部材区分	鋼	コンクリート	その他
支承本体	①腐食 ②亀裂 ③ゆるみ・脱落 ④破断 ⑤防食機能の劣化 ⑥遊間の異常 ⑦支承部の機能障害 ⑧漏水・滞水 ⑨異常な音・振動 ⑩変形・欠損 ⑪土砂詰まり ⑫沈下・移動・傾斜		①破断 ②遊間の異常 ③支承部の機能障害 ④変色・劣化 ⑤漏水・滞水 ⑥異常な音・振動 ⑦変形・欠損 ⑧土砂詰まり
アンカーボルト	①腐食 ②亀裂 ③ゆるみ・脱落 ④破断 ⑤防食機能の劣化 ⑥変形・欠損		

部位・部材区分	鋼	コンクリート	その他
落橋防止システム	①腐食 ②亀裂 ③ゆるみ・脱落 ④破断 ⑤防食機能の劣化 ⑥遊間の異常 ⑦異常な音・振動 ⑧異常なたわみ ⑨変形・欠損	①ひびわれ ②剥離・鉄筋露出 ③うき ④遊間の異常 ⑤変色・劣化 ⑥変形・欠損 ⑦土砂詰まり	
沓座モルタル		①ひびわれ ②剥離・鉄筋露出 ③うき ④漏水・滞水 ⑤変形・欠損	
台座コンクリート			

表5.2の点検項目に損傷が認められた場合，「損傷評価基準」に基づいて，損傷種類ごとに単純にその程度が区分される．区分の数は多い場合でa〜eの5段階である．この区分を基本にその原因や将来予測，橋全体の耐荷性能等へ与える影響，当該部位，部材周辺の部位，部材の現状等を考慮し，技術者の判断が加えられ対策区分の判定がなされる．なお，対策区分の判定にあたり，各部位ごとに生じやすい損傷など要注意箇所が示されているが，そのうち，支承に関する内容を**表5.3**に示す．

表5.3 橋梁定期点検要領に示された支承で生じやすい損傷

支承の種類	着目箇所と損傷
線支承	①下沓本体の割れ，腐食 ②サイドブロック立ち上がり部の割れ ③ピンチプレートの破損 ④上沓ストッパー部の破損 ⑤アンカーボルトの損傷，腐食 ⑥沓座モルタル，沓座コンクリートの損傷
ベアリング支承	①下沓本体の割れ，腐食 ②ベアリングプレートの損傷（飛出し） ③サイドブロック取付部の割れ ④サイドブロックの接触損傷，サイドブロックボルトの破断 ⑤上沓ストッパー部の破損 ⑥セットボルトの損傷（破断・抜出し），腐食 ⑦沓座モルタル，沓座コンクリートの損傷
複数ローラー支承	①上沓，下沓，底板の損傷，腐食 ②ローラー部の損傷（ローラーの抜出し，ピニオンの破損），腐食 ③サイドブロックの接触損傷，サイドブロックボルトの破断 ④下沓ストッパー部の破損 ⑤セットボルトの破断（鋼桁の場合） ⑥ピン部又はピボット部の損傷 ⑦アンカーボルトの損傷（破断，抜出し），腐食 ⑧沓座モルタル，沓座コンクリートの損傷 ⑨保護カバーの破損

支承の種類	着目箇所と損傷
ゴム支承	①ゴム支承本体の損傷，劣化（有害な割れの有無） ②ゴム支承本体の変位・逸脱（常時の許容せん断ひずみは70%） ③ゴムのはらみ等の異常の有無 ④ゴム支承本体と上沓との接触面に肌すきの有無 ⑤サイドブロックの損傷，サイドブロックボルトの破断 ⑥上沓ストッパー部の破損 ⑦セットボルトの破断 ⑧アンカーボルトの損傷（破断，抜出し），腐食 ⑨沓座モルタル，沓座コンクリートの損傷

なお，これらの点検結果をもとに評価される対策判定は，**表5.4**に示すとおりで，大きくは6区分，細部まで含めると9区分に評価・判定される．

表5.4 橋梁定期点検要領に示された対策判定の区分

判定の区分	判定の内容
A	損傷が認められないか，損傷が軽微で補修を行う必要がない
B	状況に応じて補修を行う必要がある
C1	予防保全の観点から，速やかに補修等を行う必要がある
C2	橋梁構造の安全性の観点から，速やかに補修等を行う必要がある
E1	橋梁構造の安全性の観点から，緊急対応の必要がある
E2	その他，緊急対応の必要がある
M	維持工事で対応する必要がある
S1	詳細調査の必要がある
S2	追跡調査の必要がある

(3) 点検資格の登録制度（民間資格登録制度）

社会資本の維持管理および更新を確実に実施するための資格制度については，「国土交通省インフラ長寿命化計画（行動計画）（2014年（平成26)年5月）」において資格制度の検討が位置付けられ，さらに，2014(平成26)年6月に改正された「公共工事の品質確保の促進に関する法律（品確法）」においても，「国は，公共工事に関する調査および設計に関し，その業務の内容に応じて必要な知識又は技術を有する者の能力がその者の有する資格等によって適切に評価され，およびそれらの者が十分に活用されるようにするため，これらに係る資格等の評価の在り方等について検討を加え，その結果に基づいて必要な措置を講ずるものとする．」と規定されている．

また，2014(平成26)年8月に社会資本整備審議会・交通政策審議会技術分科会技術部会から「社会資本メンテナンスの確立に向けた緊急提言：民間資格の登録制度の創設について」が提言された．

このような背景から国土交通省では，点検，診断，設計等の業務内容に応じた必要な知識・技術を明確し，それを満たす技術者資格の登録について定めた「公共工事に関する調査および設計等の品質確保に資する技術者資格登録規程」を2014(平成26)年11月29日に告示し2015(平成27)年1月26日に第1回登録がなされ，告示で定められた必要な知識・技術等に関する要件をすべて満たしていることが確認された資格登録簿が公表された．

橋梁の分野で第1回の登録がされた民間資格の名称を**表5.5**に示す．今後，各発注機関においては，これらの資格を業務の発注要件として活用することで，調査および設計等の品質の確保・向上が期待される．なお，これら登録された資格は，学会や協会等の民間が実施する資格であり，当該資格が必要な知識・技術等に関する要件について満足していると国土交通省が判断しているものである．ただし，技術士や土木施工管理技士等の国家資格は，民間資格登録制度には含まれていない．

表5.5 第1回登録の民間資格（橋梁分野）

施設分野	業務	知識・技術を求める者	第1回登録（平成27年1月26日）がされた民間資格の名称
橋梁（鋼橋）	点検	担当技術者	道路橋点検士，RCCM（鋼構造及びコンクリート），一級構造物診断士，二級構造物診断士，土木鋼構造診断士，土木鋼構造診断士補，上級土木技術者（橋梁）コースB，1級土木技術者（橋梁）コースB，特定道守コース，道守コース，道守補コース
	診断	担当技術者	RCCM（鋼構造及びコンクリート），土木鋼構造診断士，上級土木技術者（橋梁）コースB，特定道守（鋼構造）コース，道守コース
橋梁（コンクリート橋）	点検	担当技術者	道路橋点検士，RCCM（鋼構造及びコンクリート），一級構造物診断士，二級構造物診断士，コンクリート構造診断士，プレストレストコンクリート技士，上級土木技術者（橋梁）コースB，1級土木技術者（橋梁）コースB，コンクリート診断士，特定道守コース，道守コース，道守補コース
	診断	担当技術者	RCCM（鋼構造及びコンクリート），コンクリート構造診断士，上級土木技術者（橋梁）コースB，特定道守（コンクリート構造）コース，道守コース

5.2.2 支承部の点検種類と意義

橋梁の点検は，その実施時期や目的などから，一般に「初期点検」，「日常点検」，「定期点検」，「臨時点検」，「特定点検」，さらに必要に応じて実施される「詳細調査」，「追跡調査」などに分類される．橋梁等の道路構造物の点検・診断は，道路維持管理業務の一環として，道路管理者が保有する橋梁等の使用現状を把握し，橋梁等が常に安全であり，かつ円滑な交通を確保できるよう，安全性，耐久性等に悪影響を及ぼすと考えらえる損傷等を早期に発見し，適切な診断および措置を講ずることを目的としている．ここでは，特に支承部に着目してそれぞれの点検の目的や実施内容などを整理する．**図5.12**に一般的な点検種別について体系図を示す．

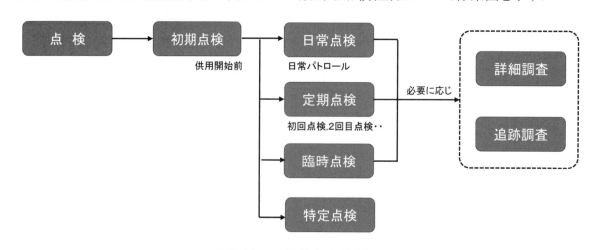

図5.12 一般的な点検種別

(1) 初期点検

　初期点検は，供用開始前の構造の初期状態を把握することを目的として実施するもので，近接目視によって，初期の施工時不具合や設計上考慮しきれない不具合などを発見し，必要に応じて対策を実施する．初期点検の内容を記録しておき，その後の定期点検で経年変化を対比する上で初期点検において初期値を得ることが重要である．点検は，打音検査や触診のできる距離まで近づく近接目視により行うことが一般的である．支承部の初期点検時の計測および確認の項目を表5.6に整理する．

　なお，初期点検と似た用語で初回点検が存在する．初回点検は，供用後の初回に実施される定期点検として位置付けられるため，供用開始前に実施する点検と区別するべきと考え，ここでは初期点検とした．

表5.6　初期点検時の支承部の計測および確認項目と着目の観点

計測および確認の項目	着目の観点
点検時の気温	桁の温度変化による可動支承の遊間量確認や次回点検時に比較等を行うため計測する．
サイドブロックの遊間量（可動支承の場合）	可動支承で遊間量に極端な偏りがあった場合は，据え付け時の不具合も考えられる．また，温度変化による桁の伸縮に追随できず拘束される可能性がある．
異常な変形がないか	ゴム支承に異常なせん断変形があった場合は，据え付け時の不具合が考えられる．
異音や異常な振動がないか	異音の発生や異常な振動がある場合，据え付け時の不具合が考えられる．
沓座モルタルの割れがないか	初期に沓座モルタルに割れがある場合，支承直下の充填不足が疑われる．
部材間に隙間が生じてないか	支承据え付け時の誤差による不具合を確認する．
ボルトにゆるみがないか	ボルトの締め付け不足がないか確認する．
発錆・腐食がないか	初期点検時に支承に発錆・腐食が生じている場合，その原因を特定し将来的に発錆・腐食による機能不全が生じないよう対処することが望ましい．
支承部に漏水や滞水がないか	腐食発生の原因となる漏水や滞水するような勾配の不具合などがないか確認する．

(2) 日常点検

　日常点検は，安全で円滑な交通の確保，沿道や第三者被害を防止することが目的である．道路管理者によりその頻度は異なるものの，比較的短い周期で繰返して行われる点検である．道路上の徒歩点検や車両によるパトロールが該当するが，その際，桁端部や架け違い部において，伸縮継手部における段差や橋梁部に連続するガードレールの段差，連続する地覆または壁高欄，区画線の平面的なズレなどが生じていた場合，支承部に何らかの不具合が発生していることが考えられる．

　そのような状況が確認された場合には，速やかに支承部の近接目視を実施し，表5.7に示す支承部において懸念される損傷を確認する必要がある．

表5.7 橋面上の事象と支承部において懸念される損傷の関係

橋面上の事象	支承部において懸念される損傷
伸縮継手部における段差	■ 支承が圧潰している．
橋梁部に連続するガードレールの段差	■ 沓座モルタルや台座コンクリートに欠損が生じている． ■ 支点部の桁に断面欠損や座屈が生じている．
連続する地覆，高欄，区画線の平面的なズレ	■ サイドブロックに破断，割れが生じている． ■ アンカーボルトに破断が生じている． ■ 支点部付近の補剛材に変形が生じている

(3) 定期点検

定期点検では，損傷や劣化の進行に対する橋梁の健全性を判断することを目的とし，橋梁の損傷の有無を確認することや過去に発見された軽微な損傷の経年による変化を把握して対策の必要性などを判断すること，または，その後に実施する補修・補強工事の開始時期を検討することなどが求められる．

先の記述のとおり，2014（平成26）年3月に道路法施行規則が改正され，道路管理者に対して，5年に1回の頻度で近接目視による点検が義務化された．

次の表5.8は，道路橋定期点検要領[6]の付録1表-5の内容（①～⑥）に，着目箇所として⑦支承部周辺を加え整理している．

表5.8 支承部の主な着目箇所と着目のポイント

主な着目箇所	着目のポイント
①支承本体	■ 狭隘な空間となりやすく，高湿度や塵埃の堆積など腐食環境が激しい場合が多く，局部腐食や異常腐食も進行しやすい． ■ 大きな応力を受けやすく，地震時に割れ，破損，もしくは破断が生じやすい． ■ 上部構造の異常移動や下部構造の移動等により，異常遊間を生じやすい． ■ 路面段差や伸縮装置の影響から，自動車荷重の衝撃の影響を受けやすい．
②セットボルト	■ 大きな応力を受けやすく，地震時に破断が生じやすい． ■ ボルト角部で塗膜が損傷しやすく，腐食機能の低下や腐食が進行しやすい．
③アンカーボルト	■ 大きな応力を受けやすく，地震時に破断が生じやすい． ■ ボルト，ナット部で塗膜が損傷しやすく，腐食機能の低下や腐食が進行しやすい．
④沓座部	■ 沓座モルタルでは，大きな応力を受けやすく，ひびわれ，うき，欠損が生じやすい． ■ 鋼製橋脚沓座溶接部では，衝撃を伴う支点反力により疲労亀裂が生じやすい．
⑤支承台座	■ 大きな応力を受けやすく，ひびわれ，うき，欠損が生じやすい．
⑥桁端の遊間	■ 上部構造の異常移動や下部構造の移動等により，異常遊間を生じやすい．

主な着目箇所	着目のポイント
⑦支承部周辺	■ 上部構造の異常移動や下部構造の移動等により，以下のような損傷を引き起こす可能性がある． 　・端対傾構や下横構に変形が生じる． 　・変位制限構造や落橋防止構造の遊間の異常が生じる． ■ 伸縮装置からの漏水の発生により腐食が進行しているような箇所では，主桁のウェブや下フランジに断面欠損，孔食が生じやすい． ■ 腐食が発生している箇所では，伸縮装置の裏側面を観察することで，漏水の有無や漏水経路を確認し，対策の立案に役立てる．

(4) 臨時点検

　臨時点検は，地震・異常出水（台風，高潮，ゲリラ豪雨）などの自然災害，または火事・衝突などの事故が発生した場合などに実施される点検であり，一般交通の供用や緊急車両の通行の可否を判断するために実施する．一般に，次に示す2種類に分類できる．

　① 異常時点検：地震・異常出水などの自然災害の発生時に実施する点検．
　② 緊急点検：火事・衝突などの事故が発生した場合に実施する点検．第三者通報や何らかの異常が発生した場合に実施する点検．

　臨時点検は，対象となる事象が発生した場合に構造物の安全性を確認するため，速やかに実施する必要があり，その際の点検項目を**表5.9**に整理する．臨時点検後，損傷の程度を詳細に把握する必要がある場合には，引き続き詳細調査を実施する．

表5.9 臨時点検を実施する事象と支承部の点検項目

臨時点検を実施する事象	支承部の点検項目
地　震	■ サイドブロックや支承本体に割れがないか．ゴム支承本体が破断してないか ■ 桁に変形が生じていないか ■ 取付けボルトに破断，抜けがないか ■ 沓座モルタル，台座コンクリートに割れ，欠損がないか
異常出水 （台風，高潮，ゲリラ豪雨）	■ 異常出水等で支承が冠水した場合，部材の隙間などに異物が入り機能障害を生じていないか．
火　事	■ 受熱温度の推定（鋼材塗膜の状況で推定） ■ 溶接部に割れが生じていないか ■ 取付けボルトに緩みがないか ■ ゴム支承に熱影響がないか（硬度計でゴムの硬さを確認） ■ 支承部付近のコンクリート強度に問題がないか
衝　突	■ サイドブロックに割れがないか ■ 支点部付近の補剛材に変形が生じていないか

(5) 特定点検

特定の構造やディテールで損傷や不具合が発見された場合に，同種・類似の構造を有する他の橋梁の特定部位に対して実施する点検を指す．

支承部において，過年度に実施された特定点検の内容を表5.10に示す．

表5.10　支承部において近年に実施された特定点検

時期	部位	特定点検の内容
2002（平成14）年8月	斜張橋の ペンデル支承	斜張橋のペンデル支承のアンカーボルトの破断（写真5.7）が発見されたことから，同箇所を有する全国の橋梁に対して特定点検が実施された．
2003（平成15）年2月	落橋防止装置の アンカーボルト	落橋防止装置の鋼製ブラケットを固定するアンカーボルトに対して，定着長の点検が実施された． 全国で約17万本

(a) アンカーボルトの破断したペンデル支承　　　(b) 破断したアンカーボルト（拡大）

写真5.7　ペンデル支承のアンカーボルト破断状況[8]

5.2.3 代表的支承の点検ポイント

代表的な支承として，(a) 線支承，(b) 支承板支承，(c) ピンローラー支承，(d) ピボット支承，(e) ゴム支承のそれぞれについて，点検ポイントを図解した．

(a) 線支承の点検ポイント

線支承は，橋長30m程度以下の小規模橋梁に使用される支承である．下沓とソールプレート接触部の土砂堆積は，移動・回転機能に悪影響を及ぼす恐れがあることから特に注意が必要である．

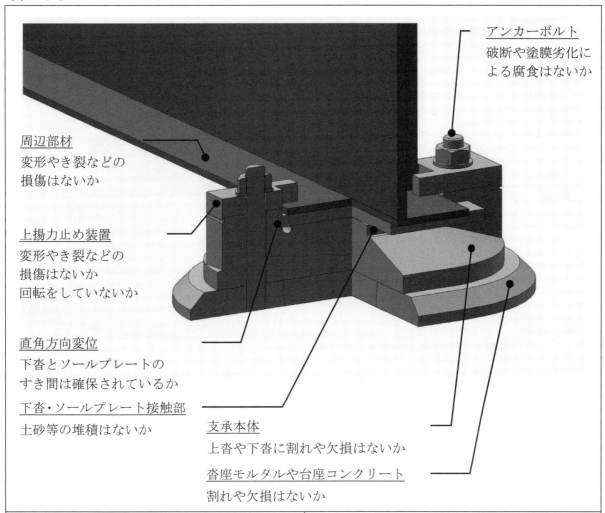

■点検のポイント	■線支承固有の着目点
◇ 上沓・下沓の割れ破壊はないか	◇ 摺動・回転部（下沓・ソールプレート接触部）に土砂等の堆積はないか
◇ 橋軸方向に過移動はないか	
◇ 上揚力止め装置の損傷はないか	◇ 上揚力止め装置（ピンチプレート）に回転・浮き上がりなどはないか
◇ 橋軸直角方向の変位に異常は見られないか（接触）	◇ ピンチプレートに回転・変形はないか
◇ 沓座モルタルや台座コンクリートに割れなどはないか	◇ アンカーボルト・ナットの浮き上がりはないか
◇ ボルトの緩み，折損はないか	
◇ 塗膜剥がれ，さびなどはないか	

(b) 支承板支承の点検ポイント

支承板支承は，BP.A支承とBP.B支承に大別される．BP.B支承については，中規模な橋梁から比較的大規模な橋梁にまで使われる．BP.A支承については，回転機能を有しているか，という点について，特に着目する必要がある．また，BP.B支承については，近年，比較的大規模な橋梁において，PTFE板のせり出し事例が報告されている．摺動部は狭隘であり，かつシールリングに覆われているため，点検が困難であるが，シールリングの変形（はらみ）や脱落などに注意を払う必要がある．

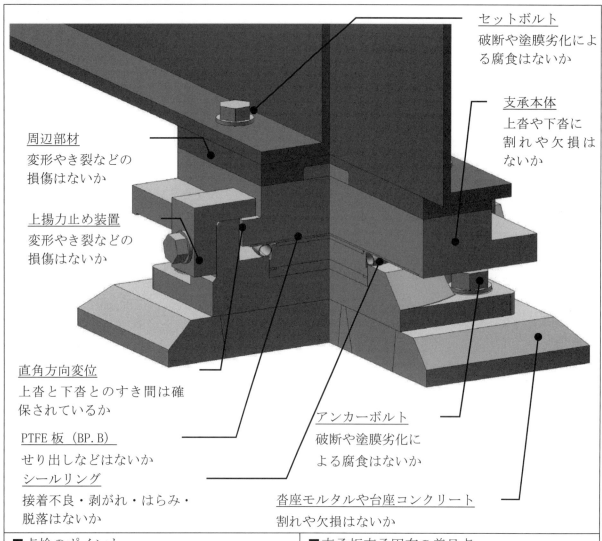

■点検のポイント	■支承板支承固有の着目点
◇ 上沓・下沓の割れ破壊はないか	◇ PTFE板のせり出しはないか（BP.B支承）
◇ 橋軸方向に過移動はないか	◇ シールリングの接着不良・剥がれ・はらみ・脱落はないか．
◇ 移動制限機能の損傷はないか	
◇ 上揚力止め装置の損傷はないか	◇ 移動・回転機能の障害がないか
◇ 橋軸直角方向の変位に異常は見られないか（接触）	◇ 可動支承の移動制限装置に移動量の異常はないか
◇ 沓座モルタルや台座コンクリートに割れなどはないか	◇ 固定支承の移動制限装置に変形はないか
◇ ボルトの緩み，折損はないか	
◇ 塗膜剥がれ，さびなどはないか	

(c) ピンローラー支承の点検ポイント

ピンローラー支承は，比較的大規模な橋梁に用いられる支承である．ピンにより回転機能を担うため，回転方向は一方向に限定される．

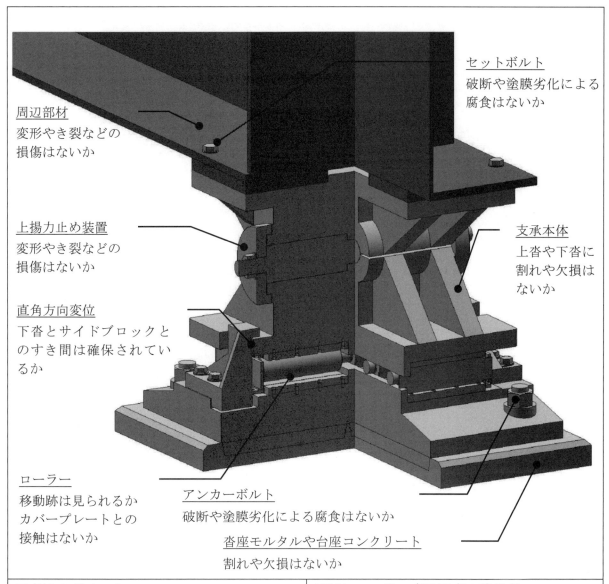

周辺部材
変形やき裂などの損傷はないか

上揚力止め装置
変形やき裂などの損傷はないか

直角方向変位
下沓とサイドブロックとのすき間は確保されているか

ローラー
移動跡は見られるか
カバープレートとの接触はないか

セットボルト
破断や塗膜劣化による腐食はないか

支承本体
上沓や下沓に割れや欠損はないか

アンカーボルト
破断や塗膜劣化による腐食はないか

沓座モルタルや台座コンクリート
割れや欠損はないか

■点検のポイント
- 上沓・下沓などの割れ破壊はないか
- 橋軸方向に過移動はないか
- 移動制限機能の損傷はないか
- 上揚力止め装置の損傷はないか
- 橋軸直角方向の変位に異常は見られないか（接触）
- 沓座モルタルや台座コンクリートに割れなどはないか
- ボルトの緩み，折損はないか
- 塗膜剥がれ，さびなどはないか

■ピンローラー支承固有の着目点
- ローラーに異常はないか（移動しているか，移動跡が見られるか，ローラーの位置は正常か）
- ローラーの位置は正常か（カバープレートと接触していないか）
- カバープレートやローラーの脱落はないか
- ローラー部への土砂堆積はないか

(d) ピボット支承の点検ポイント

ピボット支承は，比較的大規模な橋梁に用いられる支承である．球面形状部で回転機能を担うため，全方向回転が可能となる．そのため，曲線橋などへも適用されている．

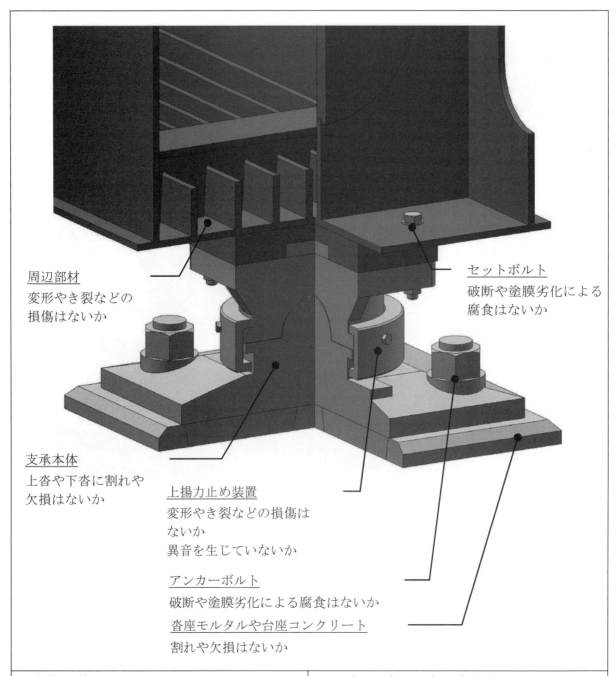

周辺部材
変形やき裂などの損傷はないか

セットボルト
破断や塗膜劣化による腐食はないか

支承本体
上沓や下沓に割れや欠損はないか

上揚力止め装置
変形やき裂などの損傷はないか
異音を生じていないか

アンカーボルト
破断や塗膜劣化による腐食はないか

沓座モルタルや台座コンクリート
割れや欠損はないか

■点検のポイント	■ピボット支承固有の着目点
◇ 上沓・下沓などの割れ破壊はないか ◇ 上揚力止め装置の損傷はないか ◇ 沓座モルタルや台座コンクリートに割れなどはないか ◇ ボルトの緩み，折損はないか ◇ 塗膜剥がれ，さびなどはないか	◇ 上揚力止め装置に異常はないか（変形やき裂などは生じていないか） ◇ 上揚力止め装置部で異音が生じていないか

(e) ゴム支承の点検ポイント

ゴム支承は，1995（平成7）年に発生した兵庫県南部地震以降，急速に普及している．中規模の橋梁から大規模の橋梁まで幅広く使用されている．近年は，大気中のオゾンによってゴム支承本体にき裂を生じる事例が報告されている．特に，地震時水平力分散ゴム支承や免震ゴム支承において，被覆ゴムを貫通するような大きなき裂は，地震時に求められる性能を十分に発揮できない恐れがあることから注意が必要である．

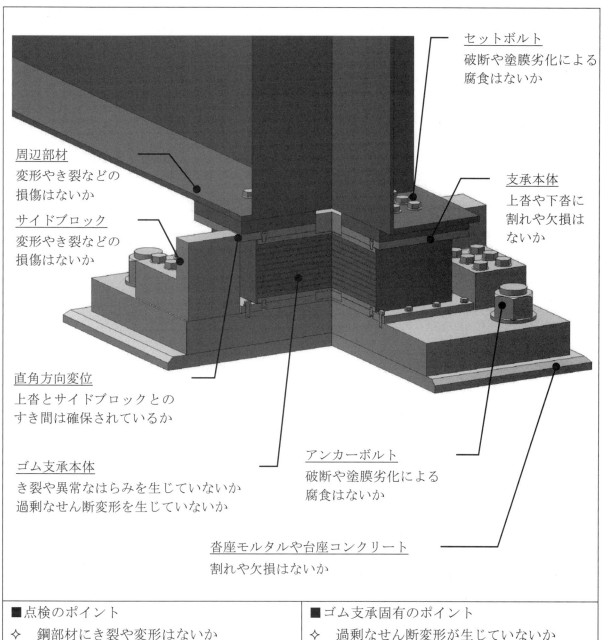

- セットボルト
  破断や塗膜劣化による腐食はないか
- 周辺部材
  変形やき裂などの損傷はないか
- サイドブロック
  変形やき裂などの損傷はないか
- 支承本体
  上沓や下沓に割れや欠損はないか
- 直角方向変位
  上沓とサイドブロックとのすき間は確保されているか
- ゴム支承本体
  き裂や異常なはらみを生じていないか
  過剰なせん断変形を生じていないか
- アンカーボルト
  破断や塗膜劣化による腐食はないか
- 沓座モルタルや台座コンクリート
  割れや欠損はないか

■点検のポイント	■ゴム支承固有のポイント
◇ 鋼部材にき裂や変形はないか ◇ 沓座モルタルや台座コンクリートに割れなどはないか ◇ ボルトの緩み，折損はないか ◇ 塗膜剥がれ，さびなどはないか	◇ 過剰なせん断変形が生じていないか ◇ ゴム支承本体にき裂が生じていないか ◇ ゴム支承本体に異常なはらみが生じていないか ◇ 上沓・下沓の鋼部材に腐食はないか

5.2.4 損傷の程度と判定区分の判断事例

橋梁定期点検要領[7)]では，部材単位で損傷の程度を判定（a～e）した上で，部材単位および橋梁単位の健全性の診断（判定区分Ⅰ～Ⅳ）を行うこととされている．なお，その措置の基本的な考え方を表5.11に示す．

表5.11 判定区分と措置の基本的な考え方

区分	状態	措置の基本的な考え方
Ⅰ 健全	構造物の機能に支障が生じていない状態	監視や対策を行う必要のない状態
Ⅱ 予防保全段階	構造物の機能に支障が生じていないが，予防保全の観点から措置を講ずることが望ましい状態	状況に応じて，監視や対策を行うことが望ましい状態
Ⅲ 早期措置段階	構造物の機能に支障が生じる可能性があり，早期に措置を講ずべき状態	早期に監視や対策を行う必要のある状態
Ⅳ 緊急措置段階	構造物の機能に支障が生じている，又は生じる可能性が著しく高く，緊急に措置を講ずべき状態	緊急に対策を行う必要がある状態

道路橋毎の健全性の診断は，部材単位での補修や補強の必要性等を評価する観点とは別に，道路橋毎で総合的な評価を付けるものであり，道路橋の管理者が保有する道路橋全体の状況を把握するなどの目的で行うものとされていて，構造特性や架橋環境条件，当該道路の重要度等の観点から道路橋毎で総合的に判断する必要があるとされている．

ここでは，支承部の代表的な点検および判定のポイントについて表5.12に整理した．

表5.12 支承部の主な着目箇所と実務的なチェック項目と対応

主な着目箇所	点検のポイント（損傷程度）	判定のポイント
①支承本体	□ 上沓，下沓に割れ破壊や欠損，圧潰はないか． 一般には，その有無で判断 破壊，欠損など無：損傷程度a 破壊，欠損など有：損傷程度e	● 鉛直荷重を支持する箇所に割れ，破壊，欠損，または圧潰がある場合，座屈，脆性破壊の危険性がある． Ⅳ 緊急措置段階． 交通規制の実施やサンドル等による仮受けの緊急対応が必要．

第5章 支承部の維持管理標準

主な着目箇所	点検のポイント（損傷程度）	判定のポイント
①支承本体	☐ 支承本体にき裂や変形などがあり，支承に必要とされる回転機能，移動機能が拘束されていないか． 　一般には，その有無で判断 　回転・移動機能障害無：損傷程度a 　回転・移動機能障害有：損傷程度e 	● 速やかに各機能の回復を行なうことが望ましい．程度によって，Ⅱ予防保全段階またはⅢ早期措置段階．（5.3.2の維持管理標準参照）
	☐ 支承に浮き上がりがないか 　一般には，その有無で判断 　浮き上がり無：損傷程度a 　浮き上がり有：損傷程度e 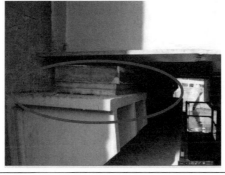	● 支承に浮き上がりがある場合，他の支承に大きな反力が入っていることや，支承の上下動により支承が損傷するため，詳細調査を実施し対策が必要である
	☐ 伸縮装置や排水管などから漏水があり，支承部に土砂等が堆積し湿潤状態となっていないか． 　一般には，その有無で判断 　無：損傷程度a 　有：損傷程度e 	● 放置すると支承部の各機能の損失につながるため，それらを取り除く清掃を実施するとともに，伸縮装置の損傷補修や排水管の補修を実施することが望ましい．Ⅱ予防保全段階．

主な着目箇所	点検のポイント（損傷程度）	判定のポイント
①支承本体	□ ゴム支承本体にき裂が発生していないか． 　一般には，その有無で判断 　　無：損傷程度a 　　有：損傷程度e	● 放置すると内部補強鋼板に劣化因子が進入し腐食し，機能が著しく低下する可能性がある．程度によって，Ⅱ予防保全段階またはⅢ早期措置段階．（5.3.2の維持管理標準参照）
	□ 桁端部で腐食による鋼材の減厚が生じていないか． 　一般には，腐食の程度で評価 　断面欠損なし：損傷程度b 　断面欠損あり：損傷程度c〜e	● 断面欠損あり場合，支承部の耐荷力への影響が生じているため，Ⅲ早期措置段階．一方，断面欠損がない場合，Ⅱ予防保全段階．
	□ 異音がないか，異常な振動がないか． 　一般には，その有無で判断 　　無：損傷程度a 　　有：損傷程度e	● 異常音の発生について，部材の破断や干渉などが推定され，損傷箇所を特定する．程度によって，Ⅱ予防保全段階またはⅢ早期措置段階．
②セットボルト	□ セットボルトの外れ，破断がないか 　一般には，その有無で判断される 　　無：損傷程度a 　　有：損傷程度e	● セットボルトの外れ，破断が発見された場合，支承機能が低下しており，速やかに復旧することが望ましい．Ⅲ早期措置段階．

主な着目箇所	点検のポイント（損傷程度）	判定のポイント
②セットボルト	☐ 塗膜の劣化により，錆び，腐食が発生していないか 　一般には，腐食の程度で評価 　断面欠損なし：損傷程度b 　断面欠損あり：損傷程度c〜e	● 断面欠損あり場合，支承部の耐荷力への影響が生じているため，Ⅲ早期措置段階．一方，断面欠損がない場合，Ⅱ予防保全段階．
③アンカーボルト	☐ アンカーボルトの外れ，破断がないか 　一般には，その有無で判断 　無：損傷程度a 　有：損傷程度e	● アンカーボルトの外れ，破断が発見された場合，支承機能が低下しており，速やかに復旧することが望ましい．Ⅲ早期措置段階．
	☐ 塗膜の劣化により，錆び，腐食が発生していないか 　一般には，腐食の程度で評価 　断面欠損なし：損傷程度b 　断面欠損あり：損傷程度c〜e	● 断面欠損あり場合，支承部の耐荷力への影響が生じているため，Ⅲ早期措置段階．一方，断面欠損がない場合，Ⅱ予防保全段階．
④沓座部	☐ 沓座モルタルにうき，割れ，欠損が生じていないか 　一般には，欠損の程度で評価 　断面欠損なし：損傷程度a 　断面欠損あり：損傷程度cまたはe	● うき，割れ，欠損が確認された場合，支点反力の伝達に障害が生じている場合，Ⅲ早期措置段階となるが，問題がない場合は，Ⅱ予防保全段階（5.3.2の維持管理標準参照）

主な着目箇所	点検のポイント（損傷程度）	判定のポイント
⑤支承台座	□ 支承台座のコンクリートに割れ，欠損が生じていないか 　一般には，欠損の程度で評価 　断面欠損なし：損傷程度a 　断面欠損あり：損傷程度cまたはe	● うき，割れ，欠損が確認された場合，支点反力の伝達に障害が生じている場合，Ⅲ早期措置段階となるが，問題がない場合は，Ⅱ予防保全段階（5.3.2の維持管理標準参照）
⑥桁端の遊間	□ 桁端と橋台背面や隣接桁端との遊間が適切な間隔となっているか 　一般には，その有無で判断 　無：損傷程度a 　有：損傷程度e 合わせて，伸縮装置の遊間量の確認，主桁や対傾構などの変形の有無をチェックする．	● 遊間が異常に広い又は狭い場合は，橋脚や橋台の移動も考えられるため，詳細な調査が必要となる．

5.2.5 詳細調査

　詳細調査は，日常点検や定期点検などにおいて発見された損傷に対して，損傷原因や損傷の程度の把握が困難な場合に，詳細に原因を特定するために実施し，必要に応じて非破壊試験や計測機器を用いて実施するものである．

　ここでは，支承部が有すべき機能に着目し，桁端部の腐食が発見された場合，支承部の浮き上がりや回転・水平移動の機能障害の恐れがある場合，鉛直支持の機能障害の恐れがある場合，ゴム支承本体の健全性を確認する場合，火災により損傷した場合の調査項目と調査方法を参考に示す．

(1) 桁端部腐食がある場合

桁端部が腐食し支点上垂直補剛材の減厚により座屈する可能性があることから，ノギスやマイクロメーターを用いて減厚量を確認する．板厚が不足し座屈する恐れがある場合には，サンドル等によって桁が落下しないよう応急処置をするとともに，速やかに当て板等により補強する．なお，最近では桁端部の腐食補修として，5.4.1(2)支承部付近の腐食に示すような炭素繊維シートを用いた方法が報告されている．

(2) 支承部の浮き上がりや回転・水平移動の機能障害の恐れがある場合

支承の浮き上がりや回転・水平移動の機能障害の有無を確認するためには，**写真5.8**のようにダイヤルゲージなどの変位計を用いた計測がされる．

(a) BP支承の場合　　　　　　　　　　　　(b) ローラー支承の場合

写真5.8　変位計を利用した計測

(3) 鉛直支持の機能障害の恐れがある場合

支承の鉛直支持機能の障害の有無を確認するためには，**写真5.9**のように油圧ジャッキを用いた反力計測が行われる．

写真5.9　油圧ジャッキを用いた反力計測

(4) ゴム支承本体の健全性を確認する場合

ゴム支承本体のオゾンによるき裂については，近接目視により，その長さや深さを確認する．き裂の深さが被覆ゴムを貫通している場合には，せん断変形時に破壊の起点となる恐れがあるので注意を払う必要がある．なお，積層ゴム支承の健全性を評価する方法の一つとして，アコースティック・エミッション法（AE法）を用いて，積層ゴム支承を構成する内部鋼板とゴムとのはがれの有無を確認する実験的検討[9]がされ始めているものの，定量的な評価手法の確立には至っていない．ゴム支承内部の状況診断に関しては，データを蓄積している段階であり，今後の研究開発が待たれるところである．

写真5.10　オゾンき裂

(5) 火災により損傷した場合

橋梁の耐火対策に関する基準や**写真5.11**や**写真5.12**のように火災により受熱した支承の使用可否を判断するための鋼部材やゴム材の健全度を評価する一般的な方法は確立されていない状況である．そこで，火災損傷した支承の使用可否を判断するために必要な調査や関連する資料を掲載するので参考とされたい．

近年，橋梁においても国内のみならず，国外でも大規模な火災が発生し，最悪のケースとして，落橋した事例もある．建築やトンネルの分野では，対応マニュアルが整備されているものの橋梁については，一部の行政機関や道路・鉄道会社が自前の対策として作成し保有しているのみであった．そのような状況から，土木学会鋼構造委員会に，「火災を受けた鋼橋の診断補修技術に関する研究小員会」が2012（平成24）年6月に設立され，火災発生の緊急時に橋梁管理者などが行うべきアクションと判断について，そのより所となる情報が整理され，「火災を受けた鋼橋の診断補修ガイドライン」（鋼構造シリーズ24）が2015（平成27）年7月に発刊されている．

ガイドラインは，支承に特化した内容ではないが，道路および鉄道橋を対象に，既往の知見や報告などを収集・整理するとともに，橋梁が火災による熱影響を受けた際の，火災後の被災度判定，火災後の鋼橋の調査方法，火災により損傷した鋼橋の補修工法に関する内容となっており，高温時および加熱冷却後の材料の力学特性や参考資料に受熱温度推定のための塗膜損傷見本などが整理されているので参考とされたい．

滑りタイプの鋼製支承のうち，BP.A支承の古い形式のすべり面は，ベアリングプレートと二硫化モリブデン焼き付け処理の組み合わせとなっている．ベアリングプレートは，JIS H 5120に示される高力黄銅鋳物4種が用いられており，黄銅鋳物の変態温度が900℃以上であることから鋼材と同様に考えて問題はない．しかし，ベアリングプレートには黒鉛やその他潤滑剤を混ぜ合わせた固体潤滑剤が表面に埋め込まれておりその耐熱性は低いと言われている．そのため，古い形式のベアリングプレートと二硫化モリブデン焼き付け処理の組み合わせのすべり面は，熱影響により設計上の摩擦係数を満足できないことが考えられることから，その様な場合には，摺動試験等を行い検証する必要があると考えられる．

また，同じく滑りタイプの鋼製支承のBP.B支承では，すべり面の材料にPTFE板を使用しているが，PTFE板の融点は300℃前後であることから，火災時には注意を払う必要がある．

ゴム支承についても火災時の内部温度の推定が重要である．免震積層ゴム入門[10]には，耐火

被覆なしの積層ゴムをJIS A 1304の加熱曲線で耐火試験した結果の1つとして，**図5.13**が掲載されており，「30分で内部鋼板の外周位置が200℃に達している．1時間後には内部鋼板の外周位置のゴム温度が400℃になり，外周部も積層ゴムの中心近くも温度が急激に上昇し始め，80分後には積層ゴムのほとんどの部分で温度が400℃を超えた．」と報告されている．ゴム材料の熱分解温度は，300〜400℃なので，1時間以上高温に晒されると支承全体のゴム材料が分解し鉛直荷重の支持機能を損なう可能性がある．**写真5.12**には，火災損傷後のゴム支承を示しているが，ゴム表面の炭化や表面のべとつき等が確認された場合，ゴム内部まで熱影響を受けた可能性があるため，取替えを含めた検討が必要と考えられる．

外観での判断が困難な場合，ゴム表面の硬度を計測することによってゴム支承の健全度を推定することができる．**図5.14**および**図5.15**に，ゴムの短冊試験片を温度別に30分保持した後，23℃環境下で24時間放置した後の硬さ測定の結果を示す．この結果によると，150℃で加熱保持した試験体には変化は起きていないが，200℃以上で加熱保持した試験体では，表面硬さの変化が見られた．このことから，火災を受けたゴム支承の健全性の判断として，火災影響を受けていない隣接する同種のゴム支承の被覆ゴムの硬度計測結果と火災を受けたゴム支承の被覆ゴムの硬度計測結果を比較し，硬度低下が見られた場合は，ゴムの熱劣化が進んでいると判断することができる．

写真5.11　鋼製支承の火災損傷状況

写真5.12　ゴム支承の火災損傷状況

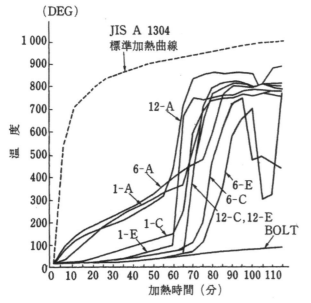
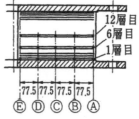

図5.13　積層ゴムの耐火試験[9]　（耐火被覆なし，図中番号は温度測定位置）

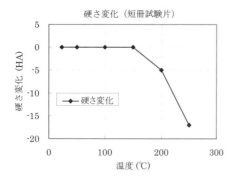

加熱温度 時間:30分		ゴム硬さ						加熱後のゴムの硬さ変化
		A	B	C	D	E	中央値	
23℃	加熱前	57.5	57.0	56.0	56.0	56.0	56.0	0
	加熱後	-	-	-	-	-	-	
50℃	加熱前	56.0	55.0	55.0	54.0	55.0	55.0	0
	加熱後	56.0	56.0	55.0	54.0	55.0	55.0	
100℃	加熱前	57.0	57.0	55.0	55.0	56.0	56.0	0
	加熱後	57.0	56.0	55.0	55.0	56.0	56.0	
150℃	加熱前	56.0	56.0	56.0	55.0	56.0	56.0	0
	加熱後	56.0	56.0	55.0	55.0	56.0	56.0	
200℃	加熱前	57.0	56.0	56.0	55.0	56.0	56.0	-5
	加熱後	52.0	50.0	51.0	50.0	51.0	51.0	
250℃	加熱前	56.0	56.0	56.0	57.0	57.0	56.0	-17
	加熱後	36.0	39.0	38.0	39.0	39.0	39.0	

図5.14　ゴム短冊の各温度保持後の表面硬さの変化

加熱温度 時間 30 分	加熱後の状況
23℃	 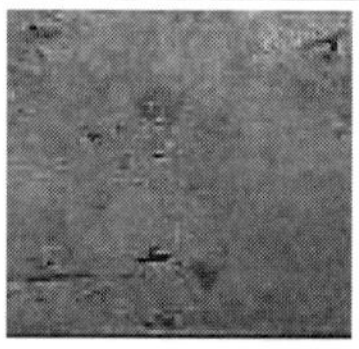 硬度 56　　　　拡大写真
50℃	 【表面変わらず】　硬度 55
100℃	 【表面変わらず】　硬度 55
150℃	 【表面変わらず】　硬度 56
200℃	 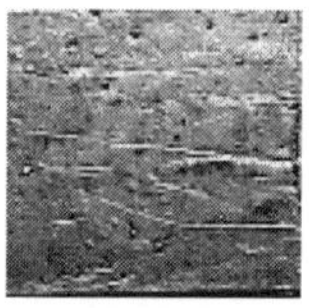 【表面にわずかにしわ】　硬度 51　　拡大写真
250℃	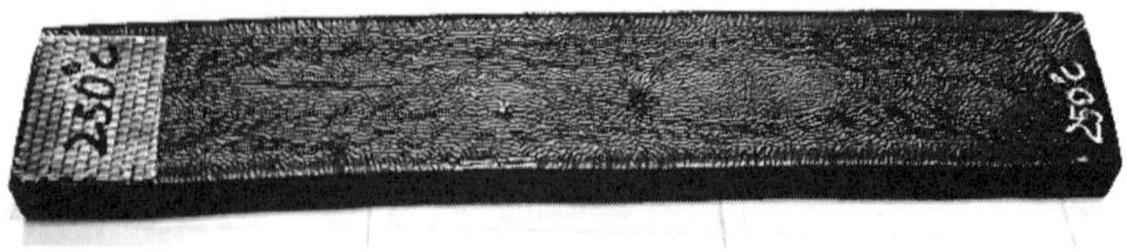 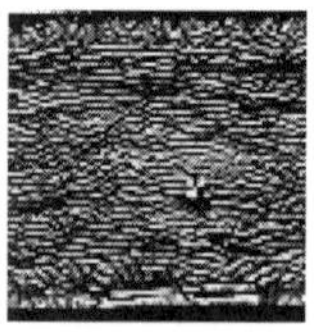 【表面にたくさんのしわ】　硬度 39　　拡大写真

図5.15　ゴム短冊の各温度保持後の外観比較

5.2.6 追跡調査

追跡調査は，損傷の原因特定が困難で，補修・補強工事の内容や実施時期の判断が難しい場合において，損傷を一定の期間，継続的に監視して，その損傷の発生の原因を推定する場合に実施される．同じような用語としては，経過観察が用いられる．

追跡調査の結果から得られた事実に基づき恒久対策が実施された場合には，その後の追跡調査は省略して良いが，判定ランクの表記の変更について経緯を記録するなどし，他に類似の損傷が発生した場合に参考にしやすくするのが良い．

支承部で追跡調査を行なう場合には，支承部の移動量を追跡的に測定するだけでなく，下部構造の移動量や傾斜量，周辺地盤の沈下の有無等を測量等の手法を用いて確認することで，変状の発生原因を絞りこみやすい．橋梁全体の挙動をマクロ的に把握する目的で，移動が生じる箇所だけでなく，複数の下部構造の支点の状況を追跡的に調査するのが良い．

支承部の遊間異常に対しての追跡調査の事例について図5.16に示す．調査は，桁遊間，支承，伸縮装置に着目して実施され，同一アングルで写真を記録整理することで，経年変化を把握しやすいように工夫されている．本事例の場合，既に主桁とパラペットの接触が確認された状態から追跡調査が開始されたため，恒久対策の要否の判断等を行なうため，過去の計測結果からの変動，実施時期（冬期，夏期）の差に着目して追跡調査がされている．

伸縮装置（遊間を計測）

桁とパラペット（遊間を計測）

支承（ストッパー遊間などを計測）

図5.16　追跡調査事例

5．3　支承部の維持管理方針と維持管理標準

　2008（平成20）年5月に鋼構造シリーズ17が発刊されてから約7年が経過する．その間に2012（平成24）年12月の「笹子トンネル天井板落下事故」を契機に，国内における道路構造物老朽化対策の必要性が急激に高まり，さらには点検について2014（平成26）年3月に，5年に1回の近接目視による方法が義務付けられた．また，橋梁の長寿命化修繕計画に対する補助金制度も整備され，以前よりも橋梁の維持管理を取り巻く環境は改善されており，他の社会インフラの維持管理方法を橋梁が牽引してきたと言える．しかしながら，その歴史は未だ10年ほどであるのが実情であり，さらに各道路管理者の現状は，いずれにおいても近接目視が難しい点検困難箇所への対応や，膨大な構造物の損傷対応に日夜追われているのが実態となっており，まさにこうした現状を改善する処方箋が必要とされている．

　また，橋梁の長寿命化には，橋梁の主要構造である支承の長寿命化も必要なことはいうまでもないが，これまでの橋梁の長寿命化対策に支承の長寿命化が施されることは必ずしも多いとは言えない．その原因として，支承の対策が主に耐震性の向上などを目的としていたことや，支承の健全性向上のための有効な対策としては，上部構造の仮受けなどが必要な大掛かりな工事が必要であり多大なコストが掛ること，さらに支承の対策としては，「取替え」か「経過観察」の二者択一に近かったことなどが考えられる．したがって，以前は橋梁の附属物として扱われてきた支承の維持管理については，さらに遅れていると言わざるを得ない．

　そこで本書では，支承部の維持管理方法として，橋梁規模や支承形式の組み合わせを5つに分類し，各組み合わせ毎に，より現実的と思われる維持管理の方針を設定し，これを「維持管理方針」と名づけ提案した．維持管理方針は，支承部が保持すべき性能の目安を示したもので，これにより支承部の性能を保障したものではないことに注意が必要である．

　さらに，たとえばゴム支承の鋼部材や鋼製支承の腐食は，鋼部材表面の浮錆程度では，支承の機能上は何ら支障は生じないが，支承部の土砂堆積，伸縮装置からの漏水の影響，支承周りでの滞水の発生など，その腐食を促進させるような環境を放置すると劣化進行が早く，鋼部材の断面欠損を伴うような損傷へと時間の経過とともに進展する．損傷の進展により鋼部材に断面不足が生じ耐力低下すると部材や支承全体の取替えが必要となり，大規模な工事と，多額の費用が必要となる．そのため，腐食環境の改善（支承周りの掃除や伸縮装置の取替えなど）などの対策を早期に実施することで，比較的安価に劣化進行を抑制することが，支承部をはじめとする橋梁の維持管理に重要であることが知られている．鋼構造シリーズ17と本書では，支承部の損傷別の変化を時系列に整理した「維持管理標準」を示すことで，損傷の推移を事前に予測し早期に対策を施すための資料とした．

5.3.1　橋梁規模や支承形式別の維持管理方針

　近年，維持管理方法として予防保全の考え方が注目され，道路構造物の予防保全に向けた取組みが活発になっている．しかし，予防保全だけが有効で，従来の事後保全型や更新型といった維持管理方法に有効性が無いというのは少し行き過ぎた考えと思われる．限られた予算の範囲内で維持管理水準を維持するためには，対象構造物の重要度，健全度の程度，設置条件，建設時期と供用期間および過去の補修履歴等について十分に検討した上で，予防保全型か従来の事後保全型もしくは更新型を選択する手法が望ましい．重要度が高く健全度も高い構造物には予防保全型を，重要度があまり高くなく健全度が高い構造物には事後保全型を，重要度が低く健全度も低い構造物には更新型を採用するなど，予算などの制約を踏まえ，これまでの画一的

な維持管理から『メリハリのある維持管理』として，選択と集中による維持管理が必要と思われる．また，支承部には荷重伝達機能や変位追随機能，減衰機能，アイソレート機能，振動制御機能などの多くの機能が，単独あるいは複合的に求められているが，たとえば我が国が多く保有する単径間の比較的小規模な橋梁の支承部と，海洋架橋のような大規模な橋梁の支承部とには，自ずから求められる機能に違いがある．ここでは，点検において確認が求められる支承の機能障害に着目して，各組み合わせの支承形式ごとに求められる機能を示すとともに，点検後に必要と思われる維持管理の方法を提案した．

(1) 簡易な構造を有する小規模橋梁の小規模な支承

ここに分類される支承は，一般に橋長2～25m程度の小規模橋梁に用いられており，主に鉛直力支持機能に重点が置かれる支承である．この支承は施工性に優れる反面，設置環境が狭隘なため，支承取替えや補修などが困難な形式である．これらに該当する支承としては，帯状ゴム支承，メナーゼヒンジ支承，コンクリートロッカー支承やパッド型のゴム支承等がある．

写真5.13　帯状ゴム支承

写真5.14　パッド型ゴム支承

これらの支承は，支承高が小さく直接視認できない構造が多いため，定期点検においても近接目視ができない部材として分類される．そのため健全性の診断が困難であり，長寿命化の対象から除外されることが多い．

このような支承に対する維持管理の基本方針は，重点機能である鉛直力支持機能が損なわれた場合や，支承に接する他部材，例えば主桁や橋台などに，支承の機能不全を要因とする変状が生じた場合などに限定して，支承の取替えや支承部の構造変更など，事後的な維持管理を実施すると良い．また，鉛直力支持機能が健全であると考えられる場合には，5年に1度の定期点検等による継続的な観察と清掃などによる環境改善を実施し，鉛直力支持機能の健全性を延命させるのが良いと考える．

(2) 標準的な構造を有する中規模橋梁の比較的小規模な支承

ここでの支承は，橋長20～40m程度の一般的な中規模橋梁に用いられており，複数の支承の機能のうち，主に鉛直力支持機能と水平移動機能に重点が置かれている支承である．この支承は構造がシンプルなことから非常に多く使用されているが，外的要因による変状が発生しやすく，既設橋において健全性の低下が最も懸念される形式である．これらに該当する支承としては，

鋼製線支承，鋼製支承板支承(BP支承)，固定・可動型ゴム支承や鋼製ピボット支承等がある．

　維持管理の基本方針として，特に鋼製支承においては，腐食により鉛直力支持機能と水平移動機能が損なわれることが多いため，定期点検などにより防食機能の劣化とともに腐食状況や腐食環境を把握し，予防的に防食機能の回復対策などを実施するのが良い．

　また，支承に接する他部材，例えば沓座モルタル，台座コンクリート，主桁，橋台などに支承の機能不全を要因とする変状が生じた場合には，支承の取替えや支承部の構造変更などを実施し，再変状を未然に防止するのが良い．また，両機能が健全と考えられる場合には，5年に1度の定期点検等による継続的な観察と，必要に応じた鋼製支承に対する防食機能改善や清掃などによる腐食環境の改善等を実施し機能の健全性を延命させるのが良いと考える．

写真5.15　鋼製線支承

写真5.16　可動型ゴム支承

(3) 中〜大規模橋梁の標準的な構造を有する比較的大規模な支承

　ここでの支承は，橋長50m〜以上の大規模な橋梁に用いられており，複数の機能である鉛直力支持・水平力支持・水平移動・回転機能，全ての機能が求められる支承である．この支承は構造はシンプルな反面，損傷が生じて機能が損なわれてしまうと，特に主要幹線道路などの既設橋梁において健全性の低下が危惧される形式である．これらに該当する支承としては，鋼製線接触支承(ローラー支承)，鋼製支承板支承(BP支承)，鋼製球面支承(ピボット支承)や鋼製円柱面支承(ピン支承)等がある．

　維持管理の基本方針としては，複数の機能の健全性を確認することである．鋼製支承における機能劣化の最大の要因は腐食であることから，定期点検により腐食が確認された場合は，**表5.13 維持管理標準(支承部の腐食)，表5.14 維持管理標準(支承の移動・回転機能不全)** などを参考に，予防的な維持管理を行うのが良いと考える．また，各機能が健全であると考えられる場合には，5年に1度の定期点検等による継続的な観察と清掃などによる環境改善を実施し健全性を延命させるのが良いと考える．

(4) 中〜大規模橋梁のゴムを主材料とした大型支承

　ここでの支承は，橋長50m〜以上の大規模な橋梁に用いられているゴム支承であり，特に地震力の減衰効果が求められる支承として，地震時水平力分散型ゴム支承や免震支承として使用されることが多い．また，支承の構造は非常にシンプルで主要材料にゴムが用いられているのが特徴だが，鋼製部材も多く使用されているため鋼製支承同様に腐食による影響を受けやすい．

さらにオゾン劣化によるゴム自体の損傷も見られる．

これらの支承についても，(3)に示す支承と同様に複数の機能の健全性を確認することが重要である．ゴム支承の場合は，機能劣化の最大の要因は鋼部材の腐食とゴムのオゾン劣化であることから，定期点検により鋼部材の腐食が確認された場合やゴムのき裂などの劣化が認められた場合は，**表5.13 維持管理標準（支承部の腐食）**，**表5.16 維持管理標準（ゴム支承本体の劣化）**などを参考に，予防的な維持管理を行うのが良いと考える．また，各機能が健全であると考えられる場合には，5年に1度の定期点検等による継続的な観察と清掃などによる環境改善を実施し健全性を延命するのが良いと考える．

写真5.17　BP支承

写真5.18　ピンローラー支承

写真5.19　ピボット支承写真

写真5.20　ゴム支承（健全なもの）

(5) 複雑な構造を有する特殊な鋼製支承

特殊な鋼製支承として吊橋や斜張橋などの吊形式の橋梁に用いられる機能分離構造の支承があり，鋼製ペンデル支承（機能分離構造）や鋼製ウインド支承（機能分離構造）等が該当する．主に主要幹線道路の大型橋梁に多く採用されるため，支承の変状による影響が危惧される形式である．複数の機能のうち特にペンデル支承は鉛直方向荷重の伝達に，ウインド支承は水平方向荷重の伝達に特化した機能が求められる．構造はシンプルな反面，橋梁規模から支承も大型になるため変状を受けやすい．

写真5.21　ペンデル支承

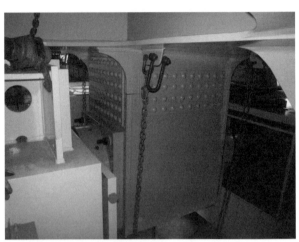

写真5.22　ウインド支承

写真5.23　水平支承

これらの支承を維持管理する上で重要なことは，複数の機能の健全性を確認することである．鋼製支承の場合，機能劣化の最大の要因は腐食であることから，定期点検により腐食が確認された場合は，**表5.13 維持管理標準（支承部の腐食），表5.14 維持管理標準（支承の移動・回転機能不全）** などを参考に，予防的な維持管理を行うのが良いと考える．また，各機能が健全であると考えられる場合には，5年に1度の定期点検等による継続的な観察と清掃などによる環境改善を実施し健全性を延命するのが良いと考える．

5.3.2 支承部の維持管理標準

　鋼構造シリーズ17では,支承部で発生する予測可能な損傷として,①腐食,②移動・回転機能不全,③台座コンクリート・沓座モルタルの損傷について,それぞれの損傷状況での健全度を5段階に区分し劣化の進行とその時点で対応すべき内容を維持管理標準としてまとめている.
　さらに,本書では新たにゴム支承の劣化を加え,橋梁定期点検要領での4段階の判定区分で整理し**表5.13～表5.16**に示した.なお,本表で使用している要求性能限界は支承に求められる複数の機能を取替えることなく修復可能な限界の目安として示し,使用限界は支承の基本機能である鉛直支持機能が損なわれ走行の安全性に支障が生じる限界を目安として示した.

表 5.13 維持管理標準（支承部の腐食）

判定区分と劣化曲線			代表的な状況
健全期（損傷発生期）	I 健全	初期欠陥	■ 塗膜劣化が見られないが，劣化があっても，白亜化や退色など，直接的には防食性能に影響のない劣化現象 ■ 外観上，塗膜劣化やめっきの溶出による赤さびが見られなくても，塗装作業時や架設時に起因する，顕在的な初期欠陥の可能性があるので注意が必要
損傷進展期	II 予防保全段階		■ 部材の端部（こば面，コーナー部）などに，局部的な塗膜はく離や腐食が見られる状態． ■ 塗膜劣化や腐食の進行が，供用年数に比較して早いと考えられる場合には，漏水や土砂堆積などによる，腐食環境の悪化が影響している場合が多い
損傷加速期		劣化曲線	■ 支承の大部分に塗膜劣化や腐食が見られ，支承機能（支持機能・水平移動・回転機能等）の一部にも不具合が生じている状態 ■ 腐食によって，支承機能の低下がさらに進む可能性がある
機能劣化期	III 早期措置段階	要求性能限界	■ 支承部全体に腐食が進行している状態で，支承機能の不具合が生じている状態
機能不全交換期		使用限界	■ フェースプレートやセットボルト等の腐食が著しく，一部には欠損も見られる．支承の機能が全く失われている状態
	IV 緊急措置段階		■ 鉛直荷重を支持できない状態 ■ 路面上の伸縮装置部に段差が生じている状態

高 ↑ 健全度 ↓ 低

使用・安全性能	判定基準	維持管理方法
■ 使用・安全性能ともに，十分に確保されている状態	■ 塗膜劣化や腐食が認められない ■ 支承部に漏水や，土砂等の堆積が見られない	■ 供用後できるだけ早い時期に初回点検を実施して，初期欠陥の有無を確認するとともに，管理カルテを作成する ■ 定められた維持管理計画により，定期点検を実施し，前回点検以降の状態変化を確認し，記録する ■ 漏水や，土砂等が堆積しないように注意する
■ 使用・安全性能ともに確保されている状態	■ 塗膜劣化が局部的に見られ，点さびが認められる ■ 鋼材に腐食は見られない	■ 定期的な維持管理作業により，タッチアップ塗装や，土砂等の取り除き，鳥の巣やフンなどの除去を行うとともに，漏水対策や土砂堆積および鳥の侵入対策を施す ■ 前回の点検以降，急激な状態変化が認められた場合には，原因を突き止め除去する．また，適切な素地調整による部分的な補修塗装を行う ■ 全面的な塗装塗替えなど，腐食対策の検討を開始する
■ 使用・安全性能ともに確保されている状態	■ 防食性能の低下が認められ，塗膜は，支承の一部に残る程度である ■ 局部的であるが，支承本体やボルト等に，腐食が認められる	■ 日常の維持管理作業では，性能回復は困難なため，ブラストによる塗装塗替えや，溶射による支承防錆を行うなど，全面的な腐食対策を検討する ■ 状態の変化が急激である場合などには，点検の頻度を増す ■ 機能不全が認められる場合は，更新を含む対策の検討を行い，事業予算の確保を目指す
■ 安全性能は確保されているが，使用性能の低下が認められる状態	■ 塗膜劣化が著しく進行し，塗膜がほとんど認められない ■ 支承本体やボルト等に，腐食による，鋼材の断面欠損が認められる	■ 安全性能の低下が認められるため，点検頻度を増す ■ 支承の更新を含む，恒久的な対策の検討を始める
■ 使用性能のみならず，安全性能にも低下が認められる状態	■ 既に防食性能は失われている ■ 腐食により，支承および主部材の断面欠損が広範囲に認められる ■ 路面上への影響は認められない	■ 安全対策として，桁の仮受け工などの応急処置を行う．点検頻度を増し，通行規制等も検討しておく ■ 腐食原因を除去した上で，支承の更新や支承周辺の腐食対策を行う．橋梁の鋼部材に断面欠損が生じている場合には補強を行う
■ 支持・移動機能が損なわれており，使用性能および安全性能ともに満足しない．使用限界状態を超えた状態	■ 断面欠損が大きく，鉛直支持機能が失われている ■ 路面上の段差が認められる	■ 安全対策として，桁の仮受け工などの応急処置を行い，通行規制等を検討する ■ 腐食原因を明らかにし，その対策を講じるとともに，支承の速やかな交換が望ましい

表5.14 維持管理標準（支承の移動・回転機能不全）

判定区分と劣化曲線			代表的な状況
健全期（損傷発生期）	Ⅰ 健全	初期欠陥	■ 機能不全が認められない状態 ■ 機能不全が外観上認められていなくても、初期欠陥が内包されている可能性があることに留意する ■ 外観上機能の有効性を見分けるには、移動の形跡や車両通行時の支承挙動に注意する
損傷進展期	Ⅱ 予防保全段階	劣化曲線	■ すべり面などに砂などの異物が入り込んだり、雨水の浸入による腐食が認められたりする状態 ■ 機能不全の状態を外観で判定するのは困難であるため、支承本体の損傷状況から推定する
損傷加速期			■ かろうじて移動や回転機能は確認されるものの、一部に機能不良が予想される ■ 腐食の進行と併せて、他の損傷の発生も認められようになる
機能劣化期	Ⅲ 早期措置段階	要求性能限界	■ 支承機能の不全が確認できる状態
		使用限界	■ 支承としての機能はなく、主桁の沈下や傾斜等が予想される
機能不全交換期	Ⅳ 緊急措置段階		■ 鉛直支持部材の逸脱が激しく、鉛直荷重を支持できない状態 ■ 路面上の伸縮装置部に段差が生じている状態

高 ↑ 健全度 ↓ 低

使用・安全性能	判定基準	維持管理方法
■ 使用・安全性能ともに，十分に確保されている状態	■ 支承の機能不全が認められない，または機能不全の要因が認められない	■ 供用後できるだけ早い時期に，初回点検を実施して初期欠陥の有無を確認するとともに，管理カルテを作成する ■ 定められた維持管理計画により，定期点検を実施し，前回点検からの状態変化を確認し記録する ■ 機能劣化が生じないように，漏水や土砂等の堆積，あるいはその可能性がある場合は，原因を取り除く
■ 使用・安全性能ともに確保されている状態	■ 支承の機能不全は認められないが，機能不全の要因となる腐食や土砂堆積などが認められる	■ 腐食箇所へのタッチアップ塗装や，支承部の腐食の原因となる，堆積土砂や鳥の巣・鳥フンなどの除去を行う ■ 定期点検により，前回の点検以降，急激な状態の変化が認められた場合には，その原因を突き止め，原因を除去するなどの対策を実施する ■ 補修塗装や，グリースアップ等の実施時期や方法などの検討を開始する
■ 使用・安全性能ともに確保されている状態	■ 支承の移動・回転機能が明確に確認できず，腐食や部材損傷が認められる	■ 日常の維持管理作業では機能回復は難しいため，部材交換などの対策が必要となり，予算の確保や計画の作成を開始する ■ 状態の変化が急激である場合などには，日常点検や定期点検の頻度を増す ■ 機能不全が認められる場合には，グリースアップを行うとともに，支承の更新を含む検討が必要となる．
■ 安全性能は確保されているが，使用性能の低下が認められる状態	■ 移動・回転の形跡が明確に確認できず，部材の一部に欠損や脱落等が生じている	■ 支持機能が失われており，早急に部材取替えや腐食対策を行う ■ 点検の頻度を増す ■ 支承の更新を含む，恒久的な対策の検討を始める
■ 使用性能のみならず，安全性能にも低下が認められる状態	■ 支承機能が全く失われており，主桁に沈下や傾斜またはき裂などの損傷が見られる，またはそれらの発生が危惧される	■ 安全対策として，桁の仮受け工などの応急処置を行う．点検頻度を増し，必要によっては通行規制等も検討しておく ■ 支承部に発生している損傷や劣化に対して，恒久的対策を施す ■ 支承部以外の損傷についても，詳細な点検が必要となる
■ 支持・移動機能が損なわれており，使用性能および安全性能ともに満足しない．使用限界状態を超えた状態	■ 支承機能が失われ，鉛直荷重を支持できていない ■ 路面上の段差が認められる	■ 安全対策として，桁の仮受け工などの応急処置を行い，通行規制等を検討する ■ 損傷原因を明らかにし，その対策を講じるとともに，支承の速やかな交換が望ましい

表 5.15 維持管理標準（台座コンクリート・沓座モルタルの損傷）

判定区分と劣化曲線			代表的な状況
健全期（損傷発生期）	Ⅰ 健全	初期欠陥	■ 損傷が外観上認められない ■ 損傷が外観上認められていなくても，初期欠陥が内包されている可能性があることに留意する ■ 沓座の損傷原因の多くが，施工上の不具合に起因していることから，建設後比較的早期に損傷が発生することもあるので注意が必要である
損傷進展期	Ⅱ 予防保全段階		■ 雨水の浸入によって，微細なクラックが認められる程度の状況 ■ 建設時の支承設置高さの調整に，ライナープレート等による仮受けを行った場合には，支承が下部構造に伝達すべき鉛直力が沓座に均等に分布しないため，外力による振動などにより，クラックの発生が早まることがある．
損傷加速期		劣化曲線	■ 沓座の広範囲にクラックが認められ，下部構造への荷重伝達にも影響があると思われる ■ クラックの進行と併せて，支承の沈下や移動の発生も危惧される
機能劣化期	Ⅲ 早期措置段階	要求性能限界※	■ 沓座の広範囲にわたってクラックが認められ，下部構造への荷重伝達が行われていない ■ 支承が沈下したり，移動したりしている可能性が強い
			■ 沓座が一部または全体が崩壊し，支承に沈下や移動が生じている ■ かろうじて荷重の伝達は行われているが，支承の沈下による路面段差や，移動による主桁の変状など，あるいは生じる可能性が高い
機能不全交換期	Ⅳ 緊急措置段階	使用限界	■ 沓座の損傷が激しく，鉛直荷重を支持できない状態 ■ 路面上の伸縮装置部に段差が生じている状態

高 ↑ 健全度 ↓ 低

※ジャッキアップを用いた補修が必要となる限界を目安として示した．

使用・安全性能	判定基準	維持管理方法
■ 使用・安全性能ともに，十分に確保されている状態	■ クラックまたは欠損等が認められない	■ 供用後できるだけ早い時期に，初回点検を実施して初期欠陥の有無の確認を行うとともに，管理カルテを作成する ■ 定められた維持管理計画により，定期点検を実施し，前回点検以降の状態変化を確認し記録する
■ 使用・安全性能ともに確保されている状態	■ クラックの幅が 0.2mm 以下で，かつ欠損等がない状態	■ 支承部の清掃など，定期的な維持管理作業により，常に，沓座部の状況確認が容易にできるよう維持する ■ 定期点検により，前回の点検以降，急激な状態の変化が認められた場合には，その原因を突き止めるための調査を行う ■ 調査結果によっては，必要な対策の検討を行う
■ 使用・安全性能ともに確保されている状態	■ クラック幅が 0.2mm を超えているか，あるいは一部に欠損等が生じているため，放置すれば沓座内の鉄筋の腐食が進行し，沓座全体の劣化が予想される	■ コンクリート片やモルタル片が落下し，第三者に被害を及ぼさないように取り除く ■ 状態の変化が急激である場合などには，日常点検や定期点検の頻度を増す ■ 支持機能の不具合が認められない場合には，断面補修など補修対策を行う．機能不全が認められる場合には，打替えを含む恒久的対策の検討が必要となる
■ 安全性能は確保されているが，使用性能の低下が認められる状態	■ 台座コンクリート，あるいは沓座モルタルの一部に欠損等が生じており，このまま放置すると，支承の沈下や傾斜による路面段差の発生が危惧される	■ 支持機能が失われる可能性があるため，打換えなどの恒久的対策を検討する ■ 点検の頻度を増す
■ 使用性能のみならず，安全性能にも低下が認められる状態	■ 沓座の一部あるいは全体が崩壊している	■ 安全対策として，桁の仮受け工などの応急処置を行う．点検頻度を増し，必要によっては通行規制等も検討しておく ■ 打替え等の恒久的対策の実施を行うとともに，支承部以外の損傷についても詳細な点検が必要となる
■ 支持・移動機能が損なわれており，使用性能および安全性能ともに満足しない．使用限界状態を超えた状態	■ 支承機能が失われ，鉛直荷重を支持できていない ■ 路面上の段差が認められる	■ 安全対策として，桁の仮受け工などの応急処置を行い，通行規制等を検討する ■ 損傷原因を明らかにし，その対策を講じるとともに，支承の速やかな交換が望ましい

表 5.16 維持管理標準（ゴム支承本体の劣化）

判定区分と劣化曲線			代表的な状況
健全期（損傷発生期）	Ⅰ 健全	初期欠陥	■ オゾン劣化によるき裂が無いか，あるいはあっても損傷にまで発展しておらず外観上にも表われていない状態である．建設直後の供用前や供用後間もない期間がこれにあたる ■ オゾン劣化によるき裂が外観上表われていなくても，比較的大きなせん断変形量の生じやすい多径間の端支点部などでは注意が必要である
損傷進展期	Ⅱ 予防保全段階	劣化曲線	■ ゴム支承本体の限定的な範囲にオゾン劣化によるき裂が認められる状態である（散在している状態）． ■ 地震時にせん断破壊を生じる危険性が高く，緊急な対策工の実施が求められる状態
損傷加速期			■ ゴム支承本体の広範囲にオゾン劣化によるき裂が認められるが，個々のき裂は比較的独立している状態である
機能劣化期	Ⅲ 早期措置段階	要求性能限界	■ ゴム支承本体の広範囲にオゾン劣化によるき裂が認められる状態で，き裂が繋がり始めている状態である ■ 早急な対策工の実施が求められる状態
機能不全交換期		使用限界	■ ゴム支承本体の広範囲にオゾン劣化によるき裂が認められる状態で，個々の直線状にき裂がつながっており，かつ，き裂の深さが被覆ゴムを超えている状態である ■ 地震時にせん断破壊を生じる危険性が高く，緊急な対策工の実施が求められる状態
	Ⅳ 緊急措置段階		■ 鉛直荷重を支持できない状態

（健全度：高 ↑ ↓ 低）

使用・安全性能	判定基準	維持管理方法
■ 使用・安全性能ともに，十分に確保されている状態	■ き裂が認められない	■ 供用後2年以内に初期点検を実施して初期欠陥の有無の確認を実施するとともに，管理カルテを作成して点検記録の維持・更新を開始する ■ 定められた維持管理計画により定期点検を実施し，前回点検からの状態変化を確認・記録する ■ オゾン劣化は，周囲の環境条件によって影響を受ける．したがって，建設時に見られなくても経過観察は重要である
■ 使用・安全性能ともに確保されている状態	■ き裂の発生範囲が限定的であり，き裂の長さ，深さが小さい	き裂の発生が確認された場合には，ゴム支承本体のせん断変形の大きさや，周辺環境のオゾン濃度調査などを行い，その原因を突き止めるなどの対策を講じることが重要である
■ 使用・安全性能ともに確保されている状態	■ き裂の発生範囲が比較的限定的であり，き裂の長さ，深さも比較的小さい	き裂の発生状態に急変が見られる場合には，日常点検や定期点検の頻度を上げるなどの処置が必要である
■ 安全性能は確保されているが，使用性能の低下が認められる状態	■ き裂の発生範囲が比較的広範囲であり，個々のき裂も繋がり始めている ■ き裂の深さは被覆ゴムまで届いていない	■ 安全性能が低下していると判断される場合には，日常点検や定期点検の頻度を上げるなどの処置が必要である
■ 使用性能のみならず，安全性能にも低下が認められる状態	■ き裂の発生範囲が比較的広範囲であり，個々のき裂が繋がり始めている ■ き裂の深さが被覆ゴムに到達している	■ 安全性能確保のための仮受け工などの応急処置とともに，点検頻度を増し，必要によっては通行規制等も検討しておく
■ 支持・移動機能が損なわれており，使用性能および安全性能ともに満足しない．使用限界状態を超えた状態	■ き裂の発生範囲が広範囲であり，き裂の幅も大きい ■ き裂の深さが被覆ゴムに到達している ■ ゴム支承本体に著しいせん断変形が生じており，鉛直荷重を支持できていない	■ 安全対策として，桁の仮受け工などの応急処置を行い，通行規制等を検討する ■ 損傷原因を明らかにし，その対策を講じるとともに，支承の速やかな交換が望ましい

5.4 支承部の補修・改善事例

5.4.1 支承部の補修事例

補修に際しては，損傷原因を特定しその要因を除去することが必要である．なお，損傷の要因除去が困難な場合などは，機能向上し対応することが必要となる．

ここでは，既設支承に発見された損傷の発生原因や補修方法を個別の事例で報告する．

(1) 鋼製支承の腐食

①損傷概要

供用後38年経過したピンローラー支承に移動機能障害が確認された．補修前の状況を**写真5.24**に示す．

②損傷原因

架橋地点が海岸付近であることから，飛来塩分の影響と伸縮装置からの漏水によって，ローラーが腐食し，移動機能が損なわれていると想定された．

写真5.24 ピンローラー支承（補修前）

③補修方針

当該箇所では，新設橋への架け替えの計画があることから，架け替えまでの間の延命対策，移動機能回復を行う方針とされた．

④補修方法

移動機能を確実に回復させるためには，桁のジャッキアップを行い，支承部品を取り出し，滑動面の清掃と潤滑油注入を行うこととなるが，当該箇所では，架け替えまでの比較的短期間の延命を図るため，ローラー部の清掃と防錆潤滑油注入が行われ，支承全体の塗替えが行われた．補修後の状況を**写真5.25**に示す．

写真5.25 ピンローラー支承（補修後）

⑤留意すべき事項

支承の塗装補修を行う際には，部材形状が複雑なことから十分にケレン作業が実施されず，補修後わずかな期間で発錆・腐食が再発することが見受けられる．塗替えの際には，単に表面を化粧するだけでなく，丁寧にケレン作業を行い，腐食因子を除去することが大切である．

また，塗装補修等を実施するために，足場設置を行った場合には，その足場を利用して，点検の実施や損傷の補修を行うなど，効率的な対応が必要である．

(2) 支承部付近の腐食[11)12)13)]

①損傷概要
鋼桁の端部は，伸縮装置からの漏水に起因して局部的に腐食していることが多く，写真5.26のように断面欠損している事例も多い．

②補修方法と課題
これまでは鋼材を用いての当て板や部分的な取替えが実施されてきている．

しかし，鋼材を用いた補修の場合，補修範囲が非常に僅かであっても，架設機材や専門の技術者が必要となる．

③新たな補修方法
小規模な腐食対策の工法として，図5.17に示すように軽量な炭素繊維（CFRP）を用いた鋼桁補修工法が開発され，支点反力や桁端部のせん断力に対する補修効果の確認実験がされてきている．

写真5.27，写真5.28は，ネクスコ中日本の中央自動車道の橋梁において実施された炭素繊維接着補修の事例である．

写真5.26　鋼桁端部の腐食状況[11)]

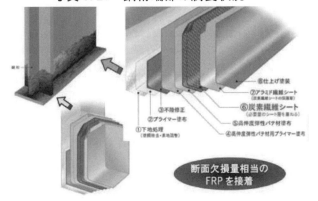

図5.17　炭素繊維接着による補修イメージ[11)]

写真5.27　鋼桁端部の腐食状況[12)]

写真5.28　鋼桁端部の腐食状況[12)]

(3) 円筒形支点補剛材の腐食[14]

①損傷概要

1974（昭和49）年に建設され約46年経過した鋼単純3主鈑桁橋（橋長約30m）において，**写真5.29**のように路面の伸縮装置に約4cmの段差が発生した．直ちに，主桁下に仮受け材が設置され，支承部の詳細調査が実施された．

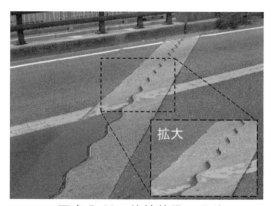

写真5.29　伸縮装置の段差

②詳細調査の概要

支承部の外観を**写真5.30**に示す．支点上垂直補剛材は円筒形の閉断面部材で円弧状の部材（曲率半径108mm，幅209mm，板厚8mm）が主桁ウェブ両面に脚長6mmのすみ肉溶接で接合されている．支承高は105mmと低く，端対傾構や下横構により狭隘で，支点部の維持管理性は極めてよくない状況であった．そのため，支承部はひどく腐食しており，特にピンチプレートで隠れた部分の腐食は著しく，支点上補剛材は下フランジと完全に乖離していた．この腐食に誘発され，**写真5.31**に示すG2桁支点部では，下フランジが幅方向に，またウェブと支点上垂直補剛材の溶接部は下端から100mmほど破断していた．**写真5.32**に示すG3桁支点部では，下フランジが変形し，主桁ウェブと支点上補剛材に腐食による断面欠損が確認され，主桁ウェブと下フランジの溶接部，主桁ウェブと支点上垂直補剛材の溶接部では，腐食による減肉とき裂が確認された．

写真5.30　支承部の外観

③補修方法

支点位置を変更する補修方法が採用され，主桁ウェブにジベルを配置し横桁部に巻き立てたコンクリートと合成し，そのコンクリートブロックの下にパッド型ゴム支承が配置された．

写真5.31　G2桁の変状

④留意事項

支点上垂直補剛材が円筒形の場合，ピンチプレートが特殊で大きく，隠れた部位は，点検も塗替えもできない．さらに，支点上垂直補剛材が腐食すると円筒形内部に水が浸入することとなるが，点検や取替えができない．支点上垂直補剛材は，支点反力を受ける重要な部位であることから，ピンチプレートを取り外して点検を実施することも必要である．

写真5.32　G3桁の変状

(4) ソールプレート溶接部の疲労き裂[15]

①損傷概要
1982（昭和57）年に供用し供用後約20年経過した支間44.5mの4主鋼I桁橋の桁端部に，**写真5.33**のように主桁下フランジを貫通し主桁ウェブに達するき裂が発見された．既設支承は，BP．A支承であり，ソールプレートは主桁に溶接接合されていた．

②応急対策
き裂が急激に進展した場合，落橋の恐れがあることから，**写真5.33**のように主桁仮受け材が設置され，き裂先端にはストップホールが設けられた．

③損傷原因
応急対応後に原因究明のための詳細調査が行われた．き裂の切削調査の結果，**写真5.34**のとおり，き裂は，支承ソールプレートの溶接ルート部から発生していることが確認された．また，**写真5.35**に示すように撤去した既設支承を分解して観察した結果，水平移動および回転の拘束によってき裂が発生したものと推定された．

④補修方針と補修方法
き裂再発を防止するため，**写真5.36**のとおり，BP．A支承からゴム支承に取替えるとともにソールプレートの取付けを高力ボルト接合に変更する機能向上がなされた．なお、発生したき裂は，切削除去もしくはストップホール処理がされ当て板補強がされた．

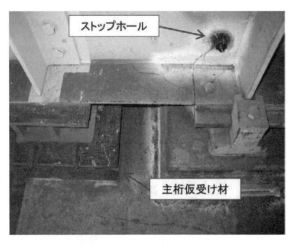

写真5.33　き裂発生状況

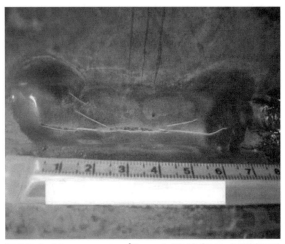

写真5.34　ソールプレート溶接部のき裂状況

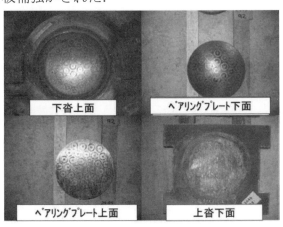

写真5.35　撤去支承の分解観察

写真5.36　補修後の状況

（5）支承の腐食固結によるRC横梁損傷[16]

①損傷概要

1963（昭和38）年に供用され約50年が経過したRC構造T型橋脚の横梁に，写真5.37のように，ひび割れと遊離石灰が確認された．経過観察の結果，ひび割れからの漏水が顕著となり，ひび割れが橋脚横梁を貫通していることが判明した．

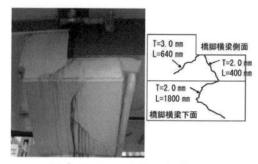

写真5.37　RC横梁損傷状況

②損傷原因の推定

当該橋脚は，3径間連続鋼箱桁橋と4径間連続RCホロースラブ桁の端支点となっていて，鋼箱桁側は鋼製の可動支承，RCホロースラブ桁側はゴムパッドの固定支承であり，桁高の違いから，写真5.38のように，横梁天端が段違い構造となっていた．

横梁部の調査では，鋼箱桁側の鋼製可動支承に，写真5.39に示すように，著しい発錆，腐食が確認され，RCホロースラブ桁側では支承付近が欠け落ち，せん断キーが露出している状況であった．

RC横梁のひび割れ発生の原因は，鋼桁側の鋼製支承が発錆，腐食し固結したことで，横梁に橋軸方向の水平力が作用したためと推定された．

写真5.38　RC横梁掛違い部の状況

③補修方法

RC横梁の貫通したひび割れを残置すると今後の維持管理におけるリスクとなること，横梁天端の段違い構造を無くすことで，新たに耐震性の高い支承が設置可能となりメンテナンス性の向上も図れることから，横梁部を再構築することとされた．

横梁の再構築では，写真5.40および図5.18に示すようにRC桁側に鋼製架台で段差構造を解消するとともに，桁かかり長が確保された．

写真5.39　鋼箱桁側可動支承の状況

写真5.40　RC横梁再構築後の状況

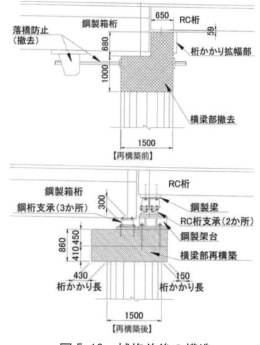

図5.18　補修前後の構造

(6) ゴム支承のオゾン劣化

①損傷概要

阪神大震災以降に多く使用されてきたゴム支承は，ゴム支承本体のゴムと鋼板を外的環境から遮断し，劣化や腐食を防止するために側面に5～10mmの被覆ゴムが設けられ，ゴム支承本体は，老化防止剤等のオゾン劣化しにくい配合となっている．また，道路橋支承便覧では，ゴム材料の老化・耐久性確認試験として，オゾン濃度50pphm，20%伸長状態で，40℃×96時間において肉眼でき裂のないことを確認することが規定されている．

しかし，近年，**写真**5.41に示すようにオゾン劣化が原因と推測されるゴム表面のき裂損傷が各地で確認されている．最初は，小さな複数のき裂がゴム表面に現れ，その後，その小さなき裂が結合し大きなき裂へと変化していく．

写真5.41　ゴム支承表面のき裂状況

②損傷メカニズム

オゾン劣化は，図5.19に示すようにゴムの二重結合状態の炭素原子の分子鎖が，オゾンアタックにより一重結合に変化することにより，引張力に対し切れやすい状態となる現象である．

き裂は，図5.20に示すようなせん断変形状態で，最も引張りの影響が大きい橋軸方向の表面の最上部あるいは最下部に発生している事例や4.4.2(1)ゴム支承本体の劣化に記載されているように橋軸直角方向の表面や円形ゴムの全周にわたり発生している事例も確認されている．

オゾン劣化によってき裂の発生したゴム支承の残存性能については，いくつかの研究が進められ，破断性能や復元力等の低下が示されるものもあるが，オゾン劣化によるき裂とゴム支承の残存性能の関係は，まだ解明されていない．

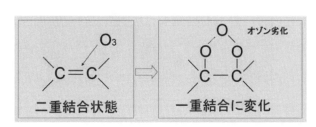 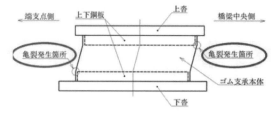

図5.19　ゴムのオゾン劣化メカニズム　　　　図5.20　オゾンき裂の発生位置

③補修材料と補修方法

既設ゴム支承のオゾン劣化を防止するためには，オゾンを遮断する必要があり，き裂のあるゴム支承の表面にオゾンと反応しにくい特殊な塗装を施工する事例が多い．

補修材料に求められる性能は，オゾンに起因すると考えられるき裂の防止あるいは抑制と，ゴム支承のせん断変形に追従することである．これらを満足する材料としては，シリコン系やクロロプレン系のコーティングが提案されている．いずれも柔軟性を持っており，耐オゾン性

が高いとされる素材である．

補修材料の評価は，ダンベル試験片を用いた耐オゾン性試験により，き裂の発生がないことを確認しなければならない．**写真 5.42** は，補修材料の有無による静的オゾン劣化試験の結果である．試験条件は，ダンベル試験片を 100%伸長した状態で，オゾン濃度を 50pphm，温度を 40℃ の環境下に 192 時間保持するものである．補修材料を用いない試験片と比較し，補修材料の効果が確認できる．しかしながら，補修材料の長期耐久性については，今後の更なる検討が待たれるところである．そのため，補修箇所については，継続的な点検が必要である．

(a) 耐オゾン性コーティング施工　　　　(b) 耐オゾン性コーティング無し

写真 5.42　静的オゾン劣化試験結果

耐オゾン性コーティング材の塗布状況を**写真 5.43** に，塗布後の状況を**写真 5.44** に示す．比較的微小なき裂の場合には，対象箇所を脱脂した後にプライマーを塗布し，補修材料を施工する．大きなき裂の場合には，グラインダ等を用いてき裂部を削除した後，脱脂をしてプライマーを塗布，削除部の穴埋めのため新しいゴム材料を用いて加硫接着により行う．その後，研磨をして脱脂，プライマーを塗布し，補修材料を施工する．なお，施工をする場合には，温度変化に伴うゴム支承本体のせん断変形がほぼない状態で行うことが望ましい．

写真5.43　コーティング材塗布状況　　　　**写真5.44　コーティング材塗布後**

④今後の対策

設置済みゴム支承のオゾン劣化を防止するため、オゾン劣化が確認された橋梁においては，き裂のあるゴム支承に耐オゾン性コーティング材を塗布すると同時に周辺の同一環境下に設置されているき裂が発生していないゴム支承にも予防保全の観点から，耐オゾンコーティング材（例えば，シリコン系やクロロプレン系の材料）を塗布することが望ましいと考えられる．

また，新規のゴム支承では，分子主鎖中に二重結合のないEPDM(エチレン-プロピレン-ジエン共重合体)系の被覆ゴムを使用することで，耐オゾン性を向上させたゴム支承も存在し，これからのゴム支承の開発にも期待ができる．

5.4.2 支承部の改善事例

ここでは，支承部の維持管理における改善事例として，構造変更による対応事例，環境変更による対応事例を報告する．

(1) 構造変更した事例
① 切欠きを有する鋼箱桁端部の改善事例[17]
a) 維持管理上の課題

切欠きを有する鋼箱桁において，**図5.21**のように下フランジと橋脚天端との隙間が10cm程度と維持管理ができない状況であった．また，**図5.22**のようにジョイント部からの漏水等により，支承や支点上垂直補剛材が腐食している状況であった．

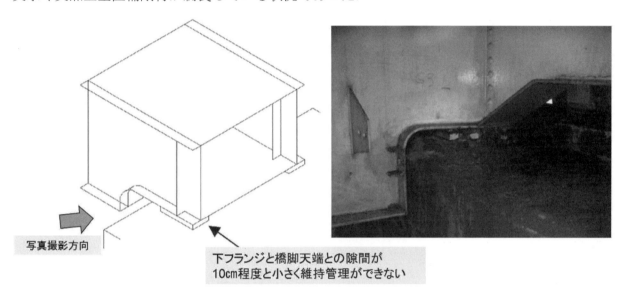

図5.21 切欠きを有する鋼箱桁端部の状況

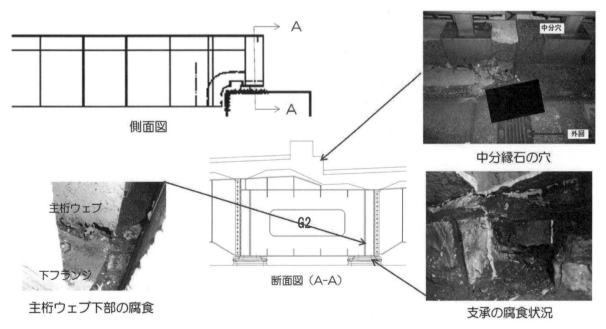

図5.22 切欠きを有する鋼箱桁端部の損傷状況

b) 桁端部の鈑桁化による維持管理スペースの確保

　箱桁下フランジと橋脚天端との隙間が小さく維持管理もできない状態であったが，直線橋であり桁端部でのねじりが小さいことから，端部の下フランジを撤去し鈑桁化することにより，桁端部での維持管理スペースを確保することとされた．イメージを**図5.23**に示す．

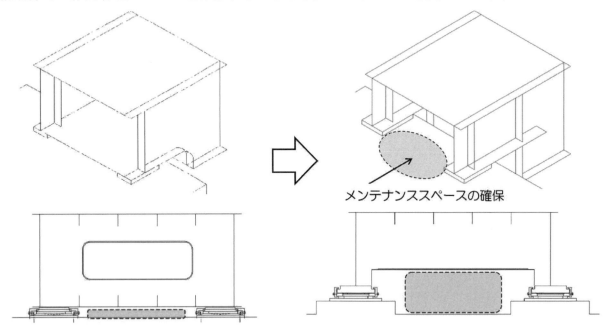

図5.23　鋼箱桁端部の構造変更による維持管理スペースの確保

　鋼箱桁端部を鈑桁化するための構造設計は，格子計算の断面力で構造諸元を決定するとともに，FEMを用いて局部応力の確認がされた．桁端部の補強構造を**図5.24**に示す．
　桁切欠き部には割込みフランジを設けたあて板補強，新たな箱断面の端部をダイヤフラム化，旧端ダイヤフラムは補強がされている．

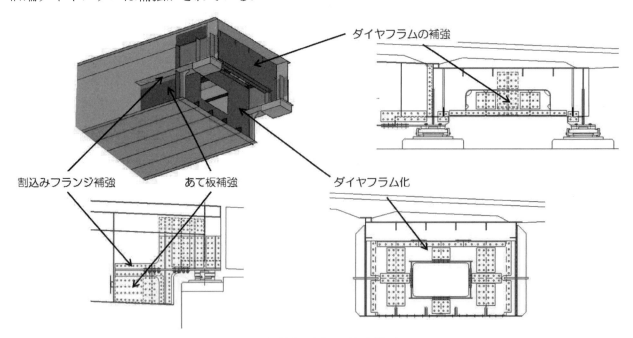

図5.24　鋼箱桁端部の補強構造

さらに，**図5.25**に示すように，端部を鈑桁化したことで箱桁の左右のウェブ間に生まれた空間を利用し，橋脚天端に受台を設置し端ダイヤフラムに受け点の補強をすることで，桁掛り長を確保することも実施された．

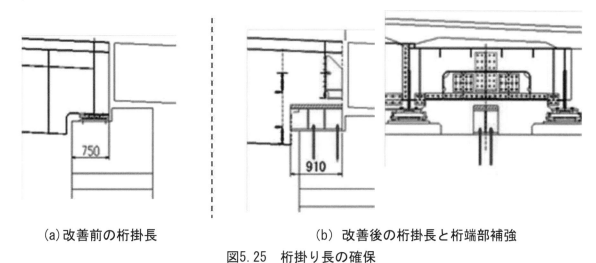

(a) 改善前の桁掛長　　　　　(b) 改善後の桁掛長と桁端部補強

図5.25　桁掛り長の確保

②斜角を有する橋梁の改善事例
a) 支承の損傷状況

斜角を有する橋梁のピボット支承で，**写真5.45**のように上沓とソールプレート間の隙間，リングボルトの破断，セットボルトの発錆・ゆるみが確認された．当該支承を観察したところ，活荷重により支承が浮き上がる現象が確認された．

(a) 上沓とソールプレート間の隙間　　(b) リングボルトの破断　　(c) セットボルトの発錆・ゆるみ

写真5.45　支承の損傷状況

b) 構造上の問題点

当該橋梁は**図5.26**のようにA橋台の支承線が60度の斜角を有しており，建設当時の設計計算書の構造解析の結果を見ると，この斜角の影響でP（G2）支承では，死荷重＋活荷重（min）載荷時に負反力が発生する結果であった．構造的に反力バランスが悪く，死荷重も小さいことから，支承が浮き上がりやすい状態であることが確認された．

（単位：ton）

支承位置		死荷重	活荷重 max	活荷重 min	合計 max	合計 min	負反力 照査用
P	G1	163.2	116.6	-3.5	279.8	159.6	16.3
	G2	24.9	62.2	-29.5	37.1	-4.8	-56.4
A	G1	59.3	68.0	-11.8	127.2	47.5	-5.9
	G2	146.0	112.2	-3.6	258.8	142.4	-14.6

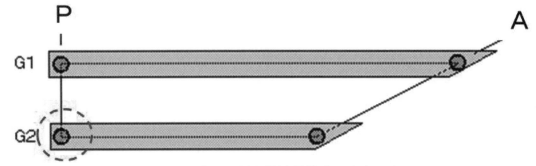

図5.26　支承配置と設計計算書の支点反力

c）支点位置変更による改善

　P（G2）支承で発生する負反力を改善するために，P（G1）支承を箱桁中心から箱桁外側ウェブ側に移動することで，**図5.27**のようにP（G2）の負反力が解消できる．この支点位置変更にあたっては，当然のことながら当該支承線のダイヤフラムや端横桁の補強が必要である．また，既に支承の反力バランスが崩れていると予想できることから，支点位置の変更工事にあたっては，単にP（G1）のみのジャッキアップではなく，支承線全体でジャッキアップして反力バランスを確認することが望ましい．

（単位：ton）

支承位置		死荷重	活荷重 max	活荷重 min	合計 max	合計 min	負反力 照査用
P	G1	163.2	116.6	-3.5	279.8	159.6	16.3
		140.2	100.2	-3.2	240.4	137.0	14.9
	G2	24.9	62.2	-29.5	37.1	-4.8	-56.4
		47.9	68.5	-18.6	116.4	29.4	-13.7
A	G1	59.3	68.0	-11.8	127.2	47.5	-5.9
		58.9	69.9	-13.3	128.8	45.5	-5.9
	G2	146.0	112.2	-3.6	258.8	142.4	-14.6
		149.6	112.6	-2.1	262.3	147.5	-15.0

上段：設計計算書の支点反力
下段：支点位置変更後の支点反力

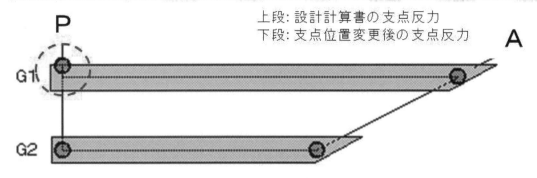

図5.27　支点位置変更後の支点反力

(2) 環境変更した事例
① 腐食環境の改善

　腐食環境は一般に，海岸線からの距離や市街地・山間地など設置環境により支配される「大気腐食環境」と，漏水や滞水，土砂等堆積により支配される「部材腐食環境」により構成されていると考えられる．腐食損傷が卓越している対象物では，大気腐食環境と部材腐食環境のどちらかが支配的となって腐食損傷を発生させると考えられる．

　たとえば，海岸線から近く海水の飛沫が到達する環境にある部材は大気腐食環境が支配的と言え，また橋面排水管からの流末水の飛沫が直接掛る環境にある部材は部材腐食環境が支配的であると言える．これら大気腐食環境と部材腐食環境が相互に影響しあう環境もあると考えられるが，対策工の効果的な選定のためにもこれらの腐食環境を定量的に測定する技術の実用化が急がれている．

　支承部の腐食環境においては，部材腐食環境が支配的であることは，経験的に判断できるが，残念ではあるが効率的に維持管理がなされているとは言い難い．支承部の腐食環境は，橋台背面から流入した土砂の堆積や，伸縮装置取替え工事での建設廃材の投棄，廃棄物の不法投棄などによるものが多いことは，経験的に我々は知っている．したがって，これら腐食環境を促進する物質を清掃作業により除去さえすれば，腐食環境の改善が図られるものと強く期待されている．しかしながら，これら清掃作業が支承部の腐食環境改善に効果的であると言われ続けているにも関わらず，未だに維持管理の制度に組み込まれ，定期的に実施される清掃作業が少ないのは残念なことである．

●支承部の点検における改善事例

　支承部の腐食環境の改善状況が未だ不十分であることは大変残念なことではあるが，次に紹介する事例のように，点検業務の特記仕様書において，詳細調査の実施や支承部の清掃を点検と同時に実施することを定めるなど，新たな取組みが行われているので参考にされたい．

【地方公共団体の点検業務での改善事例】
特記仕様書に示された改善点
- 支承アンカーボルトおよび沓座モルタルの損傷状況を確実に把握するため，必要な詳細調査を実施すること．また，ボルトのゆるみが発見されたときには，その場で締直しアイマークを施工すること．
- 点検において障害となる雑草，土砂，鳥の糞等は，点検前に清掃を実施すること．

写真 5.46　清掃前状況

写真 5.47　清掃後状況

② 支承部アクセスの改善事例

連続高架橋では，景観上の配慮から桁高を一定にするため，**写真5.48**のような切欠き支点部が存在する．このような支点部で近接点検を実施するためには，仮設足場の設置が必要となるが近接点検のためだけに仮設足場を設置することは，コスト面からは割高なものといえる．

そこで，**写真5.49**のように，機械足場でアクセス可能な点検歩廊を設置し，支承や伸縮装置の近接点検を実施しやすくする改善が行われている．

今後の新設橋の設計の際には，このように将来の維持管理が困難な部分に対しては，そのアクセス方法なども含め設計されることが望まれる．

写真5.48　連続高架橋の切欠き支点部

写真5.49　点検歩廊設置事例

参考文献（第5章）

1) 名阪国道の橋を守るために（平成22年11月22日：国土交通省近畿地方整備局奈良国道事務所記者発表資料）
2) 国土交通省資料　鋼橋（上部構造）の損傷事例
3) 橋梁と基礎　妙高大橋のPCケーブル破断調査と対策　2011.9
4) 雪沢大橋ケーブル破断への対応と今後の維持管理について（平成25年6月国土交通省東北地方整備局管内業務発表会資料）
5) 伏見橋崩落調査委員会報告書（概要）（平成27年3月洞爺湖町）
6) 道路橋定期点検要領（平成26年6月　国土交通省　道路局）
7) 橋梁定期点検要領（平成26年6月　国土交通省　道路局　国道・防災課）
8) 小松川橋梁ペンデル支承取替工事の設計・施工（横河ブリッジグループ　技報 No.34　2005年1月）
9) 積層ゴム支承の非破壊検査による性能評価に向けた実験的検討（第17回性能に基づく橋梁等の耐震設計に関するシンポジウム講演論文集　2014年7月）
10) 免震積層ゴム入門（平成9年9月　日本免震構造協会）
11) CFRPを用いた鋼桁の腐食補修工法（第30回日本道路会議　平成25年10月）
12) 中央道宮谷橋（大月）CFRP接着による補修状況
13) 炭素繊維シートによる鋼構造物の補修・補強工法　設計・施工マニュアル（平成25年10月，(株)高速道路総合技術研究所）
14) 円筒形の支点上補剛材を有した鋼鈑桁橋の腐食に起因した変状と維持管理上の教訓（橋梁と基礎 2015-12）
15) 鋼I桁の主桁端部の疲労損傷補修（首都高速道路(株)技報）
16) 都市内高架橋におけるRC橋脚横梁の再構築－首都高速鈴ヶ森入口－（土木施工 2013 Jul VOL.54 No.7）
17) 鋼箱桁橋主桁切欠き構造の改良検討（土木学会第69回年次学術講演会　平成26年9月）

第6章　支承部の長寿命化に向けた設計計画

6.1　支点部に負反力を生じさせないために

6.1.1　負反力が支承に与える影響

　支承部の主な役割は，上部構造からの様々な荷重を下部構造に伝達する機能（荷重支持機能），活荷重たわみによる回転を吸収する機能（回転機能），そして温度変化などによる上下部構造間の変位を吸収する機能（変位追随機能）である．

　常時において，支承部に作用する鉛直荷重が下向きである場合，上部構造からの荷重は，支承部を構成する部材どうしの接触により圧縮力として下部構造へ伝達される．また，支承の回転機能や変位追随機能は，例えば，ピボット支承のピボット部や可動支承のすべり面などにおいて，上沓と下沓との接触が保たれることにより，設計時に意図したとおりの機能が発揮される．しかし，支承部に浮上る力が作用すると，支点において上部構造が下部構造から浮上ろうとするため，橋を安定して支持しているとは言えない状態となる．そのため，浮上ろうとする荷重が生じる支承部には，その荷重（負反力）に対し抵抗し，浮上る挙動を防止する機構が必要となる．一般的に，活荷重時や風時，地震時に生じる一時的な負反力のうち，比較的値の小さいものは，簡易的な浮上り防止構造による対策が講じられている．しかし，死荷重や活荷重時に生じる負反力において，一時的にでも，特に値の大きい場合，簡易的な浮上り防止構造の機構のみでは十分な負反力対策とならない場合がある．例えば，死荷重時などの浮上りを負担する支承には，せん断型ピン支承やペンデル支承などがあり，常に負反力が作用することを想定した構造の支承を選定する必要がある．また，下部構造への定着構造として，アンカーフレームを設置するなど，負反力を継続して支持することを考慮した定着構造の検討も必要である．しかし，これらの構造を採用したとしても，大地震あるいは経年劣化の影響によって支承部が損傷した場合，浮上りが生じる可能性を否定することはできない．1995（平成7）年の兵庫県南部地震では，東神戸大橋の端支点においてペンデル支承が損傷し，上部構造に約40cmの浮上りが生じた事例もある[1]．浮上りは橋の不安定化につながる．特に，死荷重時の負反力発生は，非常に大きなリスク要因である．

　活荷重載荷時のみに負反力の生じる支承は，死荷重状態では橋が安定して支持されているが，活荷重の載荷状態により，支承の上下方向の遊間の範囲で浮上りが生じる．浮上りの発生によって，騒音や負反力に抵抗する部材同士が接触または擦れ合うなど事象が生じ，防錆機能を傷めるなど望ましくない問題を引き起こす可能性がある．死荷重時に負反力であり，活荷重時に正反力に転ずる支承も同様の課題を有する．支承反力が正負で反転することは，各部に予期しない応力が発生するため，橋梁本体にとっても望ましくないことである．また，風時や地震時など，常時とは異なる条件での浮上り力も，値が大きい場合や発生頻度の比較的高い場合は橋の安定性に問題が生じる．支承に負反力が生じることは，想定しない事象につながる可能性があることから，橋の設計では，橋梁計画や予備設計の段階からこれらの条件について留意し，負反力ができるだけ発生しない橋とすることが肝要である．

　橋の維持管理では，供用中の既設橋梁において負反力を支持する支承部の機能を健全に保つことが特に重要である．また，建設当時の設計計算では正反力のみであったため，負反力対策を講じない構造としていた支承部に，近年における車両の大型化に伴い，結果的に負反力が生じているような場合が考えられる．このため，多様化する交通事情と橋の構造形式を考慮して，支承部に負反力が生じる可能性の有無を検討しておくことも必要である．

6.1.2 負反力が生じやすい橋の構造条件

道路橋支承便覧[2]では，橋の形態に対する負反力の生じやすさの傾向が示されている．ここに示された橋の構造形式による負反力の生じやすい条件と，近年の活荷重や地震荷重といった設計荷重の見直しによる負反力の生じやすい事例をとりあげ，代表的な要因を表6.1に整理する．

表 6.1　負反力発生要因と主な原因

負反力発生要因	主な要因
(1) 直線橋における不等間隔の支間割	多径間連続橋における不等支間割により活荷重時もしくは死荷重時に負反力が発生
(2) 幅員に対して支承間隔が狭い橋	幅員に対して支承間隔を十分確保出来ない場合に負反力が発生
(3) 曲線橋	支承設置位置に対し荷重載荷位置が偏る場合に負反力が発生
(4) 斜橋	上部構造のたわみ性状から鈍角部に反力が集中し鋭角部に負反力が発生
(5) 支承のばらつきによる影響	1支承線上の支承形状が異なる場合に負反力が発生
(6) 活荷重の増加	活荷重の増加に伴い従来の構造形式は負反力が生じなかった支承部で負反力が発生
(7) 主桁のねじり剛性の影響	床版橋や並列箱桁に複数の支承を設置したことにより負反力が発生
(8) 地震荷重の影響	設計地震力の増加に伴い地震時上揚力が発生

(1) 直橋における不等間隔の支間割

多径間連続橋では，図6.1に示すように中央径間に対して側径間が極端に短い等，支間割の不均等により，支承に負反力が生じる可能性がある．構造条件により，負反力は活荷重のみ生じる場合と，死荷重時も負反力となる場合がある．

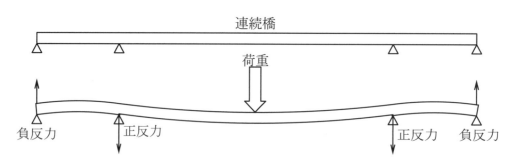

図 6.1　不等間隔の支間割により負反力が生じるケース

(2) 幅員に対して支承間隔が狭い橋

都市内高架橋などでは，建築限界等による制約から橋脚天端の幅を確保できず，図 6.2 に示すように，幅員に対して支承間隔を十分広く取れないケースがある．このような場合，活荷重が支点位置に対し偏載されるため，負反力の生じる可能性がある．

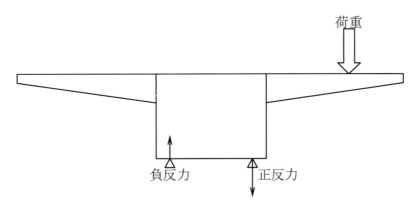

図 6.2　幅員に対して支承間隔が狭いため負反力が生じるケース

(3) 曲線橋

曲線橋では，図 6.3 に示すように支承部に対して荷重載荷位置が著しく偏る場合がある．これにより活荷重時または構造条件により，死荷重時においても，支承に負反力が生じる場合がある．

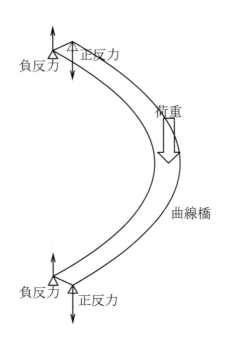

図 6.3　曲線橋で負反力が生じるケース

(4) 斜橋

斜角を有する場合などでは，図6.4に示すように，活荷重載荷時に桁のたわみ性状の影響から鈍角部に反力が集中し，鋭角側の支点部に負反力が生じる場合がある．

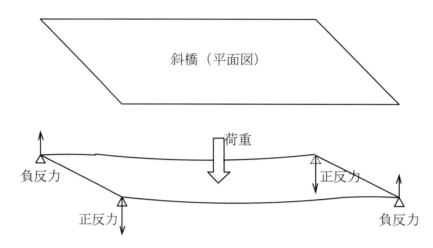

図6.4　斜橋で負反力が生じるケース

(5) 支承のばらつきによる影響

同一の支承線上で高さの異なる支承を採用する場合，特にゴム支承では，ゴム支承本体の高さの違いにより鉛直剛性が異なるため，いずれかの支承で支点反力が設計値の値と変動する可能性がある．このような支点では，負反力が生じる恐れがあるため注意が必要である．また，施工時の支承設置高さに誤差がある場合に，鉛直反力が小さくなる支承では負反力が生じる恐れがある．このため，施工時に支承設置誤差を十分小さくするか，設計時に支承の施工誤差を考慮して支点反力を計算するといった対応を必要に応じて行っておくことが望ましい．

(6) 活荷重の増加

表6.2に活荷重の変遷を示す．道路橋示方書は，実交通における車両の大型化に伴い，1956(昭和31)年および1994(平成6)年に，活荷重を増大する方向で改定された．これにより，既設橋の支承部において，従来の活荷重では負反力を生じなかった支承部に，負反力が生じる可能性がある．

表6.2　活荷重の変遷

示方書 改訂年度	設計活荷重およびモデル車両
1939 (昭和14)年	車両荷重 ・一等橋： 13tf 　　　　$L<30m$　　500kgf/m² 　　　　$30m \leq L<120m$　$(545-1.5L)$ kgf/m² ・二等橋： 9tf 　　　　$L<30m$　　400kgf/m² 　　　　$30m \leq L<120m$　$(430-1.5L)$ kgf/m²

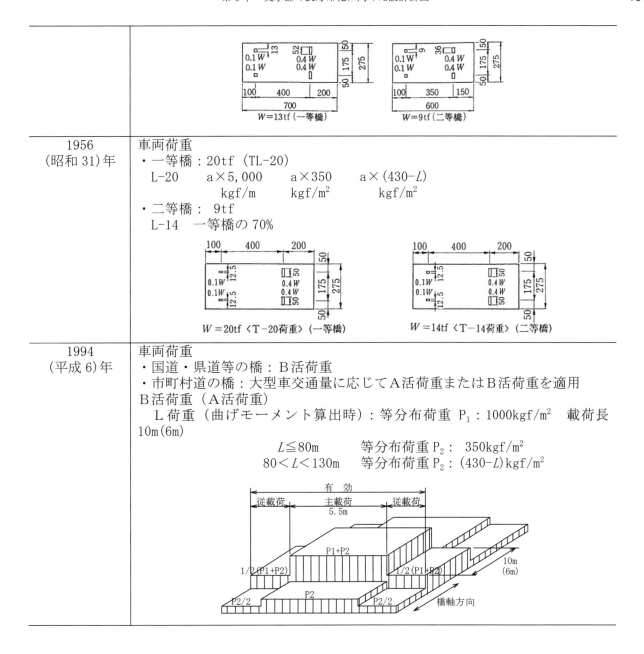

1956 (昭和31)年	車両荷重 ・一等橋：20tf（TL-20） 　L-20　　a×5,000　　a×350　　a×(430-L) 　　　　　　kgf/m　　　kgf/m²　　　kgf/m² ・二等橋：9tf 　L-14　一等橋の70%
1994 (平成6)年	車両荷重 ・国道・県道等の橋：B活荷重 ・市町村道の橋：大型車交通量に応じてA活荷重またはB活荷重を適用 B活荷重（A活荷重） 　　L荷重（曲げモーメント算出時）：等分布荷重 P_1：1000kgf/m²　載荷長 10m(6m) 　　$L\leqq 80$m　　等分布荷重 P_2：350kgf/m² 　　$80<L<130$m　等分布荷重 P_2：$(430-L)$kgf/m²

(7) 主桁のねじり剛性の影響

床版橋や箱桁橋で多主桁並列とした場合で，同一支承線上に多くの支承を設置すると，主桁のねじり剛性の影響により，支承の活荷重反力の変動が大きくなり，負反力が生じる場合がある．このため，床版橋では支承の数を少なくするか，また，並列箱桁橋では**図6.5**のように，1箱桁1支承を採用するなどの対策を行うのがよい[2]．

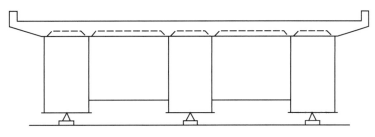

図6.5　並列箱桁の1箱桁1支承

(8) 地震荷重の影響　橋の構造条件によっては，地震時において支承に大きな浮上り力の生じる場合がある．このような条件の橋は，支承の耐震設計において地震時上揚力に十分配慮することが必要である．

図 6.6 に示すように，上路アーチ橋のアーチリブの基部やニールセンローゼ橋およびトラス橋の支承部などでは，支承間隔に対して慣性力作用位置が高い場合，地震時水平力による偶力の影響によって支承部に作用する地震時鉛直反力の変動が大きくなり，負反力側の支承で大きな地震時上揚力が生じる．

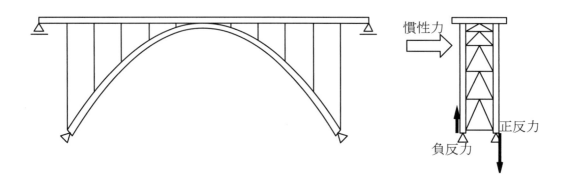

図 6.6　支承間隔に対し慣性力作用高さが高い橋（例：上路アーチ橋）

また，桁橋の場合においても，図 6.7 に示すような 1 室箱桁のように支承間隔が狭く，慣性力作用位置が高い場合は，支承の反力が負となる可能性がある．

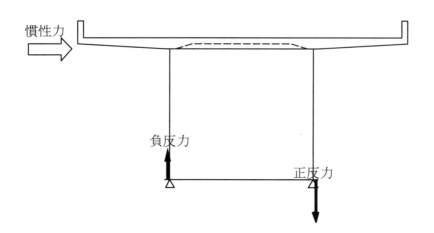

図 6.7　支承部に地震時に負反力が生じる例

平成 24 年版道路橋示方書Ⅴ[3]では，支承のタイプＡとタイプＢの区別がなくなり，全ての支承がレベル 2 地震動を考慮して設計を行うこととなった．このため，道路橋示方書Ⅴ耐震設計編の 15.5（2）による死荷重反力の 0.3 倍の浮上り力を設計上向き地震力として設計荷重の下限値として規定し，一部の例外を除くほとんどの支承に適用されることとなった．このため，大規模地震時の浮上り力が支承の設計荷重の一つとなっている．

6.1.3 負反力が生じた場合の対策

常時負反力や地震時に浮上り力の作用する支承部は，荷重支持機能の喪失に伴う橋の致命的損傷を引き起こす可能性がある．そのため，道路の線形計画および橋梁計画において，極端な斜角や大きい曲率，不均等な支間割となるようなことがないように配慮を行い，支点部に負反力が生じ難い橋とすることが望ましい．しかし，さまざまな制約から，負反力が生じてしまう場合の対策例を**表 6.3**に整理する．

表 6.3　負反力が生じた場合の対策方法例

対策例	主な方法
(1) 道路計画における対策	予備設計段階で負反力を生じさせない道路計画を実施
(2) 支承基数・配置による対策	詳細設計段階で負反力を生じさせない支承配置を検討
(3) 常時負反力支持型支承による対策	負反力を支持する部品（含取付ボルト）が不釣り合いな形状とならない範囲で負反力を支持
(4) アウトリガーによる対策	曲線桁において支承位置をずらし負反力の発生を軽減
(5) カウンターウエイトによる対策	桁内にコンクリート等を充填させ負反力の発生を軽減
(6) カウンターウエイトとアウトリガーを用いた対策例	(4)(5)を組合わせ負反力の発生を軽減
(7) 地震時上揚力対策	過大な地震時上揚力が発生する場合やアーチ基部に支承を設置する場合の対策
(8) 津波の波力や浮力に対策を講じる場合の構造(案)	波力や浮力を支持する場合の構造(案)

(1) 橋梁計画における対策

予備設計段階で支間割を決める際は，負反力が生じないよう支間割を均等にする等の配慮を行う．支間割が不等な例として，連続桁橋の端支点（支点1）に関する鉛直反力の影響線を**図 6.8**に示す．対象橋梁は，中央径間が長く側径間が短い3径間連続橋（支間割：30m+60m+30m）であり，実線が，端支点における支点反力の影響線である．長い中央径間の範囲が全て負の値であり，最小値は-0.2程度である．この領域の死荷重および活荷重が端支点に負の反力をもたらすこととなる．一方で，同図に示す破線は，支間割を40m×3の3径間の等支間とした場合の影響線である．影響線が負となる中央径間が短くなり，最小値も-0.1程度にとどまるため，端支点における負反力の発生を抑制することができる．

曲線橋の場合も橋脚の位置を適切に設定し，曲線の影響による負反力が生じにくい構造とするのがよい．

斜橋の場合，河川や道路などの交差物との関係から中間橋脚での斜角の変更は困難であることが多い．しかし橋台では，斜角を小さくすることが可能であればそれにより負反力の発生を抑制できる可能性がある．そのため，橋の斜角は負反力を抑制する利点と橋長が伸びることによるコスト増とを勘案して決めるのがよい．なお，橋台の斜角を小さくすることは，地震時に何らかの要因から支承破壊が生じてしまった場合において，上部構造の回転による落橋のリス

クを軽減する効果もある．

　支間割や斜角のような条件は詳細設計の段階では修正が不可能である場合が多いため，設計の上流段階で対策を施しておくことが重要である．

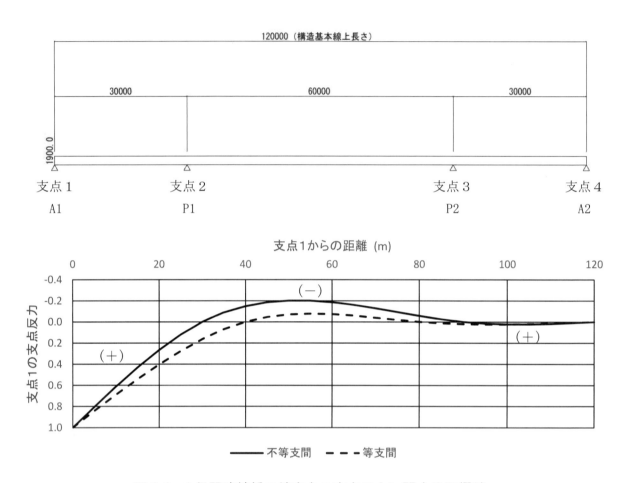

図 6.8　3 径間連続橋の端支点の支点反力に関する影響線

(2) 支承基数・配置による対策

　支間割や斜角，曲率などの条件が同じ橋でも，個々の支承配置により支承反力は大きく変化する．支承を上部構造の形式から自動的に決まる位置に配置し，負反力が生じる結果となった場合は，支承の設計に移行する前の対策として，反力の分担がより望ましくなるように支承配置を見直すのがよい．

　例えば，死荷重反力が小さいために負反力が生じる場合は，支承の数を減らすという対応が考えられる．また，曲線橋や斜橋，直橋において，活荷重載荷の影響等から反力が偏り負反力を生じさせてしまう場合は，支承の位置を支承線上で調整し，適切な支承配置を検討するのがよい．

(3) 負反力支持型支承による対策

活荷重による負反力の発生を解消できない場合は、やむを得ない手段として、負反力に対応した構造の支承を採用する。例えば、せん断型ピン支承は大きな負反力に対応できる支承である。ピボット支承ではリング等の部材を、BP.B支承ではサイドブロック部品を負反力支持に耐えるように設計する方法である。なお、ゴム支承は、常時の疲労耐久性の観点などから常時負反力による引張応力を受けもたせることが認められていないため、原則として採用できない。

常時負反力に対応した支承を採用する場合は、負反力を上部構造から下部構造に伝達するため、上部構造と上沓間および下沓と下部構造間の接合を確実なものとする必要がある。RC橋脚では、常時の持続的な負反力を無収縮モルタルとアンカーボルト側面の付着力のみで荷重支持することには限界がある。そのため、負反力を支持する支承を配置する場合は、アンカーボルトの縁端部にアンカープレートを設置することや図6.9に示すようなアンカーフレームの採用を検討することが望ましい。

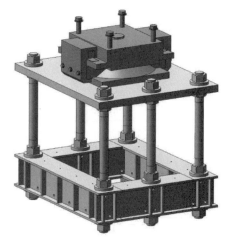 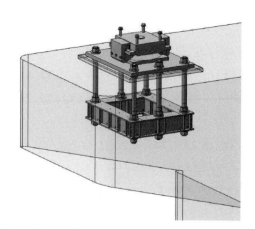

(a) 支承およびアンカーフレーム　　(b) RC橋脚梁部にアンカーフレームを設置

図6.9　負反力対策支承とアンカーフレームの例

(4) アウトリガーによる対策

アウトリガーは船舶用語であり、船の安定を増すため、船体の横に突出した艤装を意味している。橋梁においては、上部構造の外側に横桁を突出させ、支承の位置を大きくオフセットさせる構造である。支承配置による負反力対策だけでは負反力の発生を防げない場合において、上部構造と支承の取合い部構造を改良し、負反力の発生を抑える方法である。図6.10に示すように、曲線橋の曲線内側支承に負反力が生じる場合、曲線外側の支承をアウトリガーによって主桁の位置からさらに外側に偏心させることにより、荷重作用位置を支承の内側にして負反力の発生を抑制することができる。

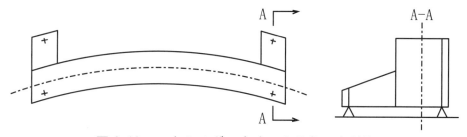

図6.10　アウトリガー方式による負反力対策

(5) カウンターウエイトによる対策

不等支間による負反力を打消すため，支承の正反力の影響線範囲に，コンクリート充填等によるカウンターウエイトを配置する方法である．図6.11に示すように，支点1と支点2に負反力が発生する場合は，支点1から支点2および支点3から支点4の支間にカウンターウエイトを配置して負反力の発生を打消せる荷重を載荷させる．上部構造の支点上にコンクリート等を充填することから，死荷重が増重し橋の耐震設計上の質量に影響を及ぼすこと，コンクリートを打設してカウンターウエイトとする場合は，上部構造と支承を取付けるセットボルトがコンクリートで埋らない取合いとすることなど橋の維持管理や耐久性に対する配慮も必要である．

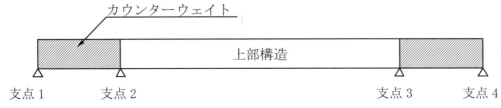

図6.11 カウンターウエイト方式による負反力対策

(6) カウンターウエイトとアウトリガーを用いた対策例

曲線桁の内桁支点の負反力を打消すためと，曲線桁の曲率半径が小さく風時や活荷重載荷時に，同時性のある水平反力と水平変位が生じる支点の対策例を示す．図6.12および図6.13に橋梁構造と支点断面を示す．

本事例における支承部の荷重状態は，曲線桁による偏荷重による負反力の発生と，さらに風時や温度時，活荷重載荷時に水平変位とその変位と直交する向きに同時性のある水平荷重が発生する．

このような支点条件においては，1つの支承に多くの機能を凝縮させるのではなく，鉛直力支持機能と水平移動機能を有する鉛直鋼製支承と，水平力支持機能を有する水平鋼製支承（ウインド支承）に機能を分散させて支点部を構成させることなどの対策が必要である．

写真6.1と写真6.2，図6.14にウインド支承を示す．ウインド支承は，鉛直荷重支持機能は有しないが，水平荷重により設計される水平力支持部品と，水平移動するすべり面を有している．

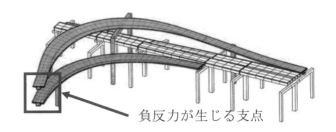

図6.12 負反力が生じる橋梁構造

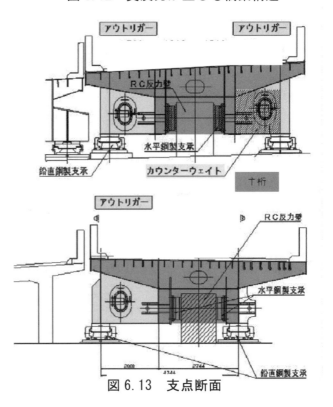

図6.13 支点断面

ウインド支承を配置することにより，風時や温度時，活荷重載荷時にも同時性のある水平力支持と水平移動する機能から，すべり面の防食面を保護することが出来，さらに水平力支持部位の鋼材同士の擦れによる異音や防錆面を保護することが可能となる．

写真 6.1　ウインド支承の架設

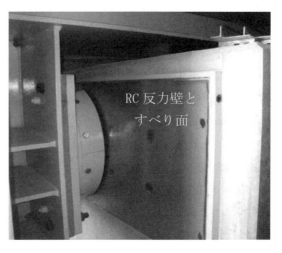

写真 6.2　ウインド支承

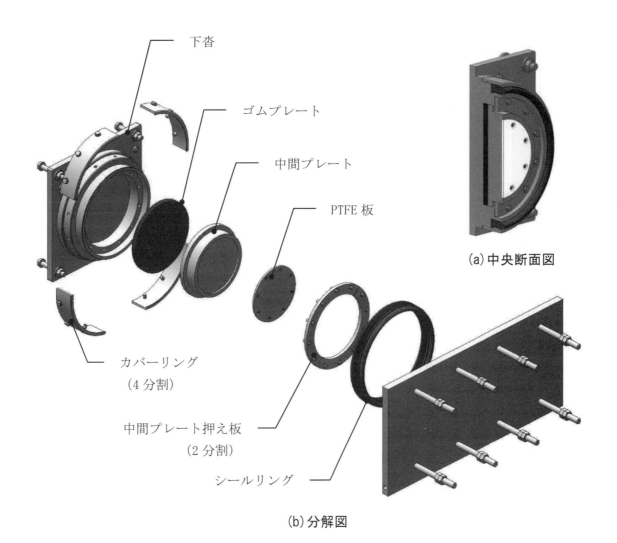

図 6.14　ウインド支承の構造例

(7) 地震時上揚力対策

これまでの大規模地震の被災例から，支承近傍の上下部構造が損傷した事例も多く，橋の設計では支承の耐震設計を行うと同時に，上下部構造も地震荷重に対応して適切な設計を行う必要がある．支承取付けボルトやアンカーボルトが破断し，支承が不安定となった事例もあるため，これらにも配慮が必要である．特に既設橋の耐震補強では，設計時より地震荷重が大幅に大きくなっている場合が多いため，支承の補強だけでは橋の損傷を十分に防止できないことがあり注意が必要である．

地震時の上揚力が特に大きく生じる橋では，それに耐えるように支承を設計する必要がある他，地震時上揚力を確実に伝達できるように上部構造や下部構造にも十分な対策を行うことが必要である．上路アーチ橋のアーチリブ支承部に負反力対策を実施した例を図 6.15 に示す．地震時上揚力に耐える構造のピボット支承とするとともに，下部構造躯体にアンカーフレームを設置する．他の支承タイプとしては，せん断型ピン支承を採用することや，アーチリブの基部を剛結構造とすることも考えられる．

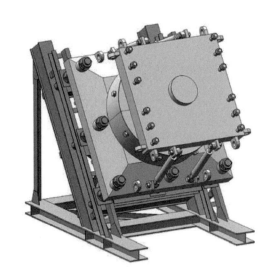
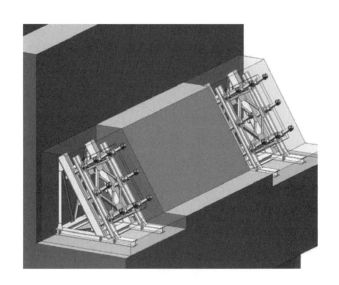

図 6.15　アーチリブ基部の支承部

(8) 津波による浮力などの影響を受ける対策案

2011 年東北地方太平洋沖地震により発生した津波により，上部構造が流出し支承も多くの損傷を受けた報告がされている[4]．また，本報告書の第 3 章に津波による支承部に生じた損傷に着目した事例を報告している．その中で，津波により橋梁が受ける影響は，漂流物の衝突や，流出物による火災，そして直接的な津波の波力による損傷と調査・報告されている[5]．そして，津波により支承部が受ける影響は，直接的な波力であるのか，水位が上昇したことによる浮力であるのか，さらには波力と浮力の同時載荷となるのかは，津波の高さや方向，そして架橋位置などの影響を受けるとされ，現時点においては支承に作用する外力を定量的に定めるのは困難と報告されている[5]．また，地震後に発生する津波に対して，あらゆる挙動に対し強固に外力を支持し損傷を防ぐ手段とするか，応急的な橋の通行機能を回復させるさめに下部構造を健全にしておくため，上部構造もしくは支承部を損傷させる対策も考案されている[6]．

以上より，津波が橋梁に及ぼす影響とその対策方法は，外力による橋の挙動メカニズムを分析し，架橋地域における防災計画などにも基づき，橋梁の流出の有無などを合理的に対策することが重要となっている[4]．ここで，津波による支承損傷形態の大別を写真 6.3 に示す．津波の波力による水平面内の外力によりゴム支承のアンカーボルトが破断し支承が流出した事例と，鋼製支承の上沓ストッパー部位が破断した形態を写真 6.3 (a)(b)に区分する．次に，津波の浮力による鉛直上向きの外力でゴム支承本体が破断した事例と，鋼製支承の上揚力支持部位が変形した形態を写真 6.3 (c)(d)に区分する．さらに，同時性の損傷として，津波による波力と浮力により，水平面内と鉛直上向きの外力により支承が引抜かれる損傷形態を写真 6.3 (e)(f)に区分する．このように大別すると，上部構造を流出させないためには，各支承の損傷部位を，

(a) ゴム支承本体の水平力損傷

(b) 鋼製支承の水平力損傷[4]

(c) ゴム支承本体の上揚力損

(d) 鋼製支承の上揚力損傷[4]

(e) ゴム支承本体の水平鉛直同時性損傷

(f) 鋼製支承の水平鉛直同時性損傷[4]

写真 6.3　損傷形態図

津波による外力で損傷させないための設計断面とする必要がある．ここで，**表6.4**に津波による外力で支承を構成させる場合の設計部位と，構成される支承形状の傾向を示す．ゴム支承においては，外力による変位と上揚力を許容するのがゴム支承本体に集約されるため，変位に見合うゴム厚さと引抜力に抵抗する平面寸法が必要となり，ゴム支承本体の平面形状が大きく必要となる．また，橋の橋軸方向を分散・免震とし，橋軸直角方向はサイドブロックを用いて固定支持とする支承構造の場合においても，同様に構成される支承形状は大きくなる傾向である．一方，鋼製支承においては，水平力を支持する部位と上揚力を支持する部位が異なるため，各部品同士の組立寸法に配慮しながら，各々の設計方向の断面性能を増やして支承を構成させれば，支承の機能を発揮させることに無理を生じさせる程の不釣合いな形状となることは生じ難い．

以上により，津波による外力を想定した場合の着目部位を示したが，支承部に作用する地震力と，津波による外力の大小関係を明確にした上で，それぞれの部品設計を行う必要がある．

表6.4 構成される支承形状の傾向

損傷形態	ゴム支承	鋼製支承	上下部構造接合部位
水平力支持部位	水平力によるせん断変形量を満足するゴム厚	水平力を支持する鋼材部の断面	水平力を支持するボルト類の必要断面
上揚力支持部位	上揚力を許容するためのゴム支承本体平面寸法	上揚力を支持する鋼材部の断面	上揚力を支持するボルト類の必要断面
構成される支承形状	ゴム支承本体部品のせん断変形性能を満足する厚さと引張荷重を許容できる平面寸法が必要となり相対的にゴム支承本体寸法が大きくなる	水平力と上揚力を支持する部位が異なるため設計方向の断面性能を増やし支承構成させる	構成される支承の平面と高さ寸法に応じた取付け方法を行う

6.2 上下部構造を過度に傷めない支承取替えのために

6.2.1 支承取替えを考慮した構造の必要性

橋の供用期間中に支承の機能不全が生じた場合や地震により支承本体が損傷した場合の支承取替え作業において，現在行われている既設支承撤去時の作業例より，将来支承構造に配慮しておくべき留意点を整理する．

写真 6.4 に上部構造がコンクリート桁の事例を示し，写真 6.5 に上部構造が鋼鈑桁の支承取替え作業の状況を示す．写真 6.4 と写真 6.5 の(a)に示すように，既設支承撤去のはつり作業は非常に狭い桁下空間での作業となることが多い．さらに，写真 6.4 と写真 6.5(b) より，既設支承のアンカーボルトや下沓およびベースプレート部品を撤去するには下部構造の躯体の一部をはつり，取替え後の新設支承を設置する際に下部構造躯体と配筋を行い下部構造の再構築が必要となることもある．

そこで，既設支承を撤去する際，下部構造をはつることはやむを得ない工程であるが，今後新設橋梁を建設する際には，既設支承を撤去する時に過度に下部構造を傷めない構造としておくことが望ましいと考えられる．

(a) 既設支承のはつり

(b) 既設支承撤去後の作業

写真 6.4 コンクリート桁の既設支承の撤去事例

(a) 既設支承のはつり

(b) 既設支承撤去後

写真 6.5 鋼鈑桁の既設支承の撤去事例

ここで，上下部構造がコンクリート製の橋梁において，支承取替へ配慮した支承構造例と支点部の例を図 6.16 に示す．なお，ここでの支承タイプは BP.B 支承を例に挙げるが，どの支承タイプにおいても適用できる考えや構造である．図 6.16(a) は従来より用いられていた支承構造で，上沓上面にアンカーバーを直接ねじ込み上部構造に定着させる支承である．この構造の支承を撤去する場合は，上沓は上部構造に残置することになる．一方，図 6.16(b) に示すように，上沓と上部構造の間にソールプレートを設けた支承構造を示す．ソールプレートにアンカーバーをねじ込み，ソールプレートと上沓は外部より六角ボルト等で接合した支承構造である．この支承構造においては，図 6.16(c) に示すように，ソールプレートと上沓を接合する六角ボルトを外すことで，支承を構成する部品のうち，鉛直力や水平力を支持する部品は上下部構造を傷めずに撤去することが可能となる．また，こうした一連の作業を行なう上で，特に支承形状が小さくなる小規模橋梁においては，平成 16 年 4 月版道路橋支承便覧 P185[2)] にも記載されるように，架設時や維持管理における施工性を考え図 6.16(d) に示すように桁下空間として 400mm 以上の作業空間が設けられるような台座を設置検討しておくことが望ましい．

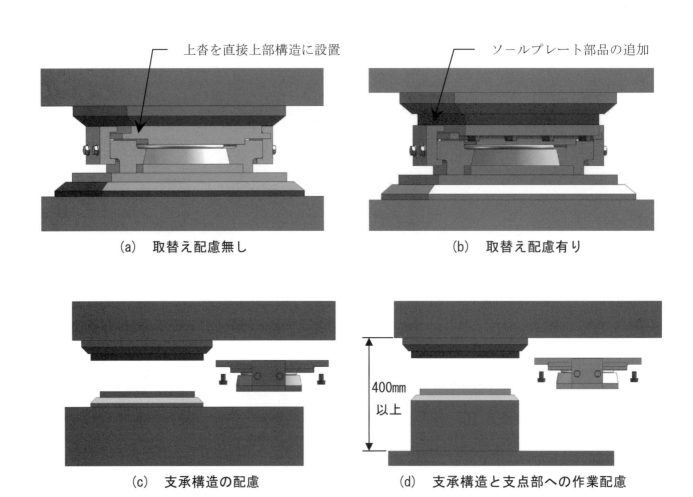

図 6.16　支承取替へ配慮した支承構造例と支点部の例

6.2.2 大型鋼製支承の取替え事例

近年，耐震補強や大規模修繕の一環として支承取替え工事が頻繁に行われているが，新設橋の架設工事と比較すると，その作業は非常に多くの困難を有する事例が見受けられる．そこで，現在保有している社会インフラを最大限に生かしながら，より耐震性の高い橋梁とするために，緻密な工事計画により支承取替え作業が行われた事例として整理する．支承取替え作業の一般則かも知れないが，"この手法を用いれば狭い空間や大型の支承も取替えが行える"，もしくは，"予め設計段階から計画しておかないと大規模な作業となってしまう"，両者の解釈ができるが，将来の維持管理のために，上下部構造を過度に傷めず修繕が行える設計計画の仕組み作りが必要である．

本事例は，ジャンクション橋に接続するために，上部構造を拡幅し，この影響による死活荷重反力の増加と，レベル1地震動で設計された既設支承を，レベル2地震動により設計された支承に交換する事例である．図6.17に支点横断図を示す．

下部構造は2本の独立した鋼製橋脚柱より構成されており，桁下は河川管理用通路兼歩行者用通路であるため，大型車両の進入は夜間のみに限定されて

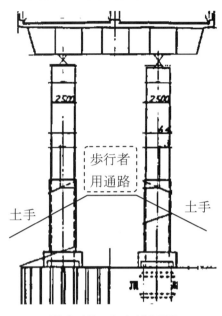

図 6.17　支点横断図

いる．また，通路の両脇は河川の土手となっており，架設用ベントを設置出来ない状況である．既設支承は固定支点のピボット支承で，既設下沓の平面寸法は1辺が2000mmの矩形で支承総重量は15305.7kgである．取替え後の支承は最大反力32500kNの固定型BP.B支承である．支承形状は1940mm×1940mm完成品重量は20299.4kgである．図6.18に既設支承と新設支承の形状図を示す．支承タイプの選定は，固定支点部に要求される，鉛直荷重支持と回転変位の吸収，および地震時水平力支持が求められることと，橋脚天端の平面寸法が2500mmの矩形であり，求められる機能を発揮する固定型ゴム支承では支承が配置出来ないことから固定型BP.B支承が選定されている．支承取替えは，ピボット支承は，上沓と下沓が球面部で噛み合っており，交通を供用させながらジャッキアップにより，支承を分解することが行えないため，上沓と下沓が噛み合ったまま横取りし，昇降設備に載せて既設支承を降下させる工夫がなされている．また，ピボット支承は構造的に支承高さが高く，本既設支承の支承高さは1120mmあることと，作業用のステージ足場を設置するなどの配慮が行われ，桁下の作業空間が十分確保されていることから，複数のジャッキによるジャッキアップ反力とジャッキアップ量などの管理を行う設備類が適切に計画，配置されている状況である．

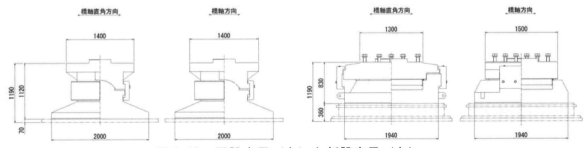

図 6.18　既設支承（左）と新設支承（右）

写真 6.6 に既設支承撤去の準備工程を示す．

まず，作業ステージとなる足場の設置を行う（**写真 6.6(b)**）．そして，**写真 6.6(c)**，**写真 6.6(d)** に示すように，ジャッキアップ用ブラケット部材を設置した後，ジャッキアップを行う（**写真 6.6(e)**）．

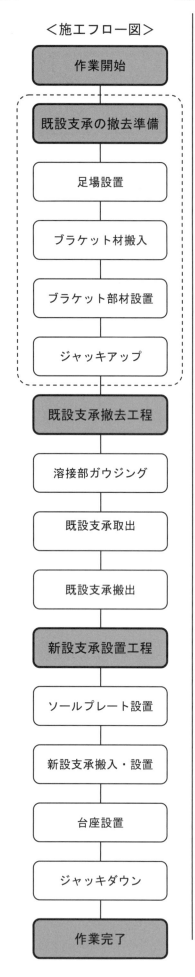

＜施工フロー図＞

(a) 施工前全景

(b) 足場設置

(c) ブラケット材設置

(d) ジャッキアップ材設置

(e) ジャッキアップ

写真 6.6　既設支承撤去の準備工程

第6章 支承部の長寿命化に向けた設計計画

<施工フロー図>

- 作業開始
- 既設支承の撤去準備
- 足場設置
- ブラケット材搬入
- ブラケット部材設置
- ジャッキアップ
- 既設支承撤去工程
  - 溶接部ガウジング
  - 既設支承取出
  - 既設支承搬出
- 新設支承設置工程
- ソールプレート設置
- 新設支承搬入・設置
- 台座設置
- ジャッキダウン
- 作業完了

写真 6.7 に既設支承の撤去工程を示す．

写真 (a) に鋼製橋脚との溶接接合部の切断状況を示す．写真 (b) に既設支承を横取りにて取出を行う状況を示す．写真 (c)，(d) に既設支承の搬出状況を示す．支承取替え作業は，大型クレーンを用いて吊り上げながら部材の搬出と搬入が行えないことが多く，部材の昇降設備などを計画しておく必要がある．

(a) 溶接部のガウジング

(b) 既設支承取出

(c) 既設支承搬出 (1)

(d) 既設支承搬出 (2)

(e) 既設支承搬出完了

写真 6.7 既設支承の撤去工程

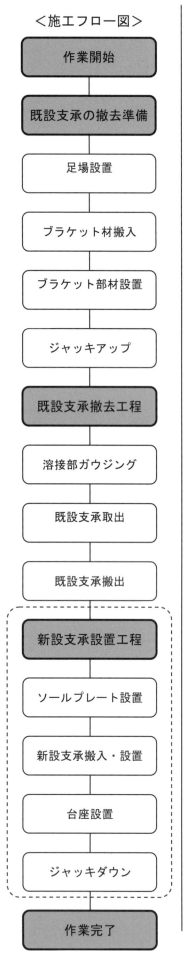

＜施工フロー図＞

写真6.8に新設支承設置工程を示す．

写真(a)に新設ソールプレートを設置する．写真(b)に新設支承の搬入を示す．この場合も昇降設備を用い搬入している．写真(c)，(d)に新設支承と鋼製台座の設置状況を示す．ここで，写真(d)で示すように，支承本体にシャックルを取付ける吊り環を設置しておくことなどは，製品組立作業時のみならず，将来的な取替え作業時にも必要な細工と考えられる．写真(e)にジャッキダウン状況を示す．各主桁毎のジャッキ反力と変位量の管理は重要な工程である．写真(f)に施工完了の状況を示す．

(a) ソールプレート設置

(b) 新設支承の搬入

(c) 新設支承の設置

(d) 鋼製台座の設置

(e) ジャッキダウン

(f) 作業完了

写真 6.8 新設支承設置工程

6.2.3 鋼製支承の撤去からゴム支承の設置の事例

図6.19に橋梁一般図を示す．本事例は3径間連続鋼箱桁橋で，ジャンクション橋を本線に接続させるため拡幅に伴う上部構造の荷重増減が生じるために支承取替えを行う目的と，既設支点形式は中間支点がレベル1地震動で設計された1点固定支点形式のピボット支承と可動支点は高硬度ピボットローラー支承であるが，新設支承はレベル2地震動で設計された中間支点2橋脚を固定支点形式とした多点固定ゴム支承に取替えを行うものである．着目する中間支点の既設支承は，最大反力10450kNの高硬度ピボットローラー支承である．既設下沓の平面寸法は1辺が1310mmの矩形で支承総重量は5715.8kgである．取替え後の支承は最大反力10280.9kNの固定型ゴム支承である．支承形状は1320mm×2120mmで完成品重量は8233.9kgである．図6.20に既設支承と新設支承の形状図を示す．

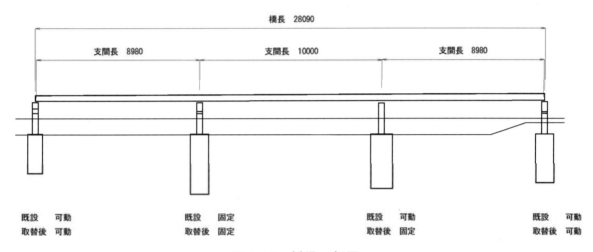

図6.19　橋梁一般図

支承取替えを行う高硬度ピボットローラー支承を，固定ゴム支承に取替える事例を示す．高硬度ピボットローラー支承（高硬度ピンローラー支承も同様）は，移動機能を発揮するローラー部位の部品点数が多く複雑な構造となっているが，各部品の機能を予め把握し，取外す順序を計画しておけば，部品を溶断するなど，過度に作業を煩雑にせず，既設支承の撤去が行えるためローラー構造系の既設支承の撤去方法例として示す．

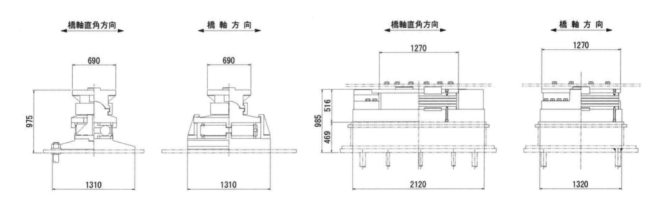

図6.20　既設支承（左）と新設支承（右）

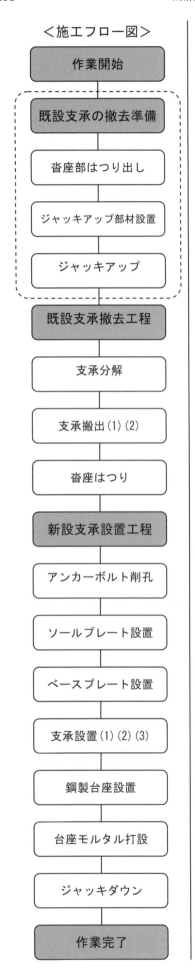

＜施工フロー図＞

写真 6.9 に既設支承の撤去準備工程を示す

写真(c)でジャッキアップ用ブラケット部材を設置し，写真(d)でジャッキアップを行う．

(a) 既設支承状況

(b) 沓座はつり出し

(c) ジャッキアップ部材設置

(d) ジャッキアップ

写真 6.9　既設支承の撤去準備

第6章　支承部の長寿命化に向けた設計計画

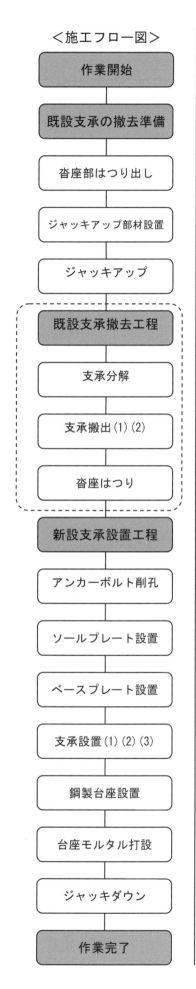

＜施工フロー図＞

図6.21に既設高硬度ピボットローラー支承の分解工程(1)を示す.

図(a)にサイドブロックを取外す状況を示す.サイドブロックは鉛直荷重を支持していないため,ジャッキアップの作業は必要としない.図(b)のローラーカバーも鉛直荷重支持せず,ビス止めもしくはM6程度の小さなボルトやリベット等で取付けている.図(c),(d)の連結板とピニオンは,複数のローラー間隔を均等に保つためにローラー同士を連結している板であるため鉛直荷重は作用していない.図(e)にローラーを取外す状況を示す.ローラー本体は鉛直荷重を支持しているため,ジャッキアップ後の作業になる.取出しは橋軸方向に転がり出す方法が良い.

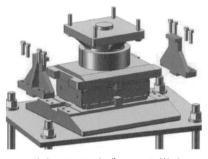
(a) サイドブロック撤去

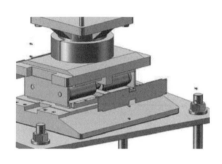
(b) ローラーカバー撤去

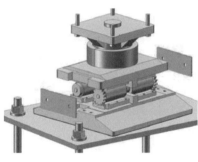
(c) 連結板撤去

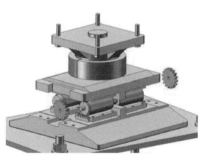
(d) ピニオン撤去

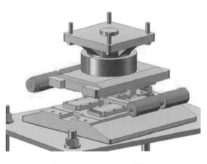
(e) ローラー撤去

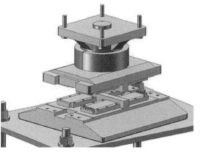
(f) 部品撤去完了

図6.21　既設支承の構成部品分解(1)

<施工フロー図>

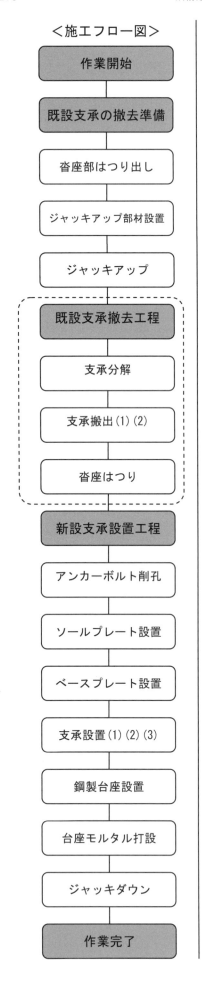

写真6.10に既設支承の撤去工程(2)を示す．

写真(a)に底板を撤去する準備作業として，支承本体を下部構造に定着させているアンカーボルト頭部を鎔断する作業を示す．

写真(b)に底板撤去（横取り）する状況を示す．写真(c)に鉛直荷重支持部品の上沓と下沓の撤去状況を示す．予めローラー部品と底板を撤去したことで，上沓部品類を降下させる作業空間が設けられ，上沓と下沓とリング部品を組付けた状態で降下させることができる．写真(d)～写真(e)に新設用ゴム支承を設置するための下部工高さ合せのはつり作業を示す．

(a) アンカーボルト鎔断

(b) 底板の撤去

(c) ピボット部品の撤去

(d) 沓座調整

(e) 撤去完了

写真6.10　既設支承の撤去工程(2)

第 6 章　支承部の長寿命化に向けた設計計画　　211

<施工フロー図>

```
作業開始
　↓
既設支承の撤去準備
　↓
沓座部はつり出し
　↓
ジャッキアップ部材設置
　↓
ジャッキアップ
　↓
既設支承撤去工程
　↓
支承分解
　↓
支承搬出(1)(2)
　↓
沓座はつり
　↓
新設支承設置工程
　↓
アンカーボルト削孔
　↓
ソールプレート設置
　↓
ベースプレート設置
　↓
支承設置(1)(2)(3)
　↓
鋼製台座設置
　↓
台座モルタル打設
　↓
ジャッキダウン
　↓
作業完了
```

写真 6.11 に新設支承設置工程（1）を示す

写真(a)〜写真(d)に新設用ゴム支承を設置するための新設ソールプレートの設置，増設アンカーボルト削孔とベースプレート設置を行う．箱桁橋などの場合は，新設アンカーボルト削孔時に，削孔機が箱桁の桁下空間に収まる削孔機械形状であるかなど事前計画を行っておくことが必要である．写真(e)，(f)に新設用ゴム支承の設置作業を示す．新設支承の設置順序は，複数本の桁取付けボルトのみで支承の設置位置を決めるのではなく，予め所定の上部構造の位置に設置するソールプレートのせん断キー孔と，新設ゴム支承の上沓せん断キー凸部を位置決めのガイドとして使用することは，桁取付けボルトの片効きを防ぐためにも有効に機能する．

(a) ソールプレート配置

(b) アンカーボルト孔削孔

(c) ベースプレート配置

(d) アンカーボルト溶接

(e) 支承配置

(f) 支承のジャッキアップ

写真 6.11　新設支承設置工程(1)

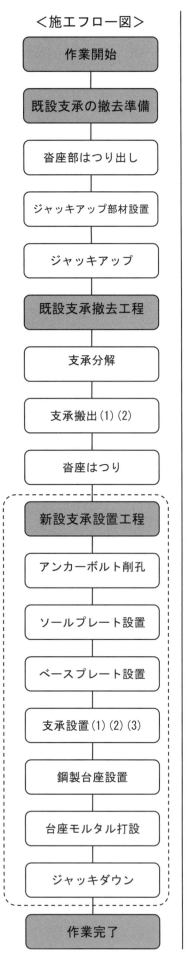

<施工フロー図>

- 作業開始
- 既設支承の撤去準備
- 沓座部はつり出し
- ジャッキアップ部材設置
- ジャッキアップ
- 既設支承撤去工程
- 支承分解
- 支承搬出(1)(2)
- 沓座はつり
- 新設支承設置工程
- アンカーボルト削孔
- ソールプレート設置
- ベースプレート設置
- 支承設置(1)(2)(3)
- 鋼製台座設置
- 台座モルタル打設
- ジャッキダウン
- 作業完了

写真 6.12 に新設支承設置工程（2）を示す

写真(a)に鋼製台座と調整プレートを設置する．写真(b)～写真(e)に下部構造への定着作業を示す．沓座配筋を行い，最終構造高調整後，台座モルタル打設を行う．写真(f)にジャッキダウン状況を示す．反力計測を行いながらジャッキダウンを行う．

(a) 鋼製台座設置

(b) 調整プレートの設置

(c) 支点部設置完了

(d) 沓座配筋

(e) モルタルの打設

(f) ジャッキダウン

写真 6.12　新設支承設置工程(2)

第6章 支承部の長寿命化に向けた設計計画

<施工フロー図>

- 作業開始
- 既設支承の撤去準備
- 沓座部はつり出し
- ジャッキアップ部材設置
- ジャッキアップ
- 既設支承撤去工程
- 支承分解
- 支承搬出(1)(2)
- 沓座はつり
- 新設支承設置工程
  - アンカーボルト削孔
  - ソールプレート設置
  - ベースプレート設置
  - 支承設置(1)(2)(3)
  - 鋼製台座設置
  - 台座モルタル打設
  - ジャッキダウン
- 作業完了

写真 6.13 に新設支承設置工程（3）を示す

写真(a)，(b)に鋼製台座と現場溶接部の塗装仕上げを行い，支承取替え作業を完了する．

ここで，撤去した既設ピボットローラー支承を写真(c)～写真(e)に示す．本支承取替え作業は，既設支承を支承取替える作業により上下部構造を傷めない配慮を行う作業計画をしたものである．その結果，撤去後の高硬度ピボットローラー支承は，分解と撤去後に現地で再組立てを行い，人の力で可動部位を移動させることができ，建設後30年経過していても水平移動機能は健全であったことが確認された．

(a) 鋼製台座の塗装

(b) 施工完了

(c) 撤去後の既設支承

(d) 撤去後の既設支承

(e) 撤去後の既設支承

写真 6.13　新設支承設置工程（3）

6.2.4 ゴム支承の位置調整

ゴム支承の設計において，長大橋など常時移動量が大きくゴム支承据付時に鉛直架設を設計条件としたゴム支承本体の設計が行えない場合や，コンクリート橋においてクリープ・乾燥収縮などの変位をゴム支承本体の常時移動量に見込んで設計が行えない場合は，ゴム支承の位置調整を行うことが必要である．この位置調整の作業方法として，除変形方式のゴム支承の構造と作業方法を示す．また，この作業方法は，既設橋梁において，地震後の残留変位によりゴム支承にせん断ひずみが残ってしまった場合に，その変位を除去し設置位置を補正する場合の作業方法としても参照することができる．

図 6.22 にコンクリート桁を例に，クリープ・乾燥収縮が終了した時のゴム支承の状況を示す．図中の右矢印方向に上部構造に変位が生じている状況である．

図 6.23 にスライド作業時に支承部品を並行移動させるためのガイド部品を取付けた状況を示す．

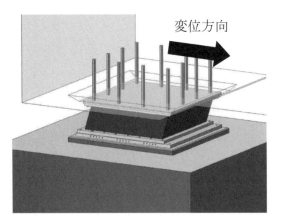
図 6.22　作業開始時

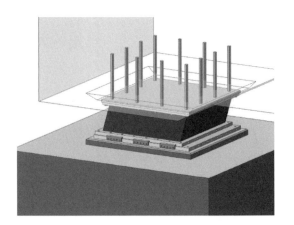
図 6.23　ガイド部材の設置

図 6.24 にポストスライド作業を行うためのセンターホールジャッキを取付けた状況を示す．

図 6.25 にセンターホールジャッキで逆押しを行う状況を示す．スライド作業時の変位量によりゴム支承本体のせん断水平力が生じ各プレートを接合する取付けボルトが緩まなくなる場合は，ポストスライドさせる方向とは逆方向に水平荷重を与えボルトを緩めることが必要な場合がある．

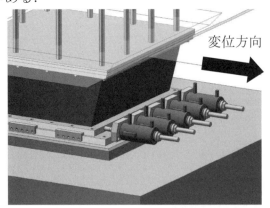
図 6.24　ジャッキの設置

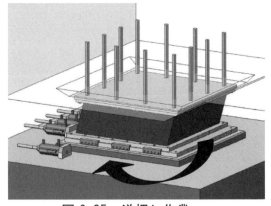
図 6.25　逆押し作業

図 6.26 にポストスライド完了後の状況を示す．所定のポストスライド後に取付けボルトを締付けてからセンターホールジャッキとジグ類の取外しを行う．

図6.27にポストスライド後の状況を示す．

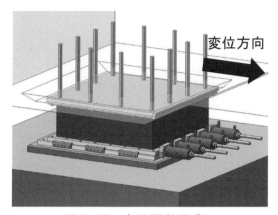

図6.26 変位調整作業

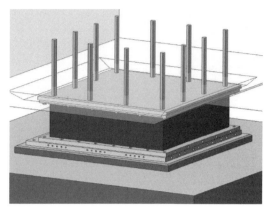

図6.27 作業完了

写真6.14と写真6.15にポストスライド支承の組立状況を示す．スライド作業を行うために，スライド接触面となるベースプレート上面と下沓下面は潤滑塗料を塗布している．この塗料には防錆機能は無く，工場出荷から支承据付後にスライド作業を行うまでの期間にすべり材塗装面の保護のために，養生を行うなどの配慮をしておくのが良い．

写真6.14 滑り材塗布面

写真6.15 滑り面養生例

写真6.16に位置調整完了後のスライド部の状況を示す．予めベースプレート中心罫書き線と，下沓中心罫書き線を記しておき，位置調整量を確認しながら作業を行う．

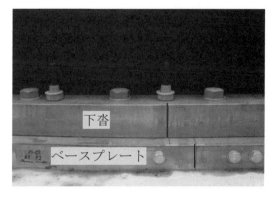

写真6.16 位置調整状況

6.3 支承部の鉛直力荷重支持機能の違いによる挙動比較

6.3.1 鉛直たわみの比較

橋梁に及ぼす鋼製支承とゴム支承の挙動比較や，支承構造の違いによる橋の振動特性に着目した報告などはこれまでにも幾つか報告されているが[7]，鉛直力支持機能の違いに着目した挙動比較を示した報告は少ない．そこで，連続桁の端支点部にゴム支承とBP.B支承を使用した状態を想定し，実験結果を元に鉛直力支持機能の違いによる鉛直変位量を比較した内容を示す．

表6.5に各支承の形状諸元と支点条件と主な設計照査の計算結果を示し，図6.28にゴム支承とBP.B支承の概略形状を示す．両者の支承ともに設計照査を満足させ，支承として性能を満足する形状である．

表6.5　支承諸元一覧

諸元	ゴム支承	密閉ゴム支承板支承
鉛直支持機能の諸元	橋軸辺長　　　a=480mm 橋直辺長　　　b=480mm 一層厚　　　　te=20 層数　　　　　n=6 層 一次液状係数　S_1=6.00 二次形状係数　S_2=4.00 鉛直剛性　　　Kv=518.4 kN/mm せん断弾性係数　G=0.8N/mm²	PTFE板直径　φ=190mm ゴムプレート直径　φ=210mm
最大反力(死+活)	861.4　kN	〃
死荷重反力	600.2　kN	〃
圧縮応力度	3.7　N/mm²	24.9　N/mm²
許容圧縮応力度	8.0　M/mm²	25.0　N/mm²(ゴムプレート)
最大変位量（橋軸地震時）	290.0　mm	〃
最大変位量（橋直地震時）	0.0　mm	〃
せん断ひずみ（地震時）	241.7　％	すべり機構で許容
許容せん断ひずみ（地震時）	250.0　％	すべり機構で許容

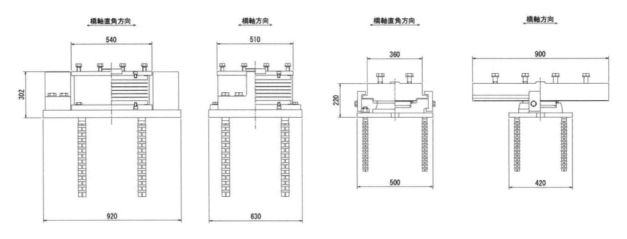

図6.28　ゴム支承（左）とBP.B支承（右）の概略形状図

表6.5に示した鉛直支持機能を持つゴム支承と鋼製支承の鉛直荷重支持部に，死荷重反力と死荷重と活荷重反力を加えた最大鉛直反力を載荷させた時の鉛直変位と圧縮荷重の関係を図6.29に示す．

実験は，通常の製品検査に従い，最大鉛直反力を3回載荷したものである．なお，BP.B支承は通常製品検査時には圧縮検査を行わないが，比較材として圧縮荷重載荷実験を行なったものである．

①に示す履歴でBP.B支承の鉛直特性を示し，②に示す履歴でゴム支承の鉛直特性を示す．また，棒線③

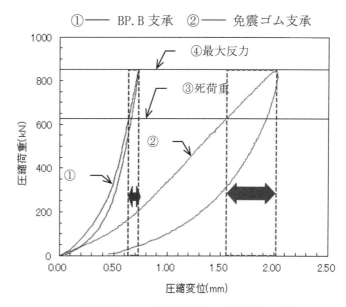

図6.29 圧縮荷重と圧縮変位の関係

は死荷重反力値を示し，棒線④は最大鉛直反力値を示す．最大鉛直反力時の圧縮変位量は，BP.B支承の場合δc=0.725mmであり，ゴム支承はδc=2.017mmである．また，橋の振動に起因すると考えられる活荷重時の圧縮変位量は，死荷重反力値からの圧縮変位によるとすれば，BP.B支承の場合δc=0.092mm程度であり，ゴム支承はδc=0.461mmである．橋の振動要因は，構造形式や立地条件などさまざまな要因が挙げられるが，鉛直変位量の大きさが，端支点部や掛け違い部の走行性ならびに交通振動を低減させる効果がある条件においては，活荷重載荷時の鉛直変位量が小さいBP.B支承を選定するなどの方法も考えられる．

6.3.2 支承選定例

6.3.1において示されたケースではゴム支承が選定されているが，BP.B支承適用の有効性を試案してみる．ゴム支承本体の形状は，地震時せん断ひずみを満足させるためにゴム厚さが決定し，ゴム支承本体の性能を発揮させるために必要となる一辺とゴム厚さの関係を示す形状係数が，一次形状係数S_1=6.0≧5.0〜6.0程度，二次形状係数S_2=4.0≧4.0であることで決定している．また，この寸法におけるゴム支承本体の使用面圧は最大圧縮応力度が3.7N/mm^{2}と許容値（8.0N/mm^2）に比べて低い状態である．この設計条件下においても，実際の支点部に生じる水平移動機能と回転機能を満足するゴム支承本体を構成することが出来ているが，設計許容値に対して余裕のない領域である．あと少し荷重条件が支承設計において不利な方向に作用すれば，支持すべき機能や荷重に対してすべての設計を満足させることが難しく，不都合や性能を発揮させることに無理を生じさせる不釣合いな形状となってしまう場合もある．このような場合こそ，支承部に求められる支持機能を整理し，支承タイプの選定を行なう必要がある．表6.6に簡易的な支承タイプ選定のための比較法を提案する．支承タイプありきの中で，形状やコスト比較するのではなく，支点部に求められる各機能を一度分解し，機能を発揮する機構を選定し支承タイプを選定する検討項目となっている．

一例として，検討する支承構造に求められる機能を分解して整理する．荷重伝達機能は，常時と地震時の鉛直力支持機能と，回転変位機能である．ゴム支承とBP.B支承においては，鉛直力を支持できる所定の寸法で設計されれば支持機能は満足する．しかし，ゴム支承の場合，支

点反力によっては，設計が満足されない場合もあるため，寸法に制約を受ける場合が生じる．

次に，橋軸方向の変位追随機能は，常時と地震時の変位に追随することである．ゴム支承は性能を満足する範囲においてせん断変形により地震変位に追随し，変形に伴うバネ剛性や履歴減衰機能を得ることができる．一方BP.B支承はすべり機構で変位追随するため，変位に応じた

表 6.6 支承タイプ選定のための比較法

	ゴム支承	BP.B支承
鉛直力支持機能と回転変位機能	圧縮力と引張力は積層ゴム支承本体が支持する．反力条件により寸法の制約を受ける場合がある．	圧縮力はゴムプレート支持する
橋軸方向の変位追随機能	地震変位はゴム支承本体のせん断変形で支持し耐震上の剛性を期待できる	地震変位はすべり機構で変位追随する
橋軸直角方向の水平力支持機能	ストッパー部品で固定支持する	ストッパー部位で固定支持する
選定される支承タイプ	ゴム支承	BP.B支承
	長所・短所 ・支点部にバネ剛性や履歴減衰機能を見込める ・反力条件によりゴム支承本体の設計が満足しない場合も生じる	長所・短所 ・バネ剛性が得られない ・支持条件に応じて構成させることができる

摺動面を設けることで変位追随は可能となるが，辺長が長くなることと，バネ剛性を得ることが出来ない．しかし，近年の設計手法においては，変位に伴うすべり面の摩擦減衰を見込む手法も可能である．橋軸直角方向の水平力支持機能は，両支承タイプ共に固定支持である．支承構造により固定支持する部位形状こそ異なるが，ゴム支承とBP.B支承共に変位追随せず水平力支持する．

以上の比較項目により，両者の長所と短所を見極め，支承の機能を発揮させるために不都合や無理を生じさせる不釣合いな形状とならない支承選定が必要である．

さらに，BP.B支承は，鉛直力支持機能と回転変位機能は同じ部品で機能を発揮させながら，水平力支持機能を幾つか選択することもできる．**写真6.17**にBP.B支承の構造例を示す．**写真(a)**は橋軸方向のみに変位追随させる構造，また，**写真(b)**は橋軸方向と橋軸直角方向に変位追随する2方向移動型BP.B支承．さらには，機能分離型支承の構造としても，**写真(c)**のような2方向移動型，あるいは**写真(d)**の橋軸方向のみの1方向移動型などに造り込むことも可能である．

前述したように，BP.B支承は水平方向のバネ剛性が得られない支承である．しかし，免震橋梁などの橋梁においても，振動単位を踏まえた橋梁全体系の地震時動的解析により，支点部の地震時応答変位が大きく，ゴム支承の設計に無理を生じさせている場合は，支点部に求められる機能を整理し，機能を十分に満足できる支承を選定することも必要である．

(a) 1方向移動型BP.B支承

(b) 2方向移動型BP.B支承

(c) 横置型機能分離型支承

(d) 縦置型機能分離型支承

写真6.17 BP.B支承の構成例

6.4 支承タイプの選定フロー

6.4.1 支承選定の現状

　支承は，橋に必要とされる機能を発揮できる複数の形式のものから，経済性や施工性，耐久性，維持管理の容易さなどについて比較検討を行い，最適なものを選定する．

　支承の形式は固定支承，可動支承，弾性支承など，機能による分類と，BP.B支承やゴム支承など，支承の機構による分類の2通りがある．支承の選定においては，まず，支点に求められる鉛直力支持機能と，水平力支持機能に関する固定・可動・弾性などの機能的な支承条件について選定を行う．次に，各機能を実現できる支承タイプの中から，最適なものを選定する．

　支承選定の経緯は設計図書に明記することが望ましいが，既往の設計では，設計計算書に支承の選定経緯が説明されず，結論として支承タイプだけが記述されることが多かった．支承選定の経緯は，フローチャートなどにより明確に示されることが望ましい．これにより，橋梁構造での支承の役割が，設計者や施工者，道路管理者などの間で共有されることとなる．維持管理の場面においても，支承のどんな機能に着目し保全するかが明確となり，適切な維持管理に繋がると考えられる．

　支承を選定するためのフローチャートは，道路橋示方書Ⅴ耐震設計編[3]の図-解15.1.1や道路橋支承便覧[2]の図-2.6.1に示されている．

　1995(平成7)年の兵庫県南部地震以降，ゴム支承の優位性が確認されたため，既往の設計基準における支承選定フローはゴム支承が優先して選定されるものとなっている．しかし，架橋位置での地盤条件や，橋梁の構造条件によっては免震構造の採用が好ましくないケースがあること，また，鋼製支承は震度法による地震時水平力で設計された支承で損傷する事象が生じているが，現行のレベル2地震動にて設計することが十分に可能であることから，支承タイプありきではなく，各種の設計条件から合理的な支承形式が選定できるフローチャートが今日求められている．

　本節では，上記のような状況を考慮し，主に新設橋を対象として，支承の選定経緯を図示できるフローチャートの例を**図6.30**に示す．

6.4.2　機能的な側面からの支承選定

　橋の構造条件が一般的な桁橋である場合は，支承において温度変化や地震などによる水平方向の荷重をどのように支持するか，機能的な側面からまず橋の支承条件を選定する．単純橋では，温度変化等による常時の水平反力の発生がわずかであり，地震時に固定支承に作用する慣性力が1径間分のみであることから，固定可動構造が一般的に選定される．

　2径間以上の連続橋では，支承条件により下部構造に作用する常時および地震時の水平反力が大きく異なるため，橋の構造条件や地盤条件等を考慮して適切な支承条件を選定する必要がある．特に，日本の橋梁では，橋の耐震設計の方針から支承条件が決まる場合が多い．耐震設計における支承条件の選定は，どの下部構造に地震荷重を分担させるかということの他，橋の固有周期や減衰性能にも影響することから，橋の地震応答そのものに大きく影響する．

　まず，橋の水平方向の剛性に関する評価を行い，支承を含めた橋全体の変形性能を高めて橋を長周期化することが望ましいのか，固定支点を多くして橋の地震時の変形を生じさせない方が望ましいのかを検討する．一般に地盤条件が良好で下部構造の剛性が高い場合は，免震構造の採用等により長周期化を図ることが耐震設計上合理的である．逆に，地盤条件が著しく軟弱である場合，橋脚高さが高く構造物そのものの水平方向の剛性が低い場合等は，剛結構造も含

めて多点固定構造を検討するのがよい．

　免震構造を検討する際には，活荷重等常時に負反力が生じる場合，地盤条件として液状化により土質定数を0とする層がある場合等，免震構造に適さない条件に該当しないことを確認する必要がある．液状化により免震構造は採用できないが，それでも支承の水平方向の剛性を小さくした方が有利な場合は，地震時水平力分散構造の採用を検討するのがよい．

　なお，橋の形式において，長大橋，吊形式橋梁，アーチ橋等の橋の規模が大きく大反力・大変位の機能を有する支承を必要とする場合は，支持機能からの選定と合わせ製作性にも配慮し，本フローチャートによらず 6.3.2 で示すような選定方法を参考に，個別に支承条件の検討及び支承タイプの検討をされたい．支間割の影響等で死荷重時に負反力が生じる場合は，6.1 に示したように負反力の発生を避けることが望ましいが，やむを得ず支承に負反力を分担させる場合には，個別の検討が必要となる．

6.4.3　機構的な側面からの支承選定

　機能的な支承条件の選定の後，機構的な側面から支承タイプの選定が行われる．

　単純橋で橋の規模が小さい場合は，固定支承・可動支承ともにパッド支承を選定することが合理的と考えられる．ここで，コンクリート橋で地震時の上揚力に関する照査の規定 [2] に対応してヘッド付きアンカーバーを採用する場合には，アンカーバーの交換方法について課題が残されていることに配慮が必要である．上下部構造と支承を確実に取付ける支承タイプとして線支承も選定することが考えられる．

　支承条件が固定または可動である場合は，BP.B 支承と固定・可動型ゴム支承のいずれかが選定される．BP.B 支承は鉛直剛性が高く，固定・可動型ゴム支承は鉛直剛性が比較的低いという特徴がある．そこで，鉛直剛性が高い方が望ましいか，あるいは低い方が望ましいという条件の違いにより両者の選定を行うのがよい．例えば，プレキャスト PC 連結桁の中間支点では支承の鉛直剛性が高いと1橋脚上で前後に2基並んだ支承の一方に負反力が生じるため，ゴム支承が採用されることが多い．一方，端支点は支承の鉛直剛性が低いと交通振動や伸縮装置の段差などの問題が生じる可能性があり，鉛直剛性が高い支承が適している．

　支承条件が免震構造の場合は，免震支承もしくは地震時水平反力分散型ゴム支承を検討する．ゴム支承や地震時水平反力分散型ゴム支承は，回転変位をゴムの鉛直たわみで吸収するが，回転による鉛直ひずみが鉛直反力による圧縮ひずみを上回るとゴムに引張りが生じ耐久性の観点から望ましくないことと，ゴム支承本体の寸法などによっては，常時の回転機能の照査が満足出来ない場合が生じる．また，端支点などで温度変化等による支承のせん断ひずみの照査に無理が生じる場合もある．このような支点条件の場合，ゴム支承本体の常時設計が不可能か，または支承形状が不合理なものとなる場合は，他の支承形式の採用を検討するのがよい．

　例えば，端支点で常時の水平変位が大きい場合や，伸縮装置の段差などが問題となる場合は，支承条件を可動に変更し，BP.B 支承のように鉛直剛性の高い支承を採用することを検討するのが望ましい．また，鉛直荷重の支持や回転を吸収する機能を別の支承に分担させる機能分離型支承を検討することも考えられる．

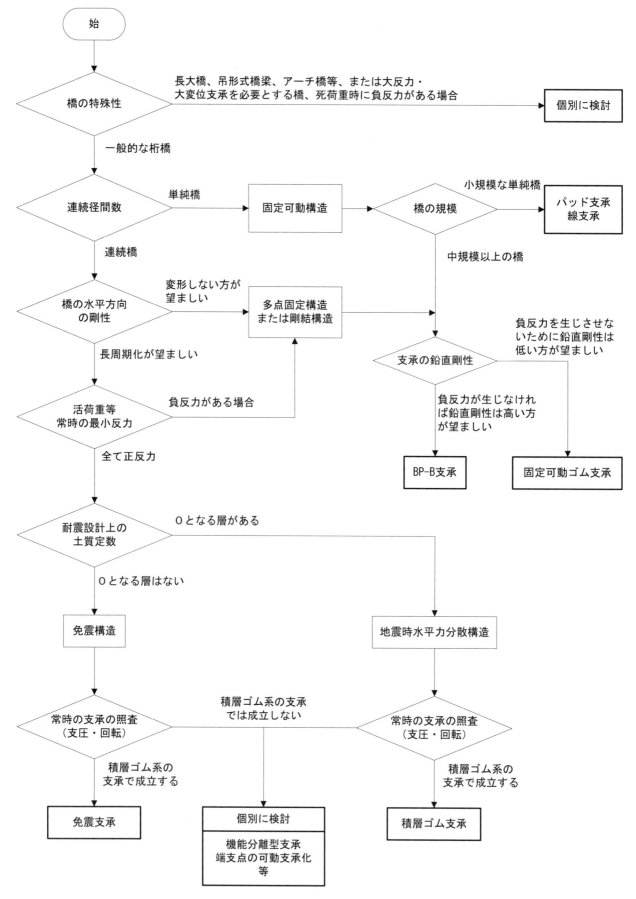

図 6.30 支承選定用フローチャート

6.5 長期防錆仕様

橋梁のライフサイクルコストの低減のため，既設橋の延命と新設橋の耐久性向上が望まれている．鋼道路橋の腐食を防止する方法は，鋼道路橋塗装・防食便覧[8]では図6.31に示すような代表的な防食法が示されており，被覆防食，耐食性材料の使用による防食，環境改善による防食，電気防食の四つに大別されている．支承部においては，特に端支点において伸縮装置部からの漏水，吹き溜まりによる塵芥が堆積しやすく，腐食による劣化が多く見られ，長期間に渡り腐食による支承の支持機能の損傷を防ぐために，被覆防食と耐食性材料，環境改善による防食が一般的に施されている．

防食法の種類は，鋼道路橋塗装・防食便覧[8]では表6.7に示すように適用環境比較が示されている．支承の使用環境における劣化要因は，雨水や土砂，飛来塩分や凍結防止剤など多岐に渡り，その要因を特定することは困難であるが，実際の設置環境を慎重に検討し，防食方法の種類を適切に検討しなければならない．

ここでは，支承部で採用される代表的な防錆皮膜である塗装，めっき，金属溶射について整理する．

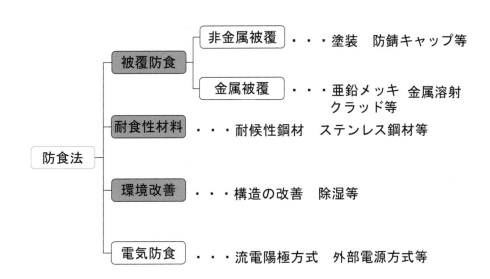

図 6.31 鋼道路橋の防食法[8]

表 6.7 防食法の適用環境比較[8]

6.5.1 塗装

塗装は，鋼材表面に形成した被覆が腐食の原因となる酸素と水，塩化物等の腐食を促進させる物質を遮断して鋼材を保護する防食被覆である．飛来塩分量が多い湾岸部および海上部に使用する支承は，常に海水飛沫を受け，かつ高温多湿状態となり，腐食のしやすい環境となるケースが多い．鋼道路橋防食便覧[9]によれば，上述のような厳しい腐食環境にある架橋地点では耐候性の優れた上塗塗料を用いたC−5塗装系を採用することを推奨している．

支承部に採用される塗装系（C-5塗装系，およびA-5塗装系）の仕様については鋼道路橋塗装・防食便覧[8]を参照するとよい．塗膜は架橋地点や塗装系の違いにもよるが時間の経過と共に劣化する．塗膜劣化による腐食例を写真6.18に，塗装補修が行われた支承例を写真6.19に示す．劣化した塗膜は本来塗膜が有している防食性能を著しく損なうため，上部構造の塗装補修と同時期に，支承本体の塗装補修を行なう必要がある．

鋼道路橋と同様に，支承部も劣化した塗膜は塗替えなどの事後保全が重要となる．塗替え計画や塗替え塗装仕様は鋼道路橋塗装・防食便覧[8]や鋼道路橋防食便覧[9]を参照するとよい．

写真 6.18　塗膜劣化による腐食例

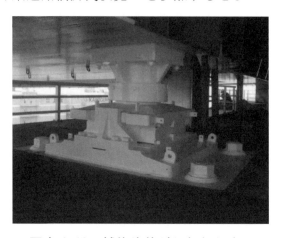
写真 6.19　補修塗装が行われた支承

6.5.2 めっき

(1) 溶融亜鉛めっき

溶融亜鉛めっきは，鋼材の素地に亜鉛の合金層を，表層に純亜鉛層を形成することで腐食の原因となる酸素と水や，塩化物用の腐食を促進する物質を遮断して鋼材を保護する防食皮膜である．また，亜鉛の電気化学的防食作用により，鋼材の腐食を抑制することが可能となっている．屋外に設置される鋼構造物の防食皮膜として広く採用されており，橋梁の他に多くの実績がある．

鋼道路橋で使用する場合は以下に注意する．

- 鋼道路橋では長期の耐久性が要求されるため，少なくとも主要部材については付着両 $550g/m^2$ 以上確保することが望ましい．
- 溶融亜鉛めっきは表層の純亜鉛層の消耗時に白さび化する．また，下層の合金層が現れるケースもある．溶融亜鉛めっきの使用に当たっては，外観が変色することがあることを考慮する必要がある．
- 440℃前後の溶融した亜鉛に部材を浸漬する必要があるため，部材の熱変形対策等，熱影響を考慮する必要がある．

環境条件が良好であれば数十年に渡る防食効果が期待できる一方，塩分の多い環境下では皮膜

の消耗が早まることから，飛来塩分量の多い地域や，凍結防止剤の影響を受ける部材への適用は困難であり，重工業地帯や海浜地区などでは，寿命は著しく短くなるといわれている．海上部に設置され，20年以上経過している支承を**写真6.20**に示す．白さび化が進行していることから，溶融亜鉛めっき皮膜の消耗が著しいと想定される状況である．

写真6.20　海上部に設置された例

(2)溶融亜鉛-アルミニウム合金めっき

溶融亜鉛めっきでは耐食性が不足している過酷な腐食環境下（塩害地域，凍結防止剤使用道路等）において，溶融亜鉛めっき以上の耐食性が期待できる防食皮膜として，溶融亜鉛-アルミニウム合金めっきが採用される事例がある．

溶融亜鉛-アルミニウム合金めっきは，第一浴を高純度亜鉛，第二浴を亜鉛-アルミニウム合金浴に浸漬する二浴法によって行われる．合金めっきは，第一浴を高純度亜鉛，第二浴に5%Al-Znの2成分のものと，5%Al-1%Mg-Znの3成分のものがある．溶融亜鉛-アルミニウム合金めっきは，亜鉛の犠牲防食作用とアルミニウムの強固な酸化被膜により優れた耐食性を有している．

6.5.3　金属溶射

(1)金属溶射の概要

溶射とは，加熱することで溶融またはそれに近い状態にした粒子を，物体表面に吹き付けて被膜を形成する表面処理法の一種である．支承に用いられている金属溶射被膜材には，亜鉛-アルミニウム合金被膜，アルミニウム合金被膜，アルミニウム-マグネシウム合金被膜がある．**図6.32**に使用環境と溶射材料の選定参考を示す[10]．一般に，金属溶射被膜は多孔質の被膜であるため，溶射被膜に別途封孔処理を施す必要がある．なお，金属溶射の色彩は梨地状の銀白色に限定されるので，金属溶射面に塗装を施すことによって色彩を選定することができる．

図 6.32 使用環境と金属溶射の選定 [10]

(2) 亜鉛-アルミニウム溶射

亜鉛とアルミニウムの合金材による金属溶射である．一般的に，亜鉛85%，アルミニウム15%のものが用いられている．亜鉛単独被膜に比べると安定した防食性が得られる．**写真6.21**に亜鉛-アルミニウム溶射の現場作業工程を示す．この工法は一般社団法人日本支承協会において既設支承の防食対策とした若返り工法[11]として施工している．

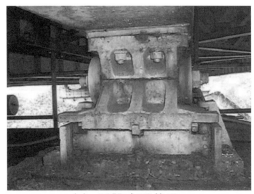
(a) 既設支承状況

(b) 清掃およびブラスト処理後

(c) 溶射作業

(d) 作業完了

写真 6.21 亜鉛-アルミニウム溶射工程

(3) アルミニウム溶射

アルミニウムの酸化被膜は，化学的に安定していることから厳しい腐食環境での劣化は少なく，主に環境遮断することで防食効果を発揮する．ただし，鋼道路橋防食便覧[9]によると水蒸気の透過度が大きく，環境の影響を受けやすいので耐久性を確保するため $100\mu m$ 程度以上の被膜厚が必要であるとされている．

(4) アルミニウム-マグネシウム合金溶射

アルミニウムとマグネシウムの合金材による金属溶射である．一般的に，アルミニウム 95%，マグネシウム 5% のものが用いられている．アルミニウムの環境遮断効果とマグネシウムの電気化学的防食作用により，長期防錆可能で塩害，高温多湿が想定される厳しい環境下で，高い防錆効果の実績を有している．写真 6.22 に塩害地域や海岸地域においてゴム支承および鋼製支承など支承タイプよらず使用されている．

(a) ゴム支承例

(b) BP.B 支承例

写真 6.22　金属溶射の支承施工例

(5) 金属溶射面への塗装

金属溶射された支承は，溶融亜鉛めっきの支承と同様に様々な目的から溶射皮膜上に塗装を施工する場合がある．たとえば，景観上の対策や飛来塩分が多いような環境での長寿命を図ることができる．金属溶射表面に塗装する場合の塗装仕様[8]は表 6.8 のように示されている．

表 6.8　金属溶射面への塗装使用例[8]

工程	作業内容
素地調整	ブラスト処理　ISO Sa 2 1/2 以上 表面粗さ　Rz JIS 50μm 以上 （または，粗面化処理 Rz JIS 50μm 以上） ブラスト処理によって，付着油分，水分，じんあい等を除去し，清浄面とする．
金属溶射	最少被膜厚さ　　100μm 以上
封孔処理	エポキシ樹脂塗料下塗などを用いる．
塗装	エポキシ樹脂下塗塗料　　120μm ふっ素樹脂塗料用中塗　　30μm ふっ素樹脂塗料用上塗　　25μm
適用箇所	環境調和のため着色する必要がある場合． 海水飛沫帯に該当する場所． 塩分が堆積する場合．

6.6 支点部近傍に着目した長寿命化対策

6.6.1 雨水や漏水に着目した支点部近傍の現状とあるべき姿

支点部近傍では，伸縮装置や伸縮装置端部の地覆の境界からの漏水や，路面からの配水用設備の損傷や不備などによる支承の腐食が多く見られる．配水設備の損傷や不備については，配水管が支承付近や橋台天端で止まっている場合，橋台天端が常に湿潤状態になることが挙げられる．また，支承部は橋台やパラペット，橋桁に囲まれることで湿った空気が滞留しやすい部位であり，橋梁全体の中でも腐食環境の厳しい箇所であると考えられる．ここでは，支点部近傍の長寿強化対策として，支承の腐食原因を調べ，その要因を無くした設計計画が行われた，あるべき姿について整理する．

(1) 伸縮装置や地覆部からの漏水現状

図6.33に示すように高速道路における伸縮装置（調査数384箇所）からの漏水が認められる橋梁の割合は，伸縮装置の種類によって差はあるものの8割以上であることが示されている[12]．

(1) 埋設ジョイント　　(2) 鋼製ジョイント　　(3) ゴムジョイント

図6.33　伸縮装置からの漏水割合と漏水状況[12]

また，伸縮装置からの漏水状況と，漏水の原因となる伸縮装置の損傷，あるいは止水構造のすき間の状況を示す．写真6.23（a）～（b）に示すように，雨水などは伸縮装置の継目や地覆部との隙間，止水ゴムの剥がれた損傷箇所から浸入によるものが代表的な事例である．

(a) 伸縮装置からの漏水

(b) 伸縮継目のすき間

(c) 止水ゴムの剥れ

(d) 地覆境界部からの漏水

写真6.23　伸縮装置からの漏水状況[12]

(2) 伸縮装置や地覆部からの漏水対策

　伸縮装置からの漏水については，伸縮装置の遊間に弾性シール材などの止水材を設け，橋面に滞水した雨水は，路肩に設けた配水設備により，橋台や橋脚の下方に配水する必要がある．高速道路会社が発行する設計要領[13]おいても既に設置が義務づけられており，新たに設けられる伸縮装置については，図 6.34(a)に示すように，伸縮装置の遊間部には止水材の漏水対策が必要となっている．また，地覆部からの漏水を防止するために図 6.34(b)に示すように，伸縮装置を地覆まで連続させる構造としている．さらには，止水材からの漏水があった場合に備え，図 6.34(c)に示すように伸縮装置の下側には樋の設置も求められている．

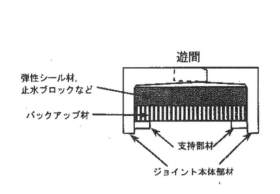
(a) 伸縮装置遊間部への止水材取付け

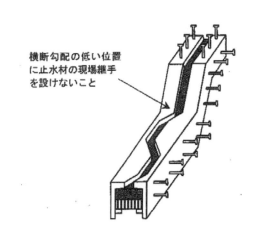
(b) 伸縮装置地覆部構造

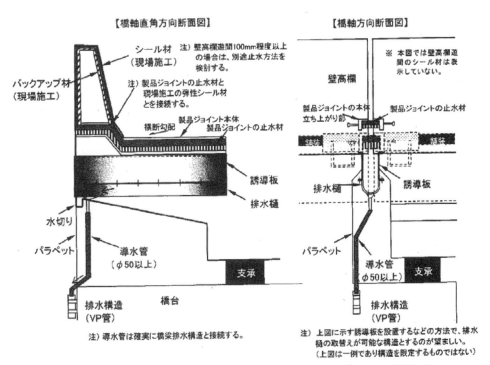
(c) 樋の設置による漏水対策

図 6.34 伸縮装置や地覆部からの漏水対策例 [13]

6.6.2 配水設備に着目した支点部近傍の現状とあるべき姿
(1) 配水設備の現状

配水管の損傷，または配水管が設置されているにも関わらず支承部の腐食に対する考慮が足りなかったために支承部が腐食に至ったという現状を整理する．写真 6.24 は配水管の排水口が損傷し，排水された雨水が支承に直接掛かってしまっている状況である．写真 6.25 は配水管の集水桝からの漏水が生じている．これは，配水管の詰まりによって雨水の集水が出来ず，雨水がオーバーフローしている状況である．

次に，支承部の土砂堆積等によりや排水不良が生じている事例である．写真 6.26 は土砂や塵埃などが支承部に堆積している状況が確認できる．また，土砂と共にコンクリート片なども含まれ，支承部付近の床版コンクリートが破損しているなどの原因も推測できる．写真 6.27 は支承部に滞水した雨水を配水するために配水溝が設けられているものの，土砂や塵の堆積により配水機能が阻害されたことで雨水が滞水し，支承が腐食に至った事例である．

いずれの状況においても，橋台や橋脚上に堆積した土砂や塵を清掃することで，支承部の腐食は防ぐことができるものと考えられる．

写真 6.24 配水設備の損傷

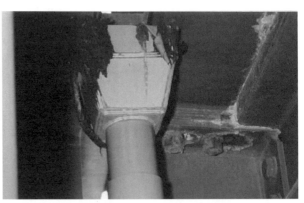

写真 6.25 配水管詰まり

写真 6.26 コンクリート片の堆積

写真 6.27 配水溝の詰まり

(2) 配水管および腐食に対する考慮

前述のように，支承の腐食要因は，伸縮装置や配水管からの雨水の漏水，さらにはそれが滞水することであると考えられる．また，橋台やパラペットなどに支承部が囲まれることで，湿潤な雰囲気に長時間曝されることなども考えられる．そこで，雨水の滞水や漏水などに対する支承の腐食対策として，現在行われている取り組みも含めて，今後建設される橋梁に配慮されたい支点部近傍の姿を示す．

写真6.28はスイスにおける伸縮装置部の清掃状況であるが，定期的に配水溝の清掃が行われている事例である．写真6.29は支承下部の台座コンクリートを嵩上げして高い位置に設置し，橋台上に滞留した雨水が直接支承に接しない構造とした事例である．写真6.30は台座に配水溝を設け，下沓周囲に溜まった水を速やかに橋脚上面に配水させる事例である．

桁端部において，路面から流入する雨水は配水設備を介して橋台の下方に流出させる構造とし，配水管の配水口は少なくとも支承の位置よりも下方に設けて，定期的に配水管の損傷の有無を点検すると同時に，配水管の詰まりを防止するため，配管内を清掃することも必要である．

写真6.28 伸縮装置に設置された樋の清掃（海外事例；スイス）

写真6.29 台座で沓座位置を嵩上げした例

写真6.30 台座に配水溝を設けた例

6.6.3 作業空間に着目した支点部近傍の現状とあるべき姿

(1) 支承回りの作業空間の現状

現状の支点部近傍の姿を図6.35に表す．支承部における適切なメンテナンスを行う上で，支承周辺に作業員が近接できる作業空間の設置が重要であると考えられる．しかしながら，現状ではそのような作業空間が十分に確保されているとは言い難い．写真6.31に現状の作業空間を示すが，いずれも橋梁本体と橋台パラペットとの間には僅かな空間しか無く，メンテナンスを行うために十分な空間が無いのが現状である．また，写真6.32および写真6.33に示すように，耐震補強装置や段差防止などの付属物により検査路が塞がれてしまうことや，支承部にアプローチ出来ないケースが見られる．さらに写真6.34には支承部に検査路が設置されていないため，梯子によって支承部を点検している例である．梯子は不安定でもあり，支承近傍まで持参する必要があるため作業効率も低く十分な作業が行えないという現状がある．

支承部を維持管理するためには，作業空間の不足と言った現状に加え，点検においても，それに必要な空間が十分に確保されるように設計時から計画しておく必要がある．

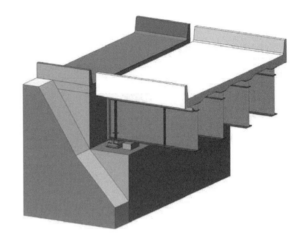

図6.35 支点部近傍の現状

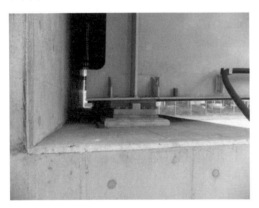

写真6.31 作業空間の不足

写真6.32 耐震補強装置による障害物

写真6.33 段差防止による障害物

図6.34 梯子によるアプローチ

(2) 支承回りに考慮すべき作業空間のあるべき姿

支点部近傍の姿を**図 6.36** に表す．近年，維持管理を考慮して，桁端の支承部周辺に作業空間を設けた事例が見られる．**写真 6.35** は数人の作業員が桁端部に入り，十分な維持管理作業を行うことができる空間が設けられている．**写真 6.36** は比較的低所の端支点であるが，支承部近傍に点検検査路が設置されている．**写真 6.37** は海外の事例として，フランス・ドイツでの一般的な，橋梁の維持管理用として橋台から桁内への管理進入路が設置されている例を示す．この例では作業員だけでなく，橋台内へ車両が出入りもできるようになっている．維持管理に必要な資機材の搬入がしやすく，支承や伸縮装置の近接目視点検もしやすい構造となっている．また，**写真 6.38** に示すように，より早く支承部の異常を検知し，損傷が軽微なうちに対処できるようにするため，遠方からでも支承機能の点検が行える目盛盤を設置しておくことも有効である．

このように点検環境にも配慮した支承部の設計計画を行うことが，支承部の長寿命化対策の一つになり得る．

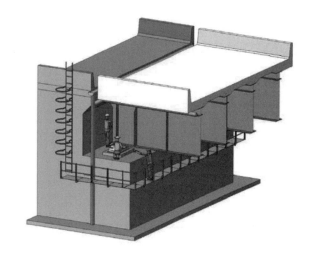

図 6.36 支点部近傍のあるべき姿

写真 6.35 作業空間が確保されている例

写真 6.36 検査路の設置

写真 6.37 作業空間が確保されている例
（海外事例；ドイツ）

写真 6.38 遠方から点検できる例
（海外事例；ドイツ）

参考文献（第6章）

1) 阪神・淡路大震災調査報告編集委員会：阪神・淡路大震災調査報告　土木構造物の被害　第1章　橋梁，土木学会，1996.12.
2) 日本道路協会：道路橋支承便覧，平成16年4月
3) 日本道路協会：道路橋示方書・同解説Ⅴ耐震設計編，平成24年3月
4) 土木学会コンクリート委員会：津波による橋梁構造物に及ぼす波力の評価に関する調査研究委員会報告書，2013.9
5) 森屋　圭浩，中尾　尚史，星隈　順一：津波の影響に対する既設道路橋線支承の抵抗特性，第18回性能に基づく橋梁等の耐震設計に関するシンポジウム講演論文集，2015，7.
6) 森屋　圭浩，中尾　尚史，星隈　順一：津波の影響を受ける橋に適用する損傷制御型支承の検討，第18回性能に基づく橋梁等の耐震設計に関するシンポジウム講演論文集，2015，7.
7) 石田　博，岡本　晃，久保真一，浜博和：支承構造の違いによる橋の振動特性に関する調査，橋梁と基礎，Vol.39，No.1，2005.1
8) 日本道路協会：鋼道路橋塗装・防食便覧，平成17年12月
9) 日本道路協会：鋼道路橋防食便覧，平成26年3月
10) 防食溶射協同組合：http://www.tscpc.jp/member/index.html
11) 日本支承協会：若返り工法カタログ
12) D.Wakabayashi, T.Asai and S.Ono：A Study on the Durability Performances for Bridge Expansion Joints, 6th International Conference on Bridge Maintenance, Safety and Management, International Association for Bridge Maintenance And Safety (IABMAS), July, 8-12, 2012
13) 東中西日本高速道路株式会社：設計要領　第二集　橋梁建設編　平成26年7月

第7章 今後の維持管理に向けて

　土木学会から2008(平成20)年5月に「道路橋支承部の改善と維持管理技術」(鋼構造シリーズ17)が刊行されてから約8年が経過し，この間に橋梁を始めとする社会インフラの維持管理は，急速に拡大・進捗を見せてきた．しかし，国土交通省や地方公共団体および高速道路会社などの道路管理者は，日々，これまでにストックされた膨大な資産に発生する様々な変状への対応に追われていることから，今後も維持管理を継続的に行っていくことに対して危惧感を持っている．言い換えれば，日常の対応に追われ，本来あるべき維持管理を置き去りにせざるを得ない状態になっている．

　社会インフラの維持管理は，設計技術や施工技術に豊富な知識と経験を有した技術者が担うことが理想的であるが，最近では設計や施工に携わることなく，維持管理に直接従事せざるを得ない技術者も多く，維持管理の品質低下が危惧されている．一方，維持管理が直面するさまざまな課題を克服するために，新しい維持管理技術の開発や研究が精力的に行われている．

7．1　維持管理に求められる今後の技術

　図7.1に示すように，現在実施されている基本的な維持管理手順では，橋梁の場合，最初に部材を最小評価単位とした近接目視点検を行い，損傷の程度を2～5ランクに区分する．次に変状の発生部位，変状の程度，変状の進行性および推定される原因により，次のステップとしての対策区分(緊急対応，要対策，継続観察，詳細調査，維持工事等)の判定を行う．

　2014(平成26)年度に国土交通省において導入された新しい点検要領では，それ以前の点検要領に加えて健全性の診断を実施することが義務化されたことから，軽微な変状に対する不要不急の対策が減少するなど，より合理的に維持管理が行われることが期待されている．

　しかし，2008年をピークに減少に転じた我が国の人口は，このまま推移すれば2050年には1億人を割り込むと予想されており，人口のピークに合せて整備されてきた膨大な社会インフラを，今後は減少していく人口で支えていかなくてはならないという新たな課題に直面することになった．

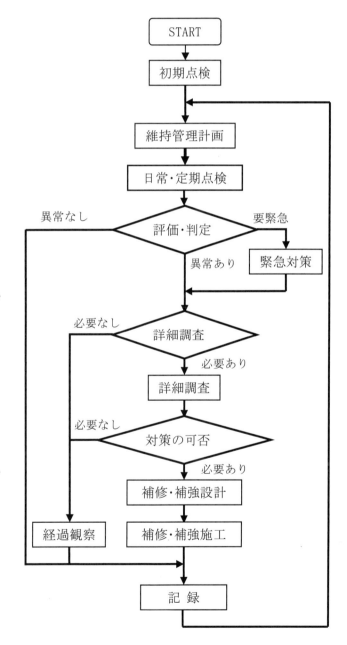

図7.1　基本的な維持管理手順

こうした状況のなか，橋梁に限らず膨大にストックされた社会インフラの維持管理としては，従来の画一的な手法から，今後はメリハリのある効率的で合理的な手法が求められるようになっており，本委員会では，今後の維持管理に必要な技術として次の4つの技術を提案する．

7.1.1 スクリーニング技術

橋梁点検では，前述したように定性的な手法である近接目視点検が法定化され実施されている．定性的な近接目視点検は，点検員が設計技術や施工技術さらには損傷メカニズムなどに精通する経験豊かな技術者であれば，点検時に部材や橋梁の健全度診断を行うことができるが，経験の浅い点検員の場合には，顕在化した変状を見つけ記録するだけの単純な作業となりやすく，重大な損傷やその予兆を見落とす恐れがある．

また，橋梁を構成するすべての部材に対して近接目視点検を実施するには，吊足場や機械足場（橋梁点検車，高所作業車等）が必要となり，点検費用が高額になったり，鉄道交差部のように交差事業者との協議に長い時間を要したり，さらには点検方法に制約を受けたりするなどの問題点も指摘されている．

直轄国道や高速道路会社が管理する橋梁には，重車両走行による衝撃や疲労による変状が見られるが，我が国が保有する橋梁の90％以上を占める地方公共団体管理の橋梁は，生活道路や補助道路の一部として使用されることが多いことから，変状の多くは重交通車両による影響よりも材料劣化や施工不良，あるいは架橋環境による経年劣化に起因する変状が多い．

重交通車両の影響によるコンクリート床版のひびわれや鋼部材の疲労き裂などは，変状の進行が比較的早いことから道路法施行規則で定められた5年の点検間隔では不安がある一方，施工不良や経年劣化などを起因とする変状は，一般に損傷の進行が緩やかなことが多く，5年の点検間隔では変状の進行が確認されることは比較的少ない．

これら圧倒的な数の小規模橋梁の点検を効率的に行うためには，スクリーニング（screening）という概念を導入する必要がある．スクリーニングでは，システム化された比較的安価な点検方法によって，多くの橋梁の中から詳細点検が必要な橋梁（部材・部位）を抽出したり，あるいは当面詳細点検の必要のない橋梁を抽出することによって，点検やその後の調査や対策が効率的に実施できるようになる．

現在開発を進めている新技術の中には，デジタルカメラ，赤外線，レーザ光，電磁波レーダなどにより，走行している車両から非接触でデータを収集し，トンネルや橋梁部材の変状の有無を評価する手法が開発されつつあり，これらの技術はスクリーニング技術として活用できると考えられている．しかし，スクリーニングは，図7.1に示すこれまでの構造物の維持管理の手順に組み込まれていないため，今後はスクリーニング技術の開発とともにスクリーニングをどのように適用していくのか，あるいはスクリーニングの結果を維持管理の手順にどのように反映していくかなどの制度上の検討も必要となる．

7.1.2 センシング技術とモニタリング技術

センシング技術は，センサを用いてある指標を定量的に測定することであり，目視点検の一部もしくはすべてをセンシングに置換え，センサによって計測したデータを，あらかじめ設定した基準となるデータ（しきい値）と比較して健全度を判定する技術である．センシングの対象となる橋梁は，中規模から大規模で，重要度が比較的高く，架け替えや大規模補修が容易に行うことができない橋梁であり，予防保全によって対応することが望ましい橋梁となる．

センシング技術の事例[1]として，圧力センサを内蔵したゴム支承（反力測定ゴム支承）によっ

て，支承反力を計測している事例を**写真7.1**に示す．この事例では，支点部に作用する鉛直荷重の変動が設計上の想定を超えて発生した場合，支承部の沈下やそれに伴う路面の段差，あるいは支承部周辺の他部材に変状を発生させる要因となることから，供用中の反力値の変化を圧力センサにより計測し，変状発生の有無等を早期に発見することを目的としたものである．本技術は，既に実橋梁で採用されているが，例えば一連の路線の複数の橋梁に反力測定ゴム支承を設置することで，地震時の緊急点検の優先度を決めたり，震災直後における緊急輸送路確保のための判断基準として適用することも可能となる

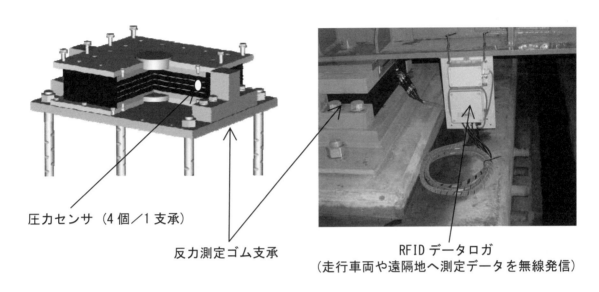

圧力センサ（4個／1支承）

反力測定ゴム支承

RFIDデータロガ
（走行車両や遠隔地へ測定データを無線発信）

写真7.1　支承部の鉛直荷重の変動をセンサで検出するシステムの例

　一方，モニタリング技術は，センサを用いて継続的もしくは断続的に計測を行い，常時の計測値との変化を観察または監視する技術である．維持管理におけるモニタリングは，長期間の計測により常時の数値を把握した上で，対策を講ずる必要性のある異常値を検知することを目的とする場合と，既に構造物の変状が確認されており，その安全性などが急変していないかを定量的に判定することを目的にする場合とがある．モニタリング技術は，センシング技術と同様に中規模から大規模で，重要度が比較的高く，架け替えや大規模補修が容易に行えない橋梁や予防保全を前提とした維持管理が望ましい橋梁，さらにこれらの橋梁のうち，既に変状が発生し事後保全の領域にある橋梁などが対象となる．

　モニタリング技術の適用は，目視点検に代わる方法として考えられがちであるが，測定できる一つの指標により，多部材から構成される橋梁の構造体全体の健全度を評価できるまでは至っていないことから，現状では複数の指標により評価する方法が提案されている．また，新しい指標の開発など今後の技術開発に期待しなくてはならないが，当面は目視点検を補完する方法としての利用が望ましい．

　モニタリング技術を活用した大規模橋梁の維持管理事例として，**図7.2**に東京ゲートブリッジの事例を示す．東京ゲートブリッジのモニタリングシステムは，現地から離れた場所でリアルタイムに橋梁の現況を定量的に評価し，新型鋼床版構造等の設計検証，適切なメンテナンスおよび地震等の自然災害発生時に安全性や使用性の判断を支援する目的で設置されている．暴風雨や地震などの大きな環境変化に対して，顕著な応答を示すと考えられることから，鋼トラス構造の長大橋の支承部やタイダウンケーブル等に加速度計を設置し，モニタリングシステム

で得られる他のデータと組み合わせて，比較的短時間に安全性と使用性を判断できる仕組みとなっている．

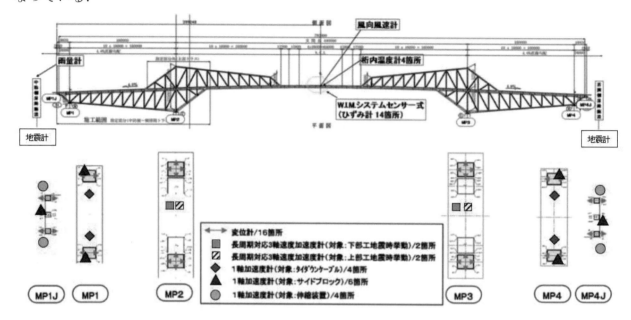

図 7.2　東京ゲートブリッジに設置しているモニタリング装置[2]（凡例を一部加工）

7.1.3　マネジメント技術

構造物の維持管理は，計画，点検，補修，記録が一連となったメンテナンスサイクルにより行われる必要があるが，10年程前まではそれぞれに独立し，相互の連携がないまま実施されていることが多かった．しかし最近は，管理者における維持管理への意識が飛躍的に向上し，これらの状況は改善されつつある．

一方，対象橋梁の設計図面やしゅん功図が保存されていない，補修工事の記録がない，補修設計や補修工事の実施後にその妥当性が検証されず維持管理計画にフィードバックされていない等が見受けられることがある．さらには，定期点検のデータやコンクリートの塩分量試験データなどの詳細調査のデータが，紙媒体の業務報告書にだけ残されていたり，あるいは管理者の個人パソコンだけに保存されているなど，維持管理に重要な多くの情報が共有・継承されないばかりか，喪失している事例が見られることがある．

このような状況を改善するには，多くの手間とコストをかけて入手した多種多様な維持管理情報を，人間の寿命を遥かに超えた長い期間にわたって継承するとともに，過去に実施された対策等に対し最新の技術により客観的に評価を加え，その結果を維持管理計画に反映することが必要となる．多種多様な維持管理情報を媒体として，これら情報を適切に入手・保管・管理・更新し，次の世代へ継承することが，いわゆるPDCAサイクルの確立であり，維持管理技術の根幹となるマネジメント技術である．

マネジメント技術は，既に多くの事業者ではパソコンやネット環境，サーバの整備などがほぼ完了していることから，維持管理情報の共有方法やセキュリティの確保などを進めるとともに，維持管理に従事する技術者一人一人の意識を改革することで，比較的早く展開が可能になると思われる．

また，今後スクリーニング技術やセンシング・モニタリング技術の導入により，定量的な評価指標が実用化される場合には，これら複数の指標を判定・評価し，対象となる橋梁（部材・部

位)の診断を行うマネージャの育成が必要となる．医療業界では，専門医による複数の検査結果を総合的に診断し，患者に対する治療方針(経過観察，投薬，治療，手術等)を決定する「総合医」が不足している．社会インフラの維持管理においても同様に，点検や調査結果を総合的に診断し，対策を決定する維持管理マネージャが必要である．

今後，インフラ管理者は，維持管理マネージャがあらゆる維持管理情報を活用して円滑かつ効率的，合理的に維持管理を担うことができる維持管理体制を構築するとともに，インフラ管理者自らがその任に当たれるよう努力する必要がある．また，建設コンサルタントなどの技術者のなかで，豊富な経験と高度な維持管理技術を持つ技術者の維持管理マネージャとしての活用も必要である．

7.1.4 防災技術（disaster management）との融合

我が国は，その国土の特性から地震，台風，ゲリラ豪雨，火山噴火などの自然災害の発生が多く，これらの自然災害から橋梁を始めとする社会インフラをどのように守るのかが重要な課題となっている．これまで，橋梁の維持管理についてはあらゆる面から検討を重ねられてきているが，地震を除いて防災の観点から橋梁の点検手法を検討した事例は少なかった．これは，通常の維持管理が，時間の経過によって構造物の変状が進行するという考え方を基本としているのに対し，防災は地震など時間軸では評価できない事象(明日起こるかもしれないが，100年起こらないかもしれない)であることから，通常の維持管理のシナリオには載りにくかったことによる．

自然災害による変状予測は非常に困難であり，維持管理として対応する方法としては，想定した災害にある程度耐えうる構造(補強)にしたり，被害を最小限(減災)にしたりすることになる．しかし，変状を受けた橋梁は，自然災害に対しても明らかにその抵抗性は低下することから，橋梁の架橋環境(地域性、気象等)から推測した自然災害に対する健全性の照査が必要となる．

以上，維持管理に求められる今後の技術として4つの技術を提案してきたが，残念ながら我が国において新しい維持管理技術の開発が順調に進行しているとは思われない．今後の技術開発の一つとして，地域で管理する社会インフラの特性を十分把握した上で、地域の特性に合った新しい技術を、地域の管理者・企業・大学などが連携して開発に当たり，開発した技術は地域で実践し実績を積み上げることにより，地域の特性にあった地域主導の維持管理体制が構築できるようになる．

新技術の開発では，実用に耐えれるだけの完成度が求められることはいうまでもないが，定量的な評価技術において，測定値の絶対評価は不可能だが相対的な比較が可能な場合は，スクリーニングによる点検や詳細調査の優先度判定に利用するなどの使い方があるように，完成途中の技術であっても，使用方法を工夫することで活用が可能となる．その場合，スクリーニング技術の精度や特性，完成度などを総合的に評価した上で，事後保全を対象とするのか，予防保全を対象とするのかを想定した活用が重要となる．

7．2 維持管理に関する最近の動向

橋梁をはじめとする社会インフラの維持管理が注目されたのは、今から33年前の1982(昭和

57)年に米国で出版された「荒廃する米国」である．その後，約10年が経過した1994（平成6）年に，当時の土木研究所の西川橋梁研究室長が，土木学会論文集に発表された「道路橋の寿命と維持管理」により，我が国においても社会インフラの維持管理の重要性が語られるようになった．

国土交通省からは，2004（平成16）年に道路橋の総合的な資産管理システムへの転換を目指した「道路橋マネジメントの手引き」が発刊され，その中で橋梁点検の方法を体系的に整理した「橋梁定期点検要領（案）」が示された．さらに，我が国が保有する橋梁の90%以上を管理する地方公共団体に対して，2007（平成19）年に長寿命化修繕計画の策定を義務付けるとともに，計画策定の予算補助を制度化することで，道路橋の維持管理を推し進めてきた．道路橋の維持管理に関する一連の動向を年表として**表7.1**に示す．

長寿命化修繕計画では，維持管理予算の縮減と平準化が目的とされることが多く，維持管理予算の管理手法と工学的な健全性判定の管理手法をインターフェース技術により同期させている．ここでいうインターフェース技術とは，時間の経過に伴い健全性が低下していくという劣化予測技術であり，いわゆるバスタブ曲線と呼ばれるもので示されることが多い．しかし，劣化曲線の縦軸となる健全性の指標が，定性的な目視点検による段階的な損傷判定（例えばa～eなど）で示されるため，数年間という時間の経過とともに実構造物の実態と計画が示す実態とに乖離が生じる不具合が明らかになってきた．

未確立なインターフェース技術により構築された長寿命化修繕計画は，維持管理予算の推移を推測するツールとして利用される傾向が強く，現在では定期的な点検により得られる最新の点検情報を常に長寿命化修繕計画にフィードバックすることで，計画と実構造物の実態が大きく乖離しないような配慮がなされている．

2008（平成20）年には「道路橋の予防保全に向けた有識者会議」により，5つの提言（1. 点検の制度化，2. 点検及び診断の信頼性確保，3. 技術開発の推進，4. 技術拠点の整備，5. データベースの構築と活用）が示され，道路橋の維持管理に関する取り組み方針が明確化された．

2014（平成26）年には，管理者が独自に策定してきた定期点検要領に代わり，道路法施行規則に基づく点検要領が示され，我が国において初めて定期点検が義務化された．しかし，新しい点検要領では，従来から用いられてきた段階的な損傷判定に加え，診断としてⅠ～Ⅳで示される判定区分が示されたため，直轄国道の橋梁点検で用いられる対策区分判定（A, B, C, E, M, S）を加えると，3つの指標が示されることとなった．そのため，管理者によっては点検によって得られた3つの指標のどれを長寿命化修繕計画への入力情報とすべきか混乱が生じている場合もある．

約70万橋という膨大な道路橋のストックがの高齢化に伴い，道路橋維持管理の重要性が叫ばれてから10年ほどしか経過しておらず，我が国の橋梁を始めとする社会インフラの維持管理はまだスタートしたばかりともいえる．しかし，維持管理がスタートしたばかりにも関わらず，今後の社会環境の変化やこれまでの維持管理手法の継続性については既に不安視されており，今後の維持管理のあり方が再度問われている．

第 7 章　今後の維持管理に向けて

表 7.1　道路橋の維持管理に関する動向

年代	代表的な事象	学会・協会の動き	国土交通省の動き	地方自治体・高速道路各社
1993 (平成5) 年以前	1982 (昭和57) 年「荒廃するアメリカ」出版		土木学会論文集招待論文「道路橋の寿命と維持管理」(西川和廣氏)	
1994 (平成6) 年		2:「道路橋示方書」改定		
1995 (平成7) 年	1:阪神淡路大震災			
1996 (平成8) 年		12:「道路橋示方書」改定 [耐震設計]		
2000 (平成12) 年		12:「鋼橋のライフサイクルコスト」(日本橋梁建設協会)		
2002 (平成14) 年		3:「道路橋示方書」改定 [性能設計]		
2004 (平成16) 年			3:「橋梁定期点検要領 (案)」策定	青森県「アセットマネジメント」構築
2005 (平成17) 年		12:「鋼道路橋塗装・防食便覧」改定		
2006 (平成18) 年	10:鋼 I 桁橋主桁のき裂損傷 (山添橋)			
2007 (平成19) 年	6:鋼トラス橋斜材破断 (木曽川大橋) 8:落橋 (米国ミシシッピー川橋)		4:橋梁長寿命化修繕計画補助制度開始 4:「基礎コンクリート収集要領 (案)」(国総研)	4:橋梁長寿命化修繕計画補助制度に基づく策定開始
2008 (平成20) 年	通行止め・通行規制橋梁801橋 (橋長15m以上) 10:PCケーブル破断 (君津新橋)	4:「鋼構造シリーズ17 道路橋支承部の改善と維持管理技術」(土木学会)	4:構造物メンテナンス研究センター (CAESAR) 設立 5:「道路橋の予防保全に向けた提言」(有識者会議)	点検済み橋梁の割合41% 修繕計画策定橋梁の割合11% 修繕済み橋梁の割合9%
2009 (平成21) 年	7:腐食による落橋 (辺野喜橋)			
2010 (平成22) 年	2:「社会資本の維持管理及び更新に関する行政評価・監視―道路橋の保全を中心として―調査結果に基づく勧告」(総務省)			
2011 (平成23) 年	3:東北地方太平洋沖地震 8:エクストラドーズド橋ケーブル破断 (雪沢大橋)			
2012 (平成24) 年	12:中央道笹子トンネル天井板落下	3:「道路橋示方書」改定 [維持管理]		3:「首都高速道路構造物の大規模更新のあり方に関する調査研究委員会」 11:「阪神高速道路の長期維持管理及び更新に関する技術検討委員会」 11:「高速道路資産の長期保全及び更新のあり方に関する技術検討委員会」
2013 (平成25) 年	通行止め・通行規制橋梁1381橋 (橋長15m以上)		2:「総点検実施要領 (案)」策定 3:「社会資本の維持管理・更新に関し当面講ずべき措置」(国交省) 11:「インフラ長寿命化基本計画 (インフラ老朽化対策の推進に関する関係省庁連絡会議)	点検済み橋梁の割合97% 修繕計画策定橋梁の割合87% 修繕済み橋梁の割合15%
2014 (平成26) 年		4:「道路橋点検士」資格制度	4:「道路の老朽化対策の本格実施に関する提言」(社会資本整備審議会道路分科会) 3:直轄国道「橋梁定期点検要領」(国交省) 6:自治体用「道路橋定期点検要領」(国交省) 7:道路法に基づく橋梁点検の義務化	12:「首都高速道路の更新計画」 1:「高速道路の大規模更新・大規模修繕計画 (概略)」(NEXCO3社) 1:「阪神高速道路の更新計画 (概略)」 11:首都高速道路更新計画の事業許可
2015 (平成27) 年		3:「鋼道路橋防食便覧」改定	1:品質確保に資する技術者資格登録簿公表 (第1回)	3:高速道路更新事業の事業許可 (NEXCO3社) 3:阪神高速道路 (阪神圏) 更新事業の事業許可

※ 表中の数字は公表された年月を示す.

7．3　維持管理を取り巻く社会環境の変化

　総務省統計局のレポート[3)4)]によれば，我が国の総人口は2008(平成20)年12月の1億2809万9千人をピークに，2011(平成23)年が人口が継続して減少する社会の始まりの年(人口減少社会「元年」)といわれており，それまでの最大人口に合わせて整備された社会インフラの膨大なストックを，今後は減少する人口により維持管理をしていかなくてはならない．

　また，1975(昭和50)年前後から低下が始まった出生率と，現在男女共に世界有数の長寿国となったことにより，少子化と高齢化が同時に進行するかつてない状況に突入している．このまま我が国の少子高齢化が進行すれば，労働人口が減少することで国民生産が減り，経済の停滞が長期間にわたって継続することが危惧されている．一方，介護・医療・年金等の社会福祉関係の予算が急増することは明らかであり，我々が対象としている橋梁を始めとする社会インフラの維持に費やせる予算が，さらに制約を受けることが想像される．

　こうしたことから，今後，社会経済活動を担う社会インフラの維持管理には，さらなるコスト面での効率化が求められるとともに，インフラの所有者である利用者への十分な説明と合意形成の上，廃橋や維持管理の対象とする橋梁の縮小など，住民サービスの低下も課題となってくる．さらに，建設従事者の減少や高度技術者の減少といった二次的な課題に対しても早急な対策が求められている．

　現在，維持管理に従事している技術者の多くが，我が国の高度経済成長時期に合わせて，若い時代に新設設計や新設工事に従事したことがあり，設計技術と施工技術に経験や知識を有する者が多い一方，我が国の経済活動が停滞し，新設が激減している時代の技術者達は，新設技術に触れることが少ないなかで維持管理に直面している．

　橋梁の変状は，その発生要因が外力による疲労や施工環境による材料劣化，さらに施工不良などが多く報告されていることから，維持管理技術者には設計技術と施工技術の両方に熟知していることが望まれている．また，補修方法の選定においては，考えられる複数の補修方法の中から一つの方法を選定した明確な理由とともに，管理者や納税者・利用者に十分な説明を実施し，合意形成を得ることが必要とされている．

　従来の土木技術者は，土木技術者間だけの議論に終始することが多く，管理団体の財政当局や納税者・利用者などの外部に対しての情報発信が少なかったが，これから維持管理に携わる技術者は，外部への情報発信力や合意形成力が重要となる．一方，現在維持管理に携わっている熟練技術者は，その積み上げた経験や知識を，これから維持管理に携わる若い技術者達に可能な限り伝承する責務がある．

　点検は構造物の健全度を把握するとともに，変状があった場合には損傷度合いを確認することも目的としており，施工不良や設計の不具合を見つけることを主たる目的とはしていないが，設計技術と施工技術を熟知した技術者であれば，その経験から顕在化した変状の要因が施工不良や設計の不具合であることを推測することが可能である．維持管理に携わる技術者には，高い技術力が求められることから，維持管理技術者の育成についても早急な対応が望まれている．

7．4　維持管理の継続性

　社会インフラに対する維持管理は，国民が生存し社会経済活動が行われる間は永続的に実施されなければならない．しかし，維持管理がここ十年ほどで急速に拡大・進捗してきたために，

橋梁の規模や重要度や変状の程度が多種多様にわたるにも関わらず，十分な配慮ができない画一的な手法により実施されていることがある．維持管理の初期の段階ではやむを得ない手法ではあるが，対象となる橋梁の数や人材，費用等を考えれば，この手法を永続的に続けることは困難である．

規模や重要度，変状の程度に関わらず同一の点検手法が5年ごとに義務化されたことによって，健全性が高く変状の進行も遅い橋梁の点検費用が増える一方で，本来は早期に補修すべき橋梁が放置されたり，点検費用が対策費用を圧迫するなどの課題も指摘されている．また，補修設計では，塩害が進行した重要なコンクリート構造物であるにも関わらず，施工実績やコストを優先して顕在化した変状への対策工のみを採用し，早期の再劣化発生が黙認され見過ごされている事例も見受けられる．

当然ながら，こうした事例は限られた予算による制約ではあるが，選択と集中により限られた予算を効果的に執行することも選択肢として検討すべきである．このような状況のもと，従前の画一的な維持管理ではなく，対象構造物の重要度等を考慮し，選択と集中によるメリハリのある維持管理をめざし，各々の管理構造物に対する維持管理方針（維持管理シナリオ）を設定することが必要である．

構造物に発生した変状(損傷・劣化)は，発見した段階で早期にすべて補修した方が良いと考えるのは当然だが，すべてを補修することはコストや効果の面で現実的とはいえない．補修すべき変状と経過観察等によりしばらく見守る変状を，その理由を明確にしたうえで分類し対応することがこれからは特に必要となる．

将来にわたって構造物を容易に維持管理できる最善の方法は新設時の対応にある．現在まで繰り返されてきた，維持管理に配慮されていない構造やディテールについて今こそ見直し，新設時に維持管理に十分配慮した構造やディテールを採用することで，将来に同じ過ちを繰り返さないだけでなく，将来の維持管理の負荷の低減に寄与できる．

既設橋梁の支承部の多くは，狭隘で土砂やじん埃等が堆積しやすく，伸縮装置からの漏水などにもよって腐食環境として特に厳しい部位であるが，支承周りの堆積物の除去や塗装の部分塗り替えなどが適切に実施されれば，長期間にわたり機能を維持することも可能である．これらの作業は，定期的な点検や日常の維持作業の際に実施できる効果的な予防保全である．

既設橋梁の支承補修を行う際には，単に原形復旧を行うのではなく，支承周りの滞水を防止するために台座コンクリートを嵩上げしたり，支承周りに排水勾配を設けたり，補修後の点検や作業のしやすさに配慮し作業空間を大きくしたりするなど，長期間にわたり健全に使用できるように，工夫することも大切である．

支承は，適切な維持管理を行うことにより長期間にわたってその機能を保持することができる．しかし，支承の機能に回復できない変状が生じた場合には，支承を更新することも橋梁本体に対する予防保全として考える必要がある．

参考文献（第7章）

1) 城山雅之，山田望，藤原博，姫野岳彦：反力測定ゴム支承による支承反力の測定とデータ解析，土木学会第67回年次学術講演会，平成24年9月
2) 国土交通省関東地方整備局東京港湾事務所：東京港臨海大橋(仮称) 計測管理要領(案)，平成21年3月
3) 財務省統計局：統計Today, No.9, 平成21年7月，（追記：平成24年11月）
4) 財務省統計局：統計Today, No.52, 平成24年5月

鋼・合成構造標準示方書一覧

書名	発行年月	版型：頁数	本体価格
2016年制定 鋼・合成構造標準示方書 総則編・構造計画編・設計編	平成28年7月	A4：414	
※2018年制定 鋼・合成構造標準示方書 耐震設計編	平成30年9月	A4：338	2,800
※2018年制定 鋼・合成構造標準示方書 施工編	平成31年1月	A4：180	2,700
※2019年制定 鋼・合成構造標準示方書 維持管理編	令和1年10月	A4：310	3,000
※2022年制定 鋼・合成構造標準示方書 総則編・構造計画編・設計編	令和4年11月	A4：434	5,300

鋼構造架設設計施工指針

書名	発行年月	版型：頁数	本体価格
※鋼構造架設設計施工指針［2012年版］	平成24年5月	A4：280	4,400

鋼構造シリーズ一覧

	号数	書名	発行年月	版型：頁数	本体価格
	1	鋼橋の維持管理のための設備	昭和62年4月	B5：80	
	2	座屈設計ガイドライン	昭和62年11月	B5：309	
	3-A	鋼構造物設計指針 PART A 一般構造物	昭和62年12月	B5：157	
	3-B	鋼構造物設計指針 PART B 特定構造物	昭和62年12月	B5：225	
	4	鋼床版の疲労	平成2年9月	B5：136	
	5	鋼斜張橋－技術とその変遷－	平成2年9月	B5：352	
	6	鋼構造物の終局強度と設計	平成6年7月	B5：146	
	7	鋼橋における劣化現象と損傷の評価	平成8年10月	A4：145	
	8	吊橋－技術とその変遷－	平成8年12月	A4：268	
	9-A	鋼構造物設計指針 PART A 一般構造物	平成9年5月	B5：195	
	9-B	鋼構造物設計指針 PART B 合成構造物	平成9年9月	B5：199	
	10	阪神・淡路大震災における鋼構造物の震災の実態と分析	平成11年5月	A4：271	
	11	ケーブル・スペース構造の基礎と応用	平成11年10月	A4：349	
	12	座屈設計ガイドライン 改訂第2版［2005年版］	平成17年10月	A4：445	
	13	浮体橋の設計指針	平成18年3月	A4：235	
	14	歴史的鋼橋の補修・補強マニュアル	平成18年11月	A4：192	
※	15	高力ボルト摩擦接合継手の設計・施工・維持管理指針（案）	平成18年12月	A4：140	3,200
	16	ケーブルを使った合理化橋梁技術のノウハウ	平成19年3月	A4：332	
	17	道路橋支承部の改善と維持管理技術	平成20年5月	A4：307	
※	18	腐食した鋼構造物の耐久性照査マニュアル	平成21年3月	A4：546	8,000
※	19	鋼床版の疲労［2010年改訂版］	平成22年12月	A4：183	3,000
	20	鋼斜張橋－技術とその変遷－［2010年版］	平成23年2月	A4：273＋CD-ROM	
※	21	鋼橋の品質確保の手引き［2011年版］	平成23年3月	A5：220	1,800
※	22	鋼橋の疲労対策技術	平成25年12月	A4：257	2,600
	23	腐食した鋼構造物の性能回復事例と性能回復設計法	平成26年8月	A4：373	
	24	火災を受けた鋼橋の診断補修ガイドライン	平成27年7月	A4：143	
※	25	道路橋支承部の点検・診断・維持管理技術	平成28年5月	A4：243＋CD-ROM	4,000
※	26	鋼橋の大規模修繕・大規模更新－解説と事例－	平成28年7月	A4：302	3,500
	27	道路橋床版の維持管理マニュアル2016	平成28年10月	A4：186＋CD-ROM	
※	28	道路橋床版防水システムガイドライン2016	平成28年10月	A4：182	2,600
※	29	鋼構造物の長寿命化技術	平成30年3月	A4：262	2,600
※	30	大気環境における鋼構造物の防食性能回復の課題と対策	令和1年7月	A4：578＋DVD-ROM	3,800
※	31	鋼橋の性能照査型維持管理とモニタリング	令和1年9月	A4：227	2,600
	32	既設鋼構造物の性能評価・回復のための構造解析技術	令和1年9月	A4：240	
※	33	鋼道路橋RC床版更新の設計・施工技術	令和2年4月	A4：275	5,000
※	34	鋼橋の環境振動・騒音に関する予測，評価および対策技術 －振動・騒音のミニマム化を目指して－	令和2年11月	A4：164	3,300
※	35	道路橋床版の維持管理マニュアル2020	令和2年10月	A4：234＋CD-ROM	3,800
※	36	道路橋床版の長寿命化を目的とした橋面コンクリート舗装ガイドライン2020	令和2年10月	A4：224	2,900
※	37	補修・補強のための高力ボルト摩擦接合技術 －当て板補修・補強の最新技術－	令和3年11月	A4：384	4,200
※	38	鋼橋の維持管理性・景観を向上させる技術	令和5年6月	A4：244	8,000

※は、土木学会および丸善出版にて販売中です。価格には別途消費税が加算されます。

表紙写真

①永代橋

②言問橋 ピン支承

③清洲橋 ピボット支承

④両国橋 ピン支承

提供(撮影):半野久光

定価（本体 4,000 円＋税）

鋼構造シリーズ 25
道路橋支承部の点検・診断・維持管理技術

平成 28 年 5 月 19 日	第 1 版・第 1 刷発行	
平成 28 年 6 月 15 日	第 1 版・第 2 刷発行	
平成 28 年 9 月 15 日	第 1 版・第 3 刷発行	
平成 29 年 5 月 10 日	第 1 版・第 4 刷発行	
令和 1 年 9 月 11 日	第 1 版・第 5 刷発行	
令和 6 年 8 月 23 日	第 1 版・第 6 刷発行	

編集者……公益社団法人　土木学会　鋼構造委員会
　　　　　鋼橋の支持機能検討小委員会
　　　　　委員長　藤原　博
発行者……公益社団法人　土木学会　専務理事　三輪　準二

発行所……公益社団法人　土木学会
　　　　　〒160-0004　東京都新宿区四谷 1 丁目無番地
　　　　　TEL　03-3355-3444　FAX　03-5379-2769
　　　　　https://www.jsce.or.jp/
発売所……丸善出版株式会社
　　　　　〒101-0051　東京都千代田区神田神保町 2-17　神田神保町ビル
　　　　　TEL　03-3512-3256　FAX　03-3512-3270

©JSCE2016／Committee on Steel Structures
ISBN978-4-8106-0891-5
印刷・製本：(株) 平文社　用紙：京橋紙業 (株)

・本書の内容を複写または転載する場合には、必ず土木学会の許可を得てください。
・本書の内容に関するご質問は、E-mail（pub@jsce.or.jp）にてご連絡ください。